国家自然科学基金项目(52264007)资助
陇原青年创新创业人才(团队)项目(2023LQTD15)资助

近距离煤层群保护层开采下伏煤岩卸压防冲效应及机理研究

雷武林 著

中国矿业大学出版社
·徐州·

内 容 提 要

保护层卸压开采作为一种区域性防治冲击地压(又称防冲)技术,在冲击地压矿井被越来越多地推广和应用,但其卸压效应难以测试,未有成熟的卸压机理,无法为保护层开采对下伏煤岩体卸压防冲的现场实施提供足够的理论和技术支持。本书以葫芦素煤矿近距离煤层群上保护层开采为研究背景,综合运用MATLAB理论解析计算、循环加卸载煤岩力学试验、煤岩应力-应变演化物理模型试验、保护层开采地质采矿因素数值分析和光纤传感技术现场监测等多种研究手段,研究了近距离煤层群保护层开采下伏煤岩应力场、应变场、位移场的时空演化规律,探究了不同循环加卸载条件下煤岩力学损伤变量、力学强度和冲击倾向性的变化规律,分析了层间距、采高等因素对保护层开采卸压效果的敏感程度,开展了分布式光纤传感技术对现场保护层开采卸压效果及范围的实时监测应用,获得了保护层开采卸压防冲机理、卸压煤岩力学损伤变量、卸压影响因素量化关系、卸压效果、卸压范围等,为设计矿井近距离煤层群科学、合理的开拓布局提供了理论科学依据,对保障矿区内冲击危险性矿井的安全高效开采具有重要的现实意义和社会经济效益。

本书可供矿山安全管理和工程技术人员以及普通高等学校矿业工程专业师生参考使用。

图书在版编目(CIP)数据

近距离煤层群保护层开采下伏煤岩卸压防冲效应及机理研究 / 雷武林著. — 徐州 :中国矿业大学出版社,2024. 12. — ISBN 978-7-5646-6341-4

Ⅰ. TD823.2

中国国家版本馆 CIP 数据核字第 2024YM2252 号

书　　名　近距离煤层群保护层开采下伏煤岩卸压防冲效应及机理研究

著　　者　雷武林

责任编辑　黄本斌

出版发行　中国矿业大学出版社有限责任公司

(江苏省徐州市解放南路　邮编 221008)

营销热线　(0516)83885370　83884103

出版服务　(0516)83995789　83884920

网　　址　http://www.cumtp.com　**E-mail**:cumtpvip@cumtp.com

印　　刷　苏州市古得堡数码印刷有限公司

开　　本　787 mm×1092 mm　1/16　**印张** 10.75　**字数** 275 千字

版次印次　2024 年 12 月第 1 版　2024 年 12 月第 1 次印刷

定　　价　48.00 元

前　言

随着我国经济快速发展，工业化向高水平迈进，人民生活质量不断提高，对能源的需求也不断增长。基于我国的能源赋存特征、国家能源安全和能源的基本国情等因素，短期内可再生能源和核电等非化石能源大规模替代煤炭，其成本是社会难以承受的，也是不切实际的。在相当长时期内，煤炭仍是能源安全稳定供应的"压舱石"，支撑能源结构调整和转型发展的"稳定器"。因此，我国煤炭经济的稳定健康与可持续发展将直接关系国家的能源安全和社会的和谐稳定。

我国煤炭资源禀赋复杂，多为井工开采，且煤炭资源经过近半个多世纪的大规模、高强度开采，煤炭开采正在向深部延伸。而开采深度的逐渐增加又促使开采环境发生了显著的变化，相应地造成煤与瓦斯突出、冲击地压以及其他煤岩体突然性破坏发生的频度和强度增高。其中，冲击地压是破坏性最强、显现最为剧烈的矿井动力灾害，给煤矿工人的人身安全和煤矿企业的经济、社会效益带来了严重影响。2004—2022 年，先后有平顶山、新汶、抚顺、七台河、华亭、义马、鹤岗、阜新等地的多个煤矿发生冲击地压事故 50 余起，造成 1 000 余人伤亡。根据国家能源战略，我国煤炭开采的重点正快速向西部转移，然而，在内蒙古、新疆、陕西、甘肃、山西等地深部厚煤层开采过程中，开采扰动诱发的冲击地压和隐伏构造活化突水等动力灾害时有发生，严重威胁煤矿的安全生产。当前，冲击地压已成为制约我国矿山生产和安全的主要动力灾害之一。

保护层开采是防治冲击地压、矿震、煤与瓦斯突出等动力灾害最有效、最经济的措施之一，在我国很多有动力灾害的矿井都广泛应用。保护层开采作为一个有效应力防治的手段，不仅可以释放煤岩积聚的能量，还可破坏上覆岩层向煤层连续传递高应力及能量的途径，可以在根本上对冲击地压进行有效防治。我国对保护层开采的研究主要集中于瓦斯防治方面，主要研究孔隙发育及瓦斯运移规律，对保护层开采防治冲击地压方面的研究甚少，尤其对于保护层卸压机理、卸压范围、卸压影响因素、卸压监测手段、卸压定量化分析等方面的探究更少，仍有很大的研究空间。保护层开采技术存在的问题暴露了其理论研究尚存在不足，因而制约了煤矿的安全高效生产。因此，需要对保护层开采相关理论做进一步研究，为煤矿的安全高效开采提供理论支撑和技术支持。

著者在前人研究的基础上，以近距离煤层群保护层开采卸压防治冲击地压为研究课题，综合运用 MATLAB 理论解析计算、循环加卸载煤岩力学试验、煤岩应力-应变演化物理模型试验、保护层开采地质采矿因素数值分析和光纤传感技术现场监测等多种研究手段，研究了近距离煤层群保护层开采下伏煤岩应力场、应变场、位移场的时空演化规律，探究了不同循环加卸载条件下煤岩力学损伤变量、力学强度和冲击倾向性的变化规律，分析了层间距、采高等因素对保护层开采卸压效果的敏感程度，开展了分布式光纤传感技术对现场保护层开采卸压效果及范围的实时监测应用，获得了保护层开采卸压防冲机理、卸压煤岩力学损伤变量、卸压影响因素量化关系、卸压效果、卸压范围等，为设计矿井近距离煤层群科学、合理的开拓布局提供了理论科学依据，对保障矿区内冲击危险性矿井的安全高效开采具有重要的现实意义和社会经济效益。

在本书的撰写过程中，得到了西安科技大学柴敬教授、张丁丁副教授、杜文刚博士、欧阳一博博士、刘永亮博士、马哲博士、马晨阳博士、韩志成博士、杨玉玉硕士、周余硕士、王梓旭硕士、乔钰硕士等人的帮助。在现场工业性试验过程中，得到了中天合创能源有限责任公司葫芦素煤矿及中煤能源研究院有限责任公司领导和工程技术人员的大力支持与帮助。本书的出版得到了陇东学院的资助。在此，著者一并表示诚挚的感谢！

本书在撰写过程中参考了大量的论文和专业书籍，在此谨向相关作者深表谢意！

由于著者水平和能力所限，书中难免有疏漏之处，敬请广大读者不吝指正。

著　者

2023 年 12 月

目　录

第一章　绪　　论

第一节　引　　言

随着我国经济快速发展，工业化向高水平迈进，人民生活质量不断提高，对能源的需求也不断增长[1]。基于我国特殊的能源赋存情况和以煤电为主的基本国情，短期内可再生能源和核电等非化石能源难以大规模替代煤炭，因此我国煤炭工业健康发展将直接关系国家安全和社会稳定[2]。

我国煤炭资源禀赋复杂，90%以上的煤矿为井工开采，且煤炭资源经过长期大规模、高强度开采，煤炭开采正在向深部延伸[3]。而煤炭深部开采面临着高应力、高瓦斯和强冲击性等工程地质环境，冲击地压等煤岩动力灾害发生的强度和频度随之增高，给煤炭资源安全开采带来了极大的技术挑战[4-6]。2004—2020 年，先后有大同、义马、彬长、菏泽等矿区发生冲击地压事故多达 47 次，造成 400 余人死亡，上千人受伤[7]。国家矿山安全监察局发布的数据显示，1985 年我国冲击地压矿井仅有 32 处，而截至 2023 年 2 月底，我国冲击地压矿井共有 150 处，分布于 15 个省和自治区，其中山东省、陕西省、内蒙古自治区、甘肃省、黑龙江省的冲击地压矿井数都超过了 10 处[8-10]，且全国冲击地压矿井年产能为 4.056 亿 t，50%以上冲击地压矿井所产煤炭属于冶金和化工用煤。根据国家能源战略，我国煤炭开采的重点正快速向西部转移，然而在西部地区深部厚煤层开采过程中，开采扰动诱发的冲击地压等动力灾害时有发生，冲击地压已成为严重威胁煤矿安全生产的主要动力灾害之一。

我国防治冲击地压的方法与技术发展比较缓慢。20 世纪 80 年代到 90 年代末，防治冲击地压的方法主要有合理开采布置、煤层注水、煤层卸载爆破、宽巷掘进等，但工程实践与理论体系不能有效结合。大量实践表明，防治冲击地压，本质上就是控制煤岩体的应力状态或降低煤岩体高应力的产生。从生产实际出发，冲击地压的防治包括两类，一类是区域防范措施，另一类是局部解危措施。代表性的区域防范措施包括合理开拓开采布置和保护层开采等，局部解危措施包括煤层大直径钻孔卸压、煤层卸压爆破、顶板深孔爆破等。其中这些局部解危措施已在我国大部分冲击地压矿井得到了推广应用，而作为区域防范措施，由于过去煤炭企业一味追求产量和经济效益，保护层开采方法在矿井防冲应用中未能得到足够重视，尤其在鄂尔多斯矿区、彬长矿区的深部矿井设计中尚未得到应用，从而导致近年来矿井开采时冲击地压灾害时有发生[11-12]。

保护层开采技术是当前防治冲击地压最有效的措施，有冲击地压的主要国家（如苏联和波兰等），对这种方法的原理和实施参数进行了深入广泛的研究，取得了显著的应用效果。在我国冲击地压比较严重的矿井中，新汶华丰煤矿在 1992 年首次发生冲击地压以后，经过 10 多年的深入研究和实践探索，通过实施保护层开采技术，实现了矿井冲击地压的有效防治，是我国冲击地压防治矿井的典范。作为区域防范措施，合理的开拓开采布置和保护层开采方法并不是最新的技术方法，而是传统的技术方法。尽管如此，由于区域防范措施是在开采设计阶段通过合理的开拓开采布置或保护层开采避免煤岩体产生高应力，因此，如果开采设计阶段没有从区域防范的角度考虑冲击地压的防治问题，或者说开拓开采方式一经形成就难以改变，冲击地压防治的难度将显著提高。在陕西彬长矿业集团下属矿井和鄂尔多斯深部矿井的开采中，由于缺乏防冲理念，使得绝大多数矿井没有从区域防范冲击地压的角度进行矿井设计，从而导致煤层回采时发生冲击地压，如门克庆煤矿、纳林河二号煤矿、巴彦高勒煤矿、高家堡煤矿、胡家河煤矿、孟村煤矿等，这些煤矿的冲击地压均是开拓开采布置不合理造成的。从目前我国的冲击地压矿井来看，绝大多数矿井在区域防范措施上重视不够，导致冲击地压事故频发，严重影响煤矿安全生产。

我国煤矿冲击地压防治多为“头痛医头、脚疼医脚”，冲击地压发生源头、孕灾机理不清。冲击地压防治是煤矿安全生产领域亟待解决的难题之一，受到众多专家学者的高度关注。针对矿井冲击地压事故的发生机制及其防治方法，国内外许多学者耗费了大量时间与精力，通过科学研究以及现场实践，获得了许多经验及方法，发现防治冲击地压最为有效和最为经济的方式就是开采保护层。

第二节　保护层开采防冲技术应用现状

保护层开采一般是在煤层群条件下实施的，为消除或降低邻近煤层的冲击危险而先行开采的煤层称为保护层；被保护层是相对于保护层而言的，即保护层开采后，使得冲击危险性消除或降低的邻近冲击煤层，称为被保护层[13-14]。多年的开采实践表明，保护层开采技术是煤层群开采防治冲击地压最有效、最经济的区域性措施之一[15]，该技术方法可最大限度地避免与冲击性煤层直接处于“短兵相接”的状态，提高了冲击地压防治技术措施的安全性。保护层开采可显著降低被保护层的应力集中程度[16]，使被保护层围岩产生变形破坏，有效地释放弹性能量，降低被保护层在采掘扰动下的冲击危险性，可起到卸压防冲作用，如图 1-1 所示。

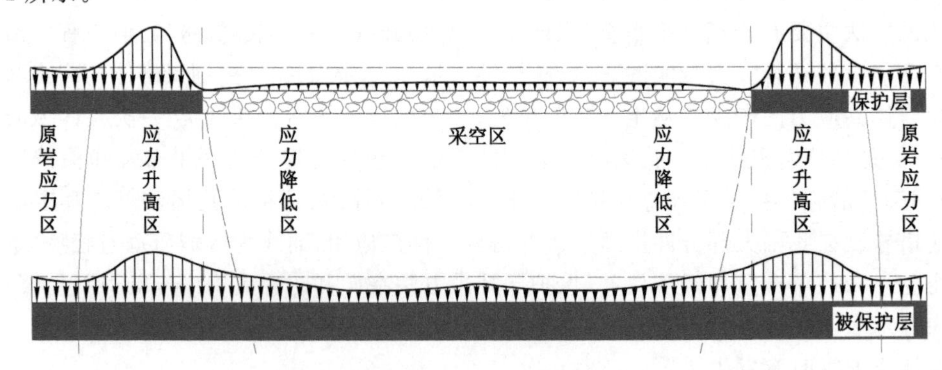

图 1-1　煤层群保护层开采卸压效果示意图

保护层开采技术最早被应用于煤与瓦斯突出防治。1933 年法国最先采用保护层开采技术，随后德国、波兰等国也先后开始推广和应用[17-19]。1950 年前后，苏联由于冲击地压事故和灾害非常严重，诸多专家才开始对保护层开采防治冲击地压灾害方面进行研究[20-21]。我国冲击地压发生始于1933年抚顺胜利矿，至20世纪60年代末已有12座矿井发生过冲击地压，但冲击地压频度不高。1958年我国重庆北票矿区首次进行保护层开采工业试验，并取得良好的效果，随后在全国范围内条件允许的煤与瓦斯突出矿井逐步推行[22]。一直到1980年门头沟矿和抚顺龙凤矿发生强烈冲击地压灾害，我国原煤炭工业部于1981年才开始组织专家研究防治措施，关于保护层开采防冲方法逐渐被应用。1987年编制的《冲击地压煤层安全开采暂行规定》，第15、17～19条规定了冲击地压矿井的开采应首先开采保护层，以及保护层开采要求和卸压范围等[23-24]。2005年《煤矿安全规程》[25]修订版中开始对保护层进行定义，对开采保护层防治冲击地压技术措施进行细化，并提出一系列基本要求。为了加强各矿区保护层开采防治冲击地压的规范化管理[26-27]，2019年中国煤炭工业协会牵头组织国内冲击地压防治专家编制了行业规范《冲击地压测定、监测与防治方法 第12部分：开采保护层防治方法》，给定了开采保护层防治冲击地压方法的术语和定义、适用条件等，初步建成保护层开采防冲技术体系。

一些学者根据保护层与被保护层之间的距离，将保护层分为三类：近距离（小于10 m）、中距离（10～50 m）、远距离（大于50 m）[28]；根据位置关系，保护层可分为上、下保护层两种[29]。位于被保护煤层上部（下部）的开采煤层称为上保护层（下保护层）。虽然这种分类方法还未形成国家标准，但具有一定的参考意义。

在采用保护层开采防治冲击地压时，应根据煤层冲击倾向性、层间距、厚度、经济效益等综合研判其技术可行性。当技术可行时，应优先采用保护层开采防治冲击地压灾害。煤层群开采时，保护层选择的基本原则是应优先选择无或弱冲击倾向性的煤层[30]；当同时具备上、下保护层开采条件时，可从技术、经济等方面合理对比分析，择优选定，若两者条件相当，应优先选择上保护层开采；选择下保护层开采时，不能使被保护煤层的开采条件受到破坏。矿井开拓布局时，应优先考虑被保护层和保护层的开采空间位置关系[31]。保护层的采煤工作面应超前于被保护层的采煤工作面；相邻两个保护层的采煤工作面尽量采用无煤柱留巷或小煤柱护巷方式开采；保护层的采煤工作面应连续开采；采空区内应避免留设煤柱，情况特殊时应将煤柱的尺寸、位置等标注在采掘工程平面图上[32]。

国内外学者还针对上保护层开采[33]、下保护层开采[34]、远距离下保护层开采[35]、近距离保护层开采[36]、巨厚火成岩远距离下保护层开采[37]、极薄保护层开采[38]、大倾角保护层开采[39]等不同条件保护层开采在矿井实践应用的效果及适用条件等方面进行了研究，取得了一定的成果。

第三节　保护层开采卸压防冲力学机理研究现状

在煤矿生产过程中，保护层开采之前下伏煤岩处于原岩应力平衡状态，随着保护层采动影响，破坏了下伏煤岩的应力平衡，应力转移和释放，应力状态重新分布，同时采空区为下伏煤岩的移动变形提供了自由空间，造成保护层下伏煤岩弯曲变形、裂隙扩展和断裂破坏，因此开采保护层为下伏被保护层卸压提供了必要条件[40-41]。矿山采动应力研究成果有诸多假说[42]，如压力拱假说、悬臂梁假说、铰接岩块假说、传递岩梁理论、砌体梁理论等，但目前尚未有针对保护层开采下伏煤岩卸压防冲的成熟理论。保护层开采下伏煤岩卸压效应与煤体应力变化程度、采场围岩应力集中程度、煤岩体裂隙发育程度、煤岩体变形破坏程度等息息相关，可从这几方面揭示保护层开采下伏煤岩卸压防治冲击地压的机理。

早期学者们在研究保护层开采下伏煤岩卸压机理上主要采用底板岩层变形破坏相关理论[43]。苏联斯列萨列夫等在1948年首先对开采扰动作用下底板进行了理论分析，将底板简化为两端固支、受均布荷载作用的梁，分析了其变形破坏形式[44]；Cook[45]、Hoek等[46]主要通过断裂力学研究了底板岩体裂隙的扩展分布特征；Whittles等[47]研究了保护层开采后底板裂隙发育规律以及与瓦斯卸压相互关系；苏联学者认为保护层开采作用本质是对被保护层及围岩进行卸压，卸压过程中将导致被保护层及围岩的孔隙和裂隙发育，增强了煤层的透气性[48]。

我国刘天泉等[49-51]对煤层开采引起的围岩变形破坏特征进行了系统分析，提出了"横三区""竖三带"的概念；张金才[52]提出了底板隔水带和导水裂隙带"两带"模型，并把煤层底板简化为弹性薄板，根据格里菲斯强度理论综合性地提出了"板模型理论"；山东科技大学、井陉矿务局、峰峰矿务局等一批科研人员总结提出了底板下"三带"理论，即底板导水破坏带、保护带和承压水导升带[53-55]；施龙青等[56-58]在底板下"三带"基础上，系统提出了底板下"四带"，即矿压破坏带、新增损伤带、原始损伤带、原始导高带，并推导出各带高度的理论计算公式；王作宇等[59]提出了"原位裂隙和零位破坏"理论，认为底板岩层在水平方向上可分为超前压力压缩段、卸压膨胀段和采后压缩到稳定段；钱鸣高等[60-61]在砌体梁理论的基础上，研究了采动煤岩体中裂隙的分布规律，提出了"O"形圈理论和关键层理论。以上研究成果对于保护层开采卸压防冲机理研究均具有一定的指导作用。

我国学者对保护层开采机理方面的研究起步较晚，研究时间主要集中在近40余年，并在该领域取得了一定的成果。从保护层开采煤岩应力变化方面研究：屠锡根[62]探讨了保护层开采后被保护层中瓦斯压力、岩石应力变化规律，分析了保护作用效果及机理；马大勋[63]分析了保护层开采后下伏煤(岩)层中的应力分布规律；沈荣喜等[64]研究表明下保护层开采应力峰值向煤体深部转移，降低了被保护层的应力峰值；吴向前等[65]、吕长国等[66]研究表明济三矿保护层开采后下方煤岩体膨胀变形结构破坏，提前释放了弹性能，被保护煤层应力得到释放；赵善坤等[67]研究表明保护层开采范围越大，被保护层卸压效果越好；刘征[68]、李逢等[69]、关英斌等[70]、弓培林等[71]通过物理相似材料模拟试验，模拟了保护层开采过程中底板煤岩体应力的动态变化过程，分析了其频度、幅度变化的原因，得到了采动影响下被保护层应力分布沿走向方向呈"W"形曲线特征；邵太升[72]研究了煤岩在循环载荷作用下卸载阶段的应力曲线呈弧状；程详[73]研究发现不同围压、气体压力下渗透率-轴向应变曲线均呈"U"形变化规律，与应力-应变曲线呈滞后性的反对称关系；徐刚等[74]、陈思[75]、郭良经[76]运用数值模拟软件构建大型三维矿体，得出保护层开采后被保护区域位移沿垂直方向呈拱形分布，采空区中部垂直应力呈多个"V"形叠加，水平应力呈多个"Λ"形叠加；庞龙龙等[77]对比了跃进煤矿保护层开采前后巷道底板的加速度和应力，得出了释放高应力和形成松散岩层结构时保护层卸压防冲的机理；姜福兴等[78]给出了不同宽度局部保护层条件下发生冲击和大变形边界的应力判据。

从保护层开采煤岩变形方面研究：石必明等[79]利用RFPA(岩石破断过程分析)系统模拟了保护层开采远距离动态发展过程，得出了被保护层的垂直位移呈"M"形分布；洛锋等[80]研究了上保护层开采时被保护层应变变化量由"S"形向"驼峰"形过渡的演化过程；季文博等[81]应用 SF_6 示踪气体现场测试，揭示了不同距离的被保护层卸压煤体都经历了渗透率小幅升高、小幅下降、急剧升高三个过程；陈荣柱等[82]利用 3DEC（三维离散单元法程序）软件模拟不同开采距离下下伏煤（岩）裂隙发育及分布，发现底板岩层裂隙沿着水平方向依次可以分为原始状态区、高强度卸压增透区和重新压实区；李波波[83]通过加卸载力学试验探讨了煤岩的渗透特性、变形特性等损伤演化规律；王伟等[84]研究了常规三轴压缩和循环加卸载两种应力路径下渗透率与应力路径、体积应变及有效围压等因素的关系；代志旭等[85]通过现场监测发现底板膨胀变形量经历了初期平缓增长、中期迅速增长、后期趋于稳定三个阶段。

一、保护层开采被保护层煤体应力路径研究现状

保护层卸压开采期间，扰动应力向着采场周围传播，使得上、下岩层和煤层被动地经历了一系列复杂的应力作用，学者们对这一过程进行分析总结，为后续开展实验室内基础测试和研究提供了加载路径的选择依据，也为后续基础研究拓宽了视野。其中谢和平等[86-89]探索了不同开采方式下采动应力扰动特征，得到了工作面前方应力环境，据此，研究了采动应力场作用下煤岩体裂隙演化特征及渗透率变化特征，探讨了不同开采方式下煤岩体应力-裂隙-渗流演化特征，给出了三种开采方式下的应力路径。

煤层群赋存特征矿井，煤层开挖顺序越靠后，则会经历多个保护层开采的影响，与单一被保护层开采相比较，其经历的应力路径及应力扰动越复杂，同时，在多个保护层采煤工作面推进影响下，被保护层煤体所经历的应力状态为循环加-卸载[90]。

张磊及其科研团队成员[91-95]分析了多个上保护层开采时下被保护层的应力特征，认为每个保护层开采后，被保护层煤体将会经历轴向压缩、卸压膨胀和应力恢复这一过程，多个保护层先后开采完成后，被保护层煤体将会循环经历这一应力路径，只是每次保护层采动对其产生的最大扰动应力存在差异，在此认识上开展不同应力路径下被保护层煤体渗透特性研究，较好地分析了保护层开采对被保护层的卸压增透效果。

二、保护层开采被保护层煤体应力特征研究现状

在实验室内以标准尺寸煤样为试验材料，研究保护层开采条件下被保护层煤体应力变化规律是科研工作较为常用的手段。其中以单轴压缩试验、常规三轴压缩试验和真三轴试验为主，可以进行不同加载路径及不同加载方式下煤样力学参数的测试，对理论探索和现场指导具有重要意义。

早在 20 世纪，国内外学者就以实际工程的需求为标准，开始研究煤样的力学性质。其中 Hobbs[96]开展了三轴压缩条件下煤样力学特性试验；Hirt 等[97]借助单轴加载试验仪器，研究了在不同取样地点获得的煤样的力学特性；Bieniawski[98]研究了煤样尺寸效应对其强度的影响，并建立了尺寸与抗压强度的关系式；Kumar 等[99]对比研究了煤岩的抗压性能。

王家臣等[100]认为掌握卸荷路径下煤样的力学性质，是探究保护层卸压效果的重要手段，因此以被保护层煤体为原材料制作型煤，并开展了单轴压缩试验、三轴压缩试验和循环加卸载试验；徐超[101]简化了坚硬顶板岩层下伏煤体应力路径，研究了该应力路径下煤体的力学特性，并同步监测了试验期间煤体声发射（AE）信号及渗透率，为所在矿井瓦斯动力灾害防控提供了科学依据。

应力大小会对煤体透气性产生一定的影响，而开采保护层则能降低被保护层的应力，提

升煤体透气能力，据此，程详等[102]首先开展了型煤试样的单轴和三轴压缩试验，然后将保护层卸压作用进行简化，以加轴压、卸围压的加载方式试验研究了保护层卸压开采后被保护层应力变化特征及卸压增透效果，为卸压瓦斯抽采提供了指导。左建平等[103]以不同开采方式为背景，利用三轴试验装置对山西某矿灰岩开展了不同方式的三轴卸荷试验，进而探索了不同开采方式产生的应力路径对围岩力学特征的影响。

三、保护层开采被保护层应力场研究现状

关于被保护层应力变化特征的研究手段主要以理论分析、物理相似模拟、数值模拟和现场试验为主。殷伟等[104]以理论推导的方式建立了上保护层开采底板煤岩体应力变化计算模型。万芳芳[105]、申晋豪[106]、王立[107]以理论分析、数值模拟和现场试验的研究手段综合分析了双工作面上保护层开采对被保护层煤体应力场和位移场等的影响。

徐超[108]以物理相似模拟的方式研究了硬厚底板条件下松软低透煤层保护层开采的卸压效果。周银波等[109]以理论分析和物理相似模拟的方式探索了下伏被保护层双重采动影响下覆岩应力和位移特征，发现受双重采动的影响，覆岩将产生二次采动影响区，据此在现场开展实践工作，验证了这一结论。

刘宜平等[110]以 FLAC^{3D}数值模拟软件研究了煤柱对被保护层开采应力演化特征的影响，发现被保护层推进速度将直接影响支承压力的变化特征，且煤柱影响区以外的被保护层煤体均处于卸压状态。王文林等[111]以现场观测的方式研究了保护层开采时被保护层煤体应力、裂隙和位移特征。张垒等[112]以 COMSOL 软件模拟了保护层开采期间被保护层顶、底板的应力特征和变形特征，并在现场检验了卸压效果。

Liu 等[113]考虑到煤层具有松软、较厚及低渗透性等特点，通过物理相似模拟试验研究了保护层开采期间被保护层卸压变形特征。Xue 等[114]通过数值模拟对乌兰煤矿保护层开采进行研究，发现下保护层开采有利于被保护层应力释放，并研究了被保护层应力及渗流特征。Zhang 等[115]建立了 FLAC^{3D}计算模型，通过对采煤工作面后方的底板和顶板施加可变的力来模拟现场采空区的加载特性，分析了采空区应力变化对被保护层应力特性的影响。

保护层开采技术已在我国得到了极大的推广和应用，但研究成果大多是针对瓦斯突出的，而对于防治冲击地压方面的研究相对较少，且对于保护层开采卸压防冲机理未形成统一性的认识，还存在一定的分歧，应加强对保护层卸压防冲机理方面的研究。

第四节　保护层开采卸压效果及影响因素分析现状

一、保护层开采卸压效果研究现状

在确定保护层的卸压效果时，关键是确定保护层开采卸压范围[116]，保护层开采卸压范围是指保护层开采后下伏被保护层冲击危险性明显消除或降低的区域，当被保护层开采时，工作面围岩应力集中现象被减弱，发生冲击地压危险的概率被大幅度降低。划定保护层开采卸压范围的参数指标有：卸压角、最大保护垂距、卸压效果、卸压期限等。苏联库兹涅佐夫首次提出了通过煤岩体的始突深度应力值来划定保护范围[117]。1974 年，我国首次在磨心坡煤矿进行急倾斜远距离上保护层保护范围的现场试验[118]，为保护层开采划定保护范围奠定了基础。

对于保护范围的确定，国内外学者进行了一系列研究，取得了诸多成果。熊祖强等[119]研究得出被保护层沿走向分为压缩区、卸压膨胀区、卸压膨胀稳定区、卸压膨胀区和压缩区 5 个区。朱月明等[120]定性分析了木城涧煤矿大台井急倾斜保护层开采裂隙带发育动态过程和卸压范围。李希勇等[121]探讨了华丰煤矿保护层开采防冲效果，取得了一系列保护层参数。张蕊等[122]运用应力-应变试验法对底板岩体应力变化分析，得出最大破坏深度为 18～20 m。

通过物理相似模拟试验研究，舒才[123]探索了煤层倾角对保护层开采煤岩变形破坏规律和保护范围影响规律；王洛锋等[124-125]分析了大倾角强冲击厚煤层采深增大、应力升高导致下保护层有效垂距减小的机理；申宝宏等[126]得到了采动应力最小区域为采动后方 14～44 m，煤柱边缘底板底鼓量最大且总处于卸荷状态；王永辉等[127]研究了上保护层开采条件下被保护层卸压影响效果。

通过现场实测，张平松等[128]、王家臣等[129]、徐智敏等[130]分别运用 CT 探测技术、四极对称电剖面法、电阻率法实测了煤层底板破坏深度规律；朱术云等[131]基于超声成像破坏特征及应力-应变实测，分析了煤层底板破坏深度与岩性的关系；徐青伟[132]采用残余瓦斯含量指标测定了青龙煤矿保护层倾向和走向卸压角分别为 90°和 83°。

通过数值模拟计算，张磊[133]利用 ANSYS 软件得到被保护层倾向下部卸压角为 43.86°，上部卸压角为 60.32°，走向卸压角呈非均匀分布，最大卸压角为 54.46°；郭克举[134]研究了羊东矿保护层开采的卸压范围与效果；关杰等[135]研究了急倾斜煤层保护层开采煤岩体位移、应力等变化规律和保护范围；涂敏等[136]研究了远距离下保护层开采被保护层应力分布特征、卸压范围等。

二、保护层开采卸压影响因素研究现状

研究表明，影响开采保护层卸压效果的因素主要有煤层地质赋存条件和开采技术因素，这些因素对被保护层上载荷分布、层间煤岩体移动变形、卸压角度、卸压范围及卸压时效性等具有重要影响。

（一）地质赋存条件

赵云峰[137]研究表明随着层间距的增加，被保护煤层最大膨胀率降低，被保护煤层卸压范围减小；施峰等[138]得出了上保护层开采被保护层卸压曲线呈“凸”形，卸压范围随层间距增大“凸”形卸压曲线顶、底部均减小；刘洪永等[139]将地质、开采条件作为影响因素，以相对层间距为指标对保护层进行了分类；欧聪等[140]分析了煤层的卸压机制，提出了近距离、中距离、远距离煤层群的概念；秦子晗等[141]定性分析了煤岩体卸压范围随层间距增大而减小的现象。层间岩性、强度、厚度等对保护层保护作用的影响很大。一般层间岩性强度高、厚度大、砂岩成分多，保护层作用一般，即同等条件下，硬岩比软岩的卸压效果差。国外一些研究者认为硬岩对卸压起着天然屏障作用，苏联霍多特[142]认为坚硬岩层的厚度与卸压范围成反比。煤层倾角也对保护层开采卸压效应有影响[143]，采动围岩移动变形规律因煤层倾角变化而变化，尤其在倾向方向上有很大差别，造成被保护层应力分布、卸压程度和范围均不同。

（二）开采技术条件

保护层采高大小直接影响上覆、下伏岩层的移动变形情况。保护层厚度大，采场应力集中程度高，上“三带”和下“三带”发育程度高[144]。惠功领等[145]采用数值模拟分析，得出采

高越大，对被保护层的卸压保护效果越好；陈彦龙等[146]研究了保护层采高、被保护煤层赋存厚度对保护效果的影响。保护层工作面面长直接影响被保护层倾向方向的卸压程度，尤其决定了上、下平巷的卸压状态[147]。工作面面长小，被保护层卸压不充分；面长过大，被保护层卸压程度有时会出现下降。王金安等[148]对杨庄矿底板破坏机理及破坏形态进行了分析，揭示了底板岩层力学行为受开采参数的影响；段宏飞[149]利用 $FLAC^{3D}$ 分析了工作面面长与煤层底板破坏深度之间的关系。

一些学者认为采深大于 600 m 更易发生冲击地压[150]。开采深度影响原岩应力状态，改变被保护层应力环境，影响保护层卸压效果[151-152]。另外，若开采达到一定深度，保护层是否还存在卸压作用，对于卸压作用而言是否存在极限开采深度，这些都需要进行深入研究。时间因素对保护层卸压作用具有两面性，保护层开采一定时间内被保护层卸压程度不断提高，但随着采空区垮落矸石压实作用，被保护层卸压逐渐恢复，因而卸压作用具有时效性[153]。卸压期限应根据理论分析、经验类比或现场实测等方法确定，一般情况下，顶板管理方式为全部垮落法的卸压期限不应超过 3 a，采用全部充填法时卸压期限不应超过 2 a[154]。随着采深增大，煤层赋存条件越来越复杂，卸压期限需进一步修正。

目前保护层卸压效果影响因素研究主要侧重于煤与瓦斯突出防治方面，且多基于定性分析，很难为现场保护层开采防治冲击地压设计提供有效的指导。

第五节　保护层开采煤岩变形监测技术发展现状

采动煤岩变形随采掘活动的发展是一个动态的过程，准确掌握采动煤岩变形规律，可科学合理指导矿山安全生产工作，对于矿井灾害预警预报、煤岩体结构分析、底板突水防治、冲击地压防治、绿色采矿发展都具有重要意义。

一、煤岩体变形监测技术的发展

采动煤岩体变形监测项目种类繁多[155]，按监测物理量类型，可分为变形监测、渗流监测、应力-应变监测、温度监测等；按监测变量类型，可分为效应量监测、原因量监测；按监测传感器类型，可分为差动电阻式监测、差动电感式监测、振弦式监测、步进马达式监测、差动电容式监测等。

随着科学技术的日益发展，煤岩体变形监测的手段也趋于多样化[156]，如应力计监测法、电阻率监测法、底板 CT 监测法、微震监测法、红外场监测法、声发射法、钻孔冲洗液法、钻孔视频监测、地质雷达监测、近景摄影监测、数字散斑监测等，这些方法共同推动了该领域的发展，并取得丰富的成果。程详等[157]采用多点位移计和瞬变电磁探测方法综合研判了软岩保护层开采后覆岩“两带”发育范围；潘辛[158]利用 KJ495 型煤层瓦斯压力无线监测系统对保护层工作面超前及侧向区域上覆煤层的瓦斯压力演化规律进行实时在线监测；彭府华等[159]利用自制位移装置实测了金川二矿区充填体自身变形和下沉变形规律；程关文等[160]对董家河煤矿采动影响区微震事件的空间和能量进行分析；伍佑伦等[161]利用压力盒实时采集了铁矿矿柱不同高度应力的变化情况；付东波等[162]通过布置不同深度的钻孔应力传感器实测了晋煤集团某矿采动影响下工作面前方煤岩体的应力变化规律；何学秋等[163]利用电磁辐射实现对煤岩动力灾害的预警；齐庆新等[164]研发了采动应力监测系统，实现了采动应力场连续监测；左建平等[165]基于声发射监测对岩石、煤、煤岩组合试件分别通过 MTS815 型试验机进行单轴压缩试验；巩思园等[166]利用微震监测技术研究了深井开采岩爆现象；姜福兴等[167]利用高精度微震监测技术分析了导水通道在采矿活动影响下的动力活动和失稳规律；蔡美峰等[168]采用钻孔冲洗液法、地应力测量等手段实时监测了矿区采动覆岩导水裂隙带发育、地应力分布等规律；杨化超等[169]将近景摄影技术应用于相似模型试验变形的监测；陈智强等[170]将 DIC 技术在模型试验中研究深埋隧道围岩岩爆的倾向性。

综上所述，上述监测技术基本为点式监测，无法实现大范围、长距离的煤岩体连续监测，且受井下高压、高温、高湿等环境因素影响较大，难以满足现代矿井的发展需求。因此，探索一种可实现采动煤岩体变形多尺度分布式监测方法对于推动矿业工程领域发展具有重要意义。

二、光纤传感监测技术

光纤传感技术诞生于 20 世纪 70 年代，与传统电子类传感器相比具有本质防爆、防电磁干扰、绝缘耐腐蚀耐高温、体积小质量轻、可实现分布式监测等优势[171-173]。分布式光纤传感技术为大型结构工程健康监测提供了新的手段，光纤植入模型或被测基体内部，类似神经系统一样感知被测体的变形，实现对结构体的远程、分布式全长、实时监测。光纤传感的应用研究已然成为各国争相研发的一项尖端技术，在航空航天、桥梁隧道、油气管道、高压输电、水利工程、边坡工程、岩土工程等领域的结构健康监测、安全状态预警中具有广阔的应用前景[174-176]。

在岩土监测领域，1989 年，日本 Horiguchi 等[177]首次提出了基于受激布里渊散射光时域分析（BOTDA）的分布式光纤传感技术，并成功应用于工程结构体的应变测试；韩国 Kwon 等[178]利用 BOTDA 对大型结构试验梁的应变、温度进行实时监测；Nishio 等[179]采用 PPP-BOTDA 技术测试了复合材料梁内部应变，分析了分布式应变反算结构变形的可行性；Klar 等[180]构建分布式光纤感测网实时监测隧道开挖中的应力扰动和沉降变形；丁勇等[181]利用 BOTDR 技术得到了隧道混凝土衬砌的整体收缩状态；钱振东等[182]将 BOTDA 传感技术应用于混凝土管桩桩身变形监测；卢毅等[183]利用 BOTDR 技术有效地捕捉了不同条件下土体的变形发育规律；俞政等[184]利用 PPP-BOTDA 技术分析了野三河整个滑坡体的概要特征。

在矿山监测领域，柴敬团队[185-189]多年来致力于光纤传感技术岩层变形监测研究，将光纤传感技术应用于岩石力学试验、物理模型试验、传感器精度检测标定试验、工程实践监测等方面，通过一系列基础试验研究探讨了光纤传感技术在矿山岩土变形监测中的应用实施方案及科学性分析，实现了光纤监测系统对矿山井筒沉降、采动岩体变形、巷道稳定性、矿压观测、采场温度场变化和地表移动变形规律进行了研究。张丹等[190]采用分布式光纤技术获得了煤层开采过程中覆岩的应变状态，得出垮落带、导水裂隙带的发育高度；李云鹏等[191]在忻州窑矿通过对传感光缆周边煤体内部应变测试，得出钻孔卸压过程可分为裂隙发育、极限平衡、塌孔、破碎煤体压实四个阶段；朴春德等[192]采用分布式光纤传感技术分析采动覆岩变形及离层特征；张平松等[193]构建了底板温度场光纤感测模型，分析了岩层温度场与底板突水的变化关系；刘增辉等[194]利用 BOTDR 技术构建了井筒稳定性实时监测系统，实现了井筒变形长期监测。分布式光纤传感技术还在矿山其他领域开展了一些应用，如覆岩导水裂隙带观测、围岩松动圈监测、井筒变形沉降监测、巷道稳定性监测、锚杆支护质量监测、采动断层构造监测、采场底板变形监测等[195-199]，都取得了较好的效果。分布式光纤传感监测技术在矿山中的应用为解决采动煤岩基础信息的安全、精准、高效智能感知识别提供了新思路。

当前，光纤传感作为一种新型传感监测技术在矿山中已经开展诸多应用研究，但很多理论关键技术及应用监测系统研发还处于探索阶段，必须加强该领域的研究和工业应用，才能为光纤传感技术成熟应用于矿山监测提供积极的助推作用。

通过前述文献分析，国内外学者对于保护层开采卸压防冲效应及机理研究尚存在以下不足，需要继续深入研究。

(1) 保护层卸压机理

我国对保护层开采研究主要集中于瓦斯突出防治方面，而对保护层开采防治冲击地压方面研究相对较少，涉及近距离煤层群保护层开采防冲则更鲜有研究。尤其是保护层开采卸压机理不明确，卸压影响因素未定量化分析，卸压指标仍采用已废止的《防治煤与瓦斯突出措施规程》的规范体系等，这些问题都严重制约了保护层开采防治冲击地压方案的精准设计和有效实施，制约了煤矿的安全高效生产。

(2) 保护层卸压范围及保护效果现场监测

现阶段我国主要通过对被保护层的采动应力等参数进行监测，多数传统的监测方式需要人工井下采集数据，无法满足实时采集需求，且传感精度不高，无法实现大范围、长距离、分布式监测，制约了矿山智能化发展。光纤传感技术可实现煤岩体变形智能感知，可为保护层开采卸压效果基础信息实时、长期、智能感知提供新的手段，但该技术在煤矿监测中应用较晚，现场工程实践较少，需加强该领域的研究和工业应用，才能积极推动光纤传感技术成熟应用于矿山工程领域。

第六节　研究区域工程背景

一、矿井概况及地质特征

葫芦素煤矿位于东胜煤田呼吉尔特矿区，行政区划隶属鄂尔多斯市乌审旗。井田南北走向约 7.4 km，东西倾斜宽约 13.0 km，井田面积约 92.76 km^2，地质储量 26.14 亿 t，设计生产能力为 13.0 Mt/a，服务年限为 89.2 a，采用主、副、风 3 条竖井开拓方式。矿井现阶段的主采煤层为 2^{-1}煤和 $2^{-2中}$煤，其中 2^{-1}煤可采厚度为 1.06～5.61 m，平均厚度为 2.60 m，平均埋深约为 640 m，倾角为 $-3°$～$+3°$，$2^{-2中}$煤可采厚度为 1.01～9.13 m，平均厚度为 3.90 m，平均埋深约为 660 m，倾角为 $-3°$～$+3°$，两层煤间距为 0.82～43.83 m，平均间距为 20.15 m。现正回采煤层为 2^{-1}煤，布置了 2 个综采工作面，分别为一盘区 21104 工作面和四盘区 21405 工作面，$2^{-2中}$煤正在布置回采系统。

21104 综采工作面主采 2^{-1}煤，推采长度为 3 015 m，工作面面长为 320 m，平均埋深约为 635 m，倾角为 0°～3°，平均厚度为 2.63 m。工作面北部为 3 条东翼大巷，南部为五盘区，西部为 21103 采空区，东部为 21105 工作面(未开始回采)。采煤方法为长壁后退式采煤法，全部垮落法处理采空区顶板。工作面共布置 4 条巷道，分别为无轨胶轮车运输平巷、胶带输送机运输平巷、回风平巷、开切眼，这 4 条巷道均沿煤层顶板布置，区段煤柱 30 m，详见

图 1-2。工作面每天推进 8 刀，每刀 0.8 m，日推进度为 6.4 m，月有效工作日 27.5 d，月推进度 176 m，服务年限 17.2 月。采煤机为 SL300 型采煤机，支架为 ZY10000/16/32D 型掩护式电控液压支架，其他配备的设备有 SGZ1000/2×1000 型刮板输送机、SZZ1350/400 型转载机和 PCM400 型破碎机。

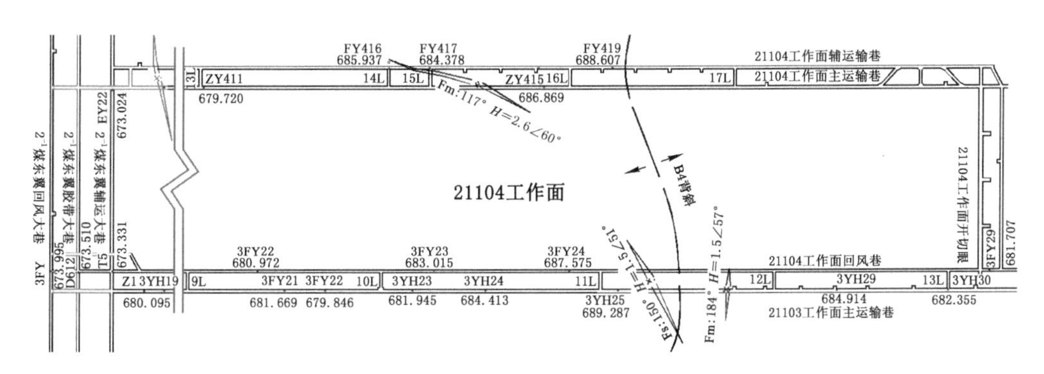

图 1-2　工作面巷道布置平面图

根据井田内和周边施工的钻孔揭露资料，井田内地层自下而上有：三叠系上统延长组、侏罗系中统延安组、侏罗系中统直罗组、白垩系下统志丹群及第四系。通过对地质资料和现场调研发现，该井田煤层地质具有如下特征：

1. 煤层埋深较大

本矿区各煤层埋深较大，煤层埋深基本在 600 m 以上，局部达到了 1 000 m，如葫芦素煤矿上部的 2^{-1} 煤层埋深为 630 m 左右，$2^{-2中}$ 煤层埋深在 670 m 左右。与神东矿区及鄂尔多斯矿区目前开采的多为 100～200 m 埋深的煤层条件相比，顶底板岩层高应力、流变特性尚未掌握，开采覆岩运移规律不详，开采条件更为复杂。

2. 煤层顶底板含水较丰富

鄂尔多斯矿区地表普遍被第四系风积砂和萨拉乌苏组含水层覆盖，含水丰富；下方白垩系地层、侏罗系地层均以各种粒级的砂岩、含砾粗粒砂岩夹砂质泥岩为主，分布多层承压含水层，缺乏稳定隔水层，而且有的煤层顶底板均有含水层。

3. 顶底板主要为砂质泥岩与砂岩互层结构

本矿区井田可采煤层的顶底板岩石主要为砂质泥岩、砂岩，单层厚度大，层厚 20 m 以上。现阶段主采煤层顶底板均具有弱冲击倾向性，其中，顶板上方分布的坚硬厚砂岩层，是矿区目前冲击地压灾害动载能量的来源之一，其破断形态及规律尚未掌握，影响制定矿井防治冲击地压技术措施。

4. 煤层间距较小

本矿区可开采煤层较多，大部分都可采，但煤层间距较小，如 2^{-1} 煤层与 $2^{-2中}$ 煤层在葫芦素井田的层间距为 0.87～43.84 m。层间距较小，对重复采动后覆岩的破坏、矿压的叠加变化及巷道围岩支护等都提出了新的难题。

综合对比分析一盘区内 HK14、HK25、HK35、HK23、HK17、HK44、HK15、HK26、HK36 等 9 个钻孔，发现整体上岩性规律一致，但岩层单层厚度及层位有一定差别，综合多种因素给出井田地层分层岩性，见表 1-1。

表 1-1　井田地层分层岩性

序号	岩层名称	岩层厚度/m	累计厚度/m	序号	岩层名称	岩层厚度/m	累计厚度/m
30	表土	32.30	32.30	15	砂质泥岩	30.00	496.56
29	细粒砂岩	19.59	51.89	14	细粒砂岩	8.24	504.80
28	砂质泥岩	12.80	64.69	13	砂质泥岩	23.73	528.53
27	细粒砂岩	42.27	106.96	12	细粒砂岩	42.28	570.81
26	中粒砂岩	31.49	138.45	11	砂质泥岩	32.88	603.69
25	细粒砂岩	34.79	173.24	10	中粒砂岩	14.41	618.10
24	中粒砂岩	31.22	204.46	9	粉砂岩	9.65	627.75
23	细粒砂岩	48.69	253.15	8	2^{-1}煤	2.60	630.35
22	中粒砂岩	72.25	325.40	7	粉砂岩	3.70	634.05
21	砂质泥岩	52.00	377.40	6	砂质泥岩	8.95	643.00
20	中粒砂岩	5.80	383.20	5	细粒砂岩	15.70	658.70
19	砂质泥岩	47.90	431.10	4	$2^{-2中}$煤	3.90	662.60
18	中粒砂岩	7.13	438.23	3	砂质泥岩	3.28	665.88
17	砂质泥岩	14.97	453.20	2	细粒砂岩	16.06	681.94
16	中粒砂岩	13.36	466.56	1	砂质泥岩	12.35	694.29

研究区域内，2^{-1}煤与$2^{-2中}$煤层间的岩性主要为细粒砂岩、砂质泥岩、粉砂岩三类，间距在19.19～23.73 m范围内，具体岩性分布如图1-3所示。

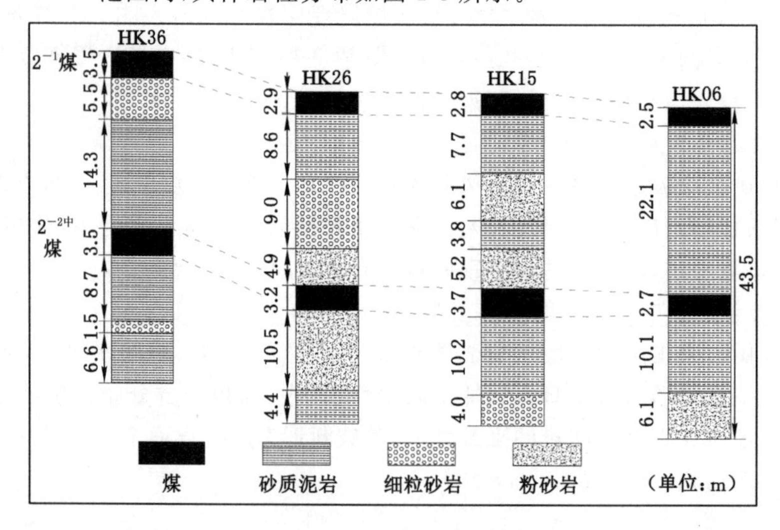

图1-3　近距离煤层岩性对比图

二、矿井冲击地压概况

葫芦素煤矿2^{-1}煤层在实际开采过程中，发生了多起冲击地压显现事件，其中多数事件发生在回采期间临空回风平巷附近，少数事件发生在工作面中部及运输平巷背斜、断层等构造附近。主要破坏表现为巷道大变形、帮鼓、强烈底鼓、顶板下沉、木垛推翻、单体抛射、锚索锁具外退以及脱落等现象，局部破坏具有冲击地压显现特征，如图 1-4 所示。

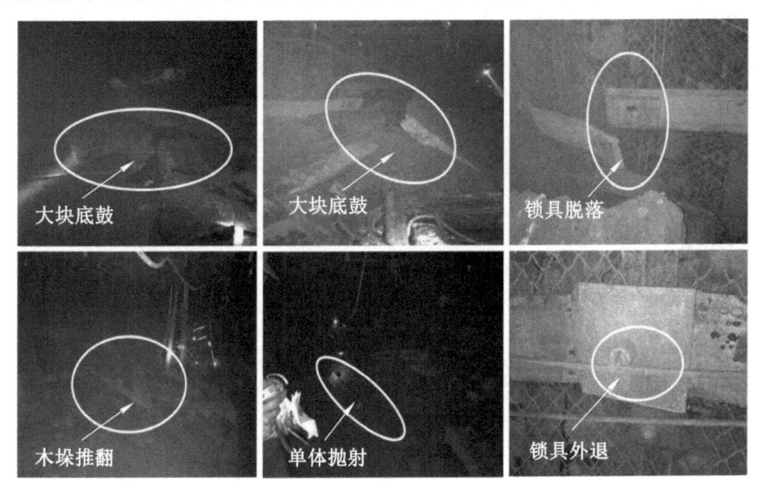

图 1-4 矿井冲击灾害现象

根据矿方提供的资料，$2^{-2中}$煤层具有强冲击倾向性，$2^{-2中}$煤层顶、底板具有弱冲击倾向性；2^{-1}煤层具有强冲击倾向性，2^{-1}煤层顶、底板具有弱冲击倾向性；冲击地压发生的临界深度约为 630 m，区域应力场在量值上属于高应力值区域，区域构造应力占优势；煤层上方存在坚硬厚层砂岩顶板，易积聚大量的弹性能，开采过程中变形破断提供动载能量；宽煤柱在工作面开采时应力集中，积聚大量弹性能导致煤柱失稳。以上因素为葫芦素煤矿 2^{-1}煤层采动冲击地压发生的主要因素。

由于 2^{-1}煤层和 $2^{-2中}$煤层间距较近，应合理利用 2^{-1}煤层开采的卸压影响区域，减少 $2^{-2中}$煤层开采的动力灾害发生，为实现矿井安全高效生产提出了新的方向。

三、研究意义

内蒙古自治区鄂尔多斯市作为我国 14 个大型煤炭基地之一，近年来开发的纳林河、呼吉尔特等大型矿区开采深度均在 600 m 以上，矿区内有数十对千万吨级特大型矿井均面临严重的冲击地压灾害[9]，是制约矿井发展的头号灾害。呼吉尔特矿区葫芦素煤矿也面临着严重的冲击地压灾害问题，井田内主采 2^{-1}煤和 $2^{-2中}$煤，两层煤均具有冲击倾向性。保护层开采可改变煤岩应力环境、释放积聚的弹性能、破坏围岩结构等，从根本上有效防止冲击地压灾害的发生[10-12]。葫芦素煤矿在冲击地压防治中拟利用 2^{-1}煤层保护层开采提前对 $2^{-2中}$煤层进行卸压，再通过合理开采设计，有效降低 $2^{-2中}$煤层开采过程中的冲击危险性。但目前矿井近距离煤层群保护层开采防治冲击地压的研究尚处于起步阶段，针对保护层开采防冲机理、卸压范围及效果也缺乏系统性分析，周边矿井也无成熟经验可借鉴，因此矿井实施近距离煤层群保护层开采卸压防治冲击地压技术缺乏一定的理论依据及科学指导。

本书以呼吉尔特矿区葫芦素煤矿为研究背景，以近距离煤层群保护层开采卸压防治冲击地压为研究课题，深入认识和把握保护层 2^{-1}煤层开采过程中下伏煤岩体位移场、应力场、应变场的时空演化规律，探寻保护层开采卸压煤岩“损伤变形-力学强度-冲击倾向性”之间的内在机理联系，明晰影响保护层开采卸压效果的地质采矿因素之间的关联度和影响权重，建立基于光纤传感技术的保护层开采卸压范围及卸压效果评价方法，力求获得葫芦素煤矿保护层开采下伏煤岩卸压防治冲击地压的效应及机理，为设计矿井近距离煤层群科学、合理的开拓布局提供一定的理论科学依据和技术指导，这对防治葫芦素煤矿及周边矿井冲击地压灾害发生具有重要的现实意义。

第七节　研究内容及方法

一、研究内容

1. 保护层开采下伏煤岩卸压机理及变形规律的理论研究

根据近距离煤层群上保护层开采方案，采用弹塑性力学相关理论，建立保护层开采下伏煤岩非均布载荷力学模型，分析保护层开采下伏煤岩任意位置、深度的应力分布状态；根据葫芦素煤矿地质采矿条件，通过 MATLAB 软件进行数值求解，并绘制下伏煤岩走向、倾向上不同深度的垂直应力、水平应力分布曲线，分析下伏煤岩应变的变化规律。运用滑移线场理论计算保护层开采下伏煤岩变形破坏深度，并分析地质采矿因素对煤岩体变形破坏最大深度的影响规律。

2. 不同循环加卸载条件下煤岩损伤演化及力学强度研究

煤岩单轴压缩过程中采用光纤光栅传感监测和数字散斑测量对煤岩动态破坏过程进行实时监测，建立煤岩试件在单轴压缩试验中弹性区范围、塑性区范围、塑性破坏、破坏峰值等不同阶段应变-应力、宏观表象与光学参量(频率与波长)之间的关系。通过循环加卸载条件下煤岩单轴压缩力学试验，分析煤岩在加卸载过程中变形、强度及破坏特征，探究不同循环加卸载次数、程度、速率等变量条件对煤岩损伤变形及单轴抗压强度的影响；最后对比分析循环加卸载前后煤岩孔隙发育分布规律，从细观角度分析循环加卸载条件下煤岩内部结构变化规律。

3. 不同地质采矿因素下保护层开采卸压程度的定量分析

保护层开采卸压效果受煤层赋存条件、开采条件影响因素较多，采用 $FLAC^{3D}$ 软件进行单因素数值计算，根据正交实验原理，分别建立不同采高、开采深度、层间距、层间岩性及工作面面长等条件下的单因素变化开采模型，分析保护层开采过程中下伏煤岩的应力变化、岩层移动变形及塑性区分布时空演化规律，进行不同地质采矿因素条件下卸压效果影响因素敏感度的模拟计算，建立了保护层地质采矿开采因素与卸压效果间的函数关系式，探讨了保护层地质采矿因素对卸压效果的定量影响机制。采用多因素方差分析对保护层开采卸压效果的地质采矿因素权重进行分析，求得各个地质采矿因素对保护层卸压效果的影响权重。

4. 保护层开采下伏煤岩的移动变形与应力演化动态时空演化过程

采用物理相似模拟进行保护层卸压开采试验，利用光纤传感、数字散斑、压力传感器等多种监测手段，通过保护层开采过程中下伏煤岩体动态应力-应变、位移、裂隙发育等指标对采动卸压规律进行研究，对比 $2^{-2中}$ 煤层和 2^{-1} 煤层开采的覆岩运移及矿山压力显现特征，验证保护层开采卸压效果。结合离散元数值模拟软件研究保护层开采下伏煤岩应力场、应变场、位移场的时空演化规律，确定保护层开采的卸压参量及有效卸压范围。

5. 保护层卸压范围光纤现场监测系统构建及关键应用技术

通过现场实地调研，结合数值模拟计算和物理模型试验研究成果，合理设计光纤孔倾角、深度等技术参数，构建保护层开采底板变形破坏的光纤传感监测系统。通过煤岩体变形卸压过程的光纤数据甄别及信息化表征研究，实时监测 2^{-1} 煤层回采过程中下伏煤岩变形破坏及应力-应变演化规律，揭示保护层开采下伏煤岩卸压在时间和空间变化的关系，实现煤岩卸压过程的动态捕捉；最终确定保护层 2^{-1} 煤层开采的垂向卸压深度、走向及倾向卸压角度、卸压范围、卸压滞后及有效时间、应力-应变动态变化规律，评价预测保护层卸压效果，实现保护层开采下伏煤岩卸压程度的精细化判别与定量解释。

二、研究方法

本书以经典矿压理论、弹塑性力学、光纤传感理论等为基础，采用理论分析、物理相似模拟、等强度梁标定试验、煤岩力学试验、数值模拟计算、现场监测分析相结合的研究方法，研究了近距离煤层群保护层开采下伏煤岩变形规律及卸压效应，具体研究方法如下：

(1) 将采场下伏煤岩看作连续介质，采用弹塑性力学相关理论，建立了保护层开采的下伏煤岩非均匀载荷分布的力学模型。从理论上分析研究保护层开采后下伏煤岩应力分布规律及采空区底板移动特征。依据矿井地质采矿条件参数，应用 MATLAB 数值计算保护层开采底板任意深度任意位置点的应力、应变值，并绘制保护层开采主断面的卸压曲线及不同采深条件下的卸压曲线。运用滑移线场理论计算保护层开采下伏煤岩变形破坏深度，定量分析地质采矿因素对采动煤岩体变形破坏最大深度的影响。

(2) 以葫芦素煤矿现场煤粉为原料压制煤样试件，在实验室参照规范制作成 ϕ50 mm×100 mm 的标准圆柱试件，共计 20 个，分为 4 组。第一组煤岩试件做常规单轴压缩试验，其他三组煤岩试件分别在不同加卸载次数(1、3、5、7 次)、加卸载应力(4 MPa、8 MPa、10 MPa)、速率(0.2 mm/min、0.4 mm/min、0.6 mm/min、0.8 mm/min)下进行单轴压缩试验，利用光纤光栅、数字散斑、扫描电镜、核磁共振仪等监测手段，分析煤岩试件应力-应变与光参数之间的关系，揭示煤岩损伤变形及力学强度的变化规律。

(3) 采用 $FLAC^{3D}$ 数值模拟计算，根据正交试验原理共建立 25 组数值模型，通过改变保护层采高(2 m、4 m、6 m、8 m、10 m)、层间距(5 m、10 m、15 m、20 m、30 m、40 m、50 m)、工作面面长(100 m、150 m、200 m、250 m、320 m、400 m)、层间岩性(砂质泥岩、粉砂岩、细粒砂岩)等参数，分别构建各单因素变化模型，对比塑性区分布、垂直应力分布、水平应力分布、位移变化等参数，分析采高、层间距、层间岩性、工作面面长对卸压的影响规律，并建立各影响因素与卸压效果的函数关系式，从而实现开采影响因素与卸压效果的定量化分析。采用多因素方差分析方法研究保护层开采卸压效果的地质采矿参数影响权重。

(4) 以葫芦素煤矿 21104 综采工作面地质采矿资料为原型，搭建尺寸 3 000 mm(长)×200 mm(宽)×1 600 mm(高)物理相似材料模型，几何相似比为 1∶150。利用全站仪、分布式光纤传感器、光纤光栅传感器、光纤光栅土压力盒、数字散斑、压力采集仪等多种手段监测保护层 2^{-1} 煤层和被保护层 $2^{-2中}$ 煤层开采过程中覆岩运移及应力演化规律，通过采场应力场、应变场、位移场等多参数分析下伏煤岩卸压过程，并通过 2^{-1} 煤层和 $2^{-2中}$ 煤层开采覆岩运移及矿压显现，验证保护层开采卸压效果。

(5) 利用 3DEC 离散元数值模拟软件构建大型三维矿山模型，模型中布置了 21104 工作面和 21105 工作面，区段煤柱 30 m，其他地质采矿条件与原型的相同。模型中分别沿走向和倾向在不同高度煤岩层中布设了位移、应力、应变测点，21104 工作面开采过程中采集倾向和走向的应力场、应变场、位移场数据，21105 工作面开采过程中重点采集区段煤柱的应力-应变数据，研究保护层开采下伏煤岩体卸压规律及区段煤柱对卸压的影响。

(6) 针对葫芦素煤矿特殊工程条件及监测目的进行现场光纤监测工业试验。利用钻孔植入方式安装光纤监测系统，设计在21104工作面主运输巷向底板钻设1#、2#、3#三个钻孔。1#光纤孔方位角270°，倾角15°，孔长135.23 m，监测倾向方向卸压规律；2#光纤孔方位角270°，倾角60°，孔长40.41 m，监测倾向方向卸压规律；3#光纤孔方位角200°，倾角20°，孔长102.33 m，监测走向方向卸压规律。通过钻孔传感光纤与井下通信光纤连接，并通过通信光纤将监测信息传输至地面FBG/BOTDA数据监测仪器。根据工作面回采进度，当工作面距离光纤监测钻孔150～100 m时，每天监测一次；当工作面距离光纤监测钻孔100～－50 m时，每天监测4次，即每割两刀煤监测一次；当工作面距离光纤监测钻孔－50～－100 m时，每天监测一次。通过对传感光纤应变分布及变化特征的分析，并结合光纤钻孔布置地层的岩性及结构特征对比分析，研究了21104工作面开采过程中底板煤岩体卸压效果及范围。

第二章　保护层开采下伏煤岩变形及卸压理论研究

保护层工作面采动前，围岩处于原岩应力平衡状态，保护层开采后，打破了煤岩体原岩应力平衡，随着围岩的移动变形，应力重新分布。在采煤工作面一定范围内出现应力集中现象，高应力向底板深部传递，造成下伏煤岩体产生变形、位移甚至破坏，释放弹性能量，采空区高位覆岩结构作用力向两侧转移，采空区一定范围内下伏煤岩应力降低，这是保护层开采技术应用的理论基础。

为研究保护层开采后采场下伏煤岩的应力分布规律，将下伏煤岩体看作弹性体，利用弹性力学相关理论建立采场下伏煤岩的力学模型，推导采动下伏煤岩的水平应力、垂直应力计算公式，利用 MATLAB 进行求解，进而分析采场下伏煤岩的应力场分布规律。然后运用滑移线场理论研究保护层开采下伏煤岩变形破坏特征，并探究其与煤层厚度、深度、煤岩力学性质等因素的相互影响关系。

第一节　保护层开采下伏煤岩卸压防冲机理

原岩应力是地下煤岩体变形破坏及瓦斯突出、冲击地压等动力灾害发生的根本作用力。当保护层开采后，破坏了区域原岩应力场的平衡状态，应力重新分布，由于覆岩垮落、破断与沉降，将在工作面四周煤体或煤柱上出现应力集中，在采空区出现应力降低现象[200]。如图 2-1 所示，支承压力向下伏的底板煤岩中传播，形成相应的应力升高区和应力降低区，并随着工作面的推进，发生应力的扩散和衰减。

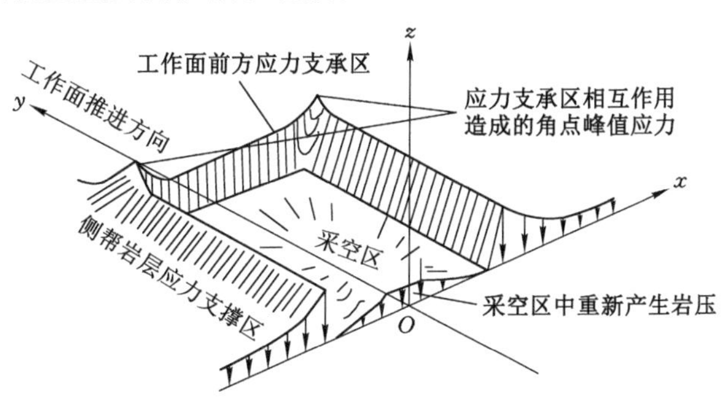

图 2-1　全部垮落法开采的采场周围支承应力分布图

保护层开采使煤岩体原始应力平衡被打破，随着顶、底板煤岩体移动变形，应力重新分布。根据底板下伏煤岩体移动变形的变化，在水平方向上划分为 4 个特征区，即未扰动区、压缩区、膨胀区和压实区；根据底板下伏煤岩应力的变化，在水平方向上划分为 4 个特征区，即原岩应力区、应力集中区、应力降低区和应力恢复区(图 2-2)。

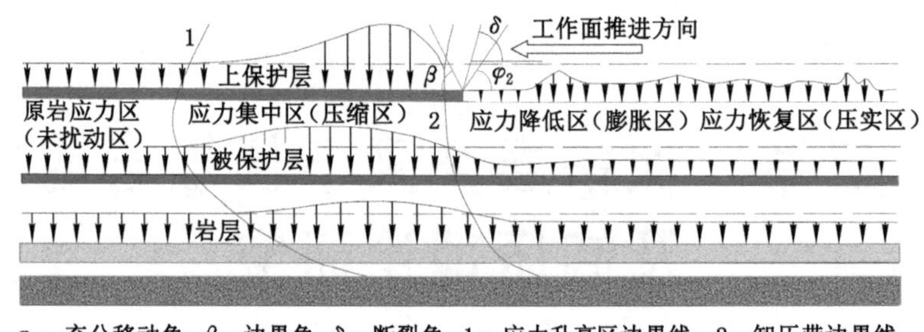

φ_2—充分移动角;β—边界角;δ—断裂角;1—应力升高区边界线;2—卸压带边界线。

图 2-2 保护层开采应力分布示意图

从煤岩位移变化角度分析保护层开采下伏煤岩移动变形特征。若沿工作面走向方向取纵向剖面,保护层工作面推进过程中,工作面煤壁前方底板下伏煤岩处于压缩状态,位移向下;采空区下伏煤岩处于膨胀状态,位移向上,此时该区域会产生大量的采动裂隙;随着采空区矸石垮落逐渐压实,下伏煤岩应力恢复到原岩应力状态,采空区下方的岩体处于压实区,位移逐渐减小,此时易产生穿层裂隙。因此,工作面正常推进过程中,下伏煤岩总处于压缩区、膨胀区、压实区的循环状态,下伏煤岩的位移变化过程是一个动态的变化过程。下伏煤岩在压缩区和膨胀区的交界处,处于压缩状态的下伏岩体应力急剧卸除,容易出现剪切变形而发生剪切破坏,造成内部节理裂隙扩展和贯通破坏,在膨胀区下伏煤岩容易产生离层裂隙和穿层裂隙。但是在边界煤柱和区段煤柱下方,底板煤岩体一直处于压缩变形状态。

从煤岩应力变化角度分析保护层开采下伏煤岩应力分布特征。应力集中区是采动引起的支承压力传递到下伏煤岩,在采空区边界的下方煤体形成增压区;应力降低区是由于保护层开采后,采空区一定范围内的上覆岩层没有垮落或垮落不充分,覆岩重力将转移到工作面四周的煤体上,在采空区下伏煤岩中形成卸压区,即下伏煤岩释放了能量;应力恢复区是由于采空区矸石垮落压实作用,通常位于采空区后方较远处,下伏煤岩开始应力恢复,一定时间内被保护层还处于卸压状态。

随着保护层开采工程实践和理论研究不断深入,研究人员逐渐认识了保护层开采机理,国内外也有了统一的认识。保护层开采作用机理的核心是卸压作用,而卸压作用产生于分力结构拱的形成与结构拱内部煤岩的运动与破坏[201]。保护层开采过程中下伏煤岩的应力经历了升高、降低、恢复的动态过程,这也是煤岩体经过了大量变形能积聚、能量急剧释放和弹性能量恢复的加卸载过程。基于此,本书提出葫芦素煤矿保护层开采卸压防治冲击地压机理由以下 4 个因素构成:

(1) 地应力环境。保护层开采导致采场围岩产生移动变形破坏,破坏了区域原岩应力场的平衡状态,采场应力重新分布,使采空区下伏煤岩在一定空间范围内垂直应力、水平应力均出现不同程度的降低,改善被保护层区域内的高地应力状态;上覆岩层上“三带”和下伏煤岩下“三带”的形成,将提前释放采场围岩中的弹性能量,改变区域内能量的空间分布状态,进而改善被保护层开采过程中能量积聚与释放的空间分布状况。对于葫芦素煤矿,保护层 2^{-1} 煤层开采使被保护层 $2^{-2中}$ 煤层在一定空间范围内处于较原岩应力相对低的应力降低区内,减弱了被保护层发生冲击地压的高地应力区的环境。

(2) 煤岩损伤及力学强度。由于煤岩本身是一种缺陷介质，它在构造成岩过程中，受构造作用影响产生变形，形成由结构面和结构体构成的既有连续又有不连续的裂隙体。受保护层开采影响，下伏煤岩受到加载和卸载作用，煤岩发生变形破坏，一定范围内煤岩的结构改组、结构联结丧失，伴随这种破坏的发生使煤岩本身的结构特征、物理力学性质得到一定程度上改变，为能量的释放、转移提供了前提与基础。对于葫芦素煤矿，保护层开采造成$2^{-2中}$煤层及其顶板岩层发生膨胀变形，煤岩损伤，煤岩体内的体积变形能下降，降低了煤岩的弹性潜能和力学强度，弱化了煤岩的冲击倾向性，从而减少矿井冲击地压的发生。

(3) 顶板断裂动载能量。保护层开采后采场围岩发生移动变形破坏，上覆岩层变形破断或裂隙发育，降低被保护层开采时高位岩层变形剧烈程度；下伏煤岩在一定范围内产生底鼓，形成"底鼓裂隙"层，使下伏煤岩产生不同裂隙发育的结构层，使被保护层顶板结构弱化，这些结构的形成极大地削弱了被保护层开采的采场应力集中与能量传递状态；对于葫芦素煤矿，尤其是保护层开采使底板厚硬砂岩裂隙发育，破坏了厚硬砂岩层结构，待被保护层开采时，底板厚硬砂岩作为被保护层的顶板，其悬顶距离、应力集中及能量释放等都会被大大减少，降低了顶板断裂的动载能量。

(4) 能量损耗结构与释放空间。保护层开采使被保护层处于其采空区的下方，保护层采空区垮落的矸石形成空间范围较大的破碎松散结构体，给被保护层开采时动载能量损耗和释放提供了有利结构和大范围空间，将降低动载能量积聚，充分吸收动载能量，减弱动载能量向被保护层采场方向传播，达到吸收消耗动载能量的作用，降低动载能量诱发被保护层开采发生冲击地压。

故保护层开采下伏煤岩卸压过程可总结为保护层开采—顶、底板煤岩移动变形（顶板结构弱化）—底板膨胀裂隙发育（降低煤岩力学强度）—弹性能量释放—被保护层应力降低（改善高地应力环境）—积聚弹性能降低—冲击危险性降低，如图 2-3 所示。

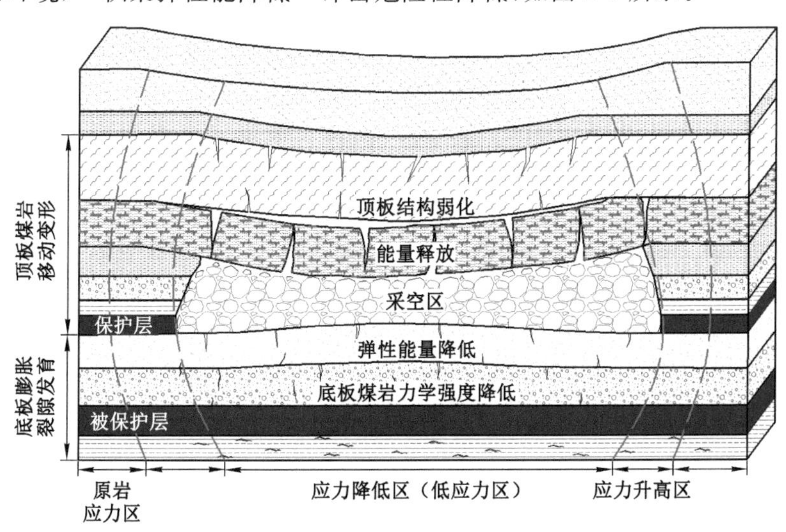

图 2-3　保护层开采卸压机理

因此，葫芦素煤矿可将2^{-1}煤层作为上保护层开采，上保护层开采后能够有效降低被保护层$2^{-2中}$煤层的地应力，降低煤岩力学强度，弱化顶板结构及降低动载能量，被保护层$2^{-2中}$

煤层上方形成采空区松散破碎矸石结构体，为能量释放提供有利的条件和空间，减少采掘扰动下 $2^{-2中}$ 煤层冲击地压灾害的发生。

第二节 保护层开采下伏煤岩应力力学计算

一、原岩应力状态

地应力的组成成分非常复杂，其中主要组成部分包括自重应力和构造应力。原岩应力场的大小及分布特征直接影响采动后应力的二次分布，进而对围岩运动破坏产生影响，研究保护层开采后被保护层卸压效果，应首先分析保护层采动后其下伏煤岩应力场分布特征进而得到煤岩体破坏范围，从而得到保护层的有效保护范围。

在不考虑构造应力影响的前提下，岩层均处于低地应力状态，可将岩层视为半无限体求其应力分布，简化模型如图 2-4 所示。

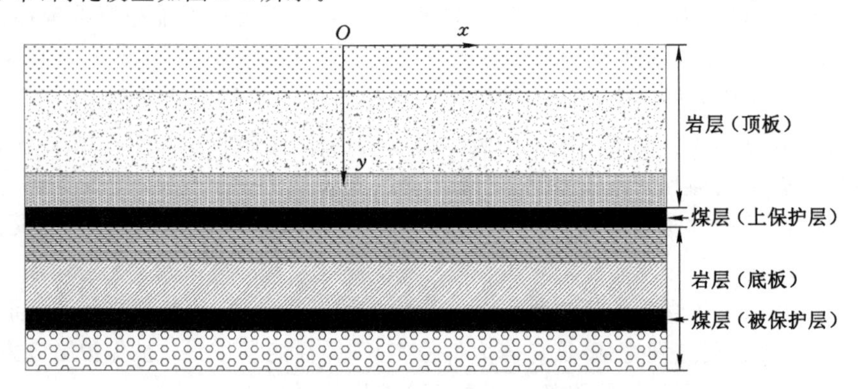

图 2-4 地层剖面半无限体简化模型

各岩层只受重力，在水平方向上的位移为 0，假设垂直位移只是 y 的函数，同其他两个方向无关，则：

$$u_y = w(y) \tag{2-1}$$

式中 $w(y)$——地层剖面内位移变化的分布规律函数。

由几何方程可知，取任意小单元体，其各方向的主应变为：

$$\varepsilon_x = \varepsilon_z = 0, \varepsilon_y = \frac{\mathrm{d}w}{\mathrm{d}y} \tag{2-2}$$

将式(2-2)代入位移表示的平衡方程可得：

$$(\lambda + 2G)\frac{\mathrm{d}^2 w}{\mathrm{d}y^2} + \gamma = 0 \tag{2-3}$$

式中 γ——岩石重力密度，$\mathrm{kN/m^3}$；

λ——侧压系数；

G——剪切模量，MPa。

对式(2-3)进行积分可得：

$$w = -\frac{(1+\mu)(1-2\mu)}{2E(1-\mu)}\gamma(y+a)^2 + b \tag{2-4}$$

式中　E——弹性模量，GPa；

μ——岩石的泊松比；

a，b——函数的常系数。

将式(2-4)代入位移本构方程，在地表垂直应力为 0 的初始条件下，其地应力可由下式求出：

$$\begin{cases}\sigma_x=\sigma_z=-\mu\gamma y/(1-\mu)\\ \sigma_y=-\gamma y\\ \tau_{xy}=\tau_{yz}=\tau_{zx}=0\end{cases}\tag{2-5}$$

式中　σ_x，σ_z——地应力的水平分量，MPa；

σ_y——地应力的垂直分量，MPa；

τ_{xy}，τ_{yz}，τ_{zx}——地应力各方向的剪切分量，MPa。

在地质构造简单(如近水平地层、无断层等)的情况下，上述理论是正确的，但未考虑到构造应力场的影响。1951 年，Hast 在瑞典矿山中开始了地应力测量，随后加拿大、南非等国也相继开展了地应力的实测与研究工作[202]。在大量现场实测及统计分析，综合考虑构造应力的影响下，挪威专家提出了岩体水平应力表达式：

$$\sigma_x=\sigma_z=\gamma y\left(\frac{\mu}{1-\mu}+K_t\right)\tag{2-6}$$

式中　K_t——构造应力系数。

在目前的应用中，对于地层原始应力的计算大多采用如下方法：垂直应力的计算采用式(2-5)进行计算，水平应力的计算则通常采用式(2-6)进行计算。

二、力学模型建立及公式推导

(一) 工作面倾向力学分析

保护层工作面开采后，工作面后方采空区一定范围内的顶板悬空或垮落不充分，造成采空区下伏煤岩应力降低。为了研究保护层开采后下伏煤岩的卸压规律，将下伏煤岩看作连续介质，采用弹塑性力学理论[203]建立工作面倾向模型。为便于求解，采用计算应力的降幅来表示下伏煤岩的卸压程度。

在力学模型建立的过程中，对所做简化说明如下：

(1) 保护层工作面采空区下伏煤岩的初始应力为均布载荷。

(2) 保护层开采后，采空区覆岩应力向两侧转移，集中应力变化呈线性关系。

(3) 由于岩层无限扩展，可将岩层看成半无限体。

(4) 煤岩体所受载荷为 $q=\rho gh$。其中 ρ 为上覆岩层的平均密度，单位为 kg/m^3；g 为重力加速度，单位为 m/s^2；h 为岩层深度，单位为 m。

(5) 开采前后，下伏煤岩对应力变化的影响相同，即不考虑其对应力降幅的影响。

保护层开采之后，煤层与岩层之间的关系如图 2-5 所示。

根据图 2-5，对保护层开采的煤层受力进行力学抽象，由于采动覆岩的自重转移，造成煤柱边缘区的应力集中，采空区应力降低，可得支承压力分布计算力学模型，如图 2-6 所示。

边界煤柱处形成的超前支承压力 $P_{支}$ 为：

$$P_{支}=(L_1+L_2)q_0-L_2\gamma' m-k' L_2 q_0\tag{2-7}$$

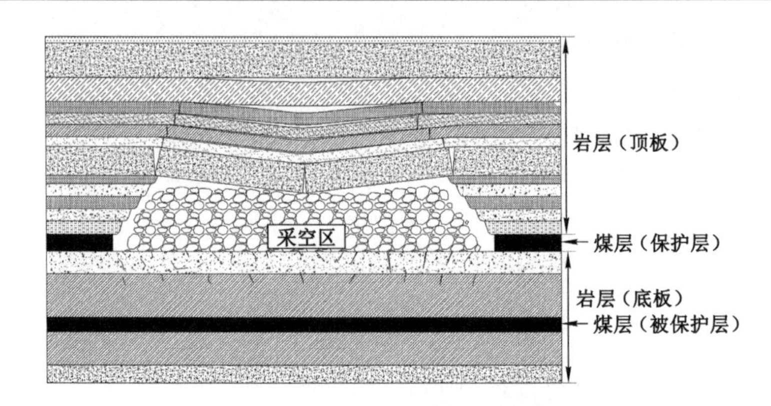

图 2-5　保护层开采后煤岩变形示意图

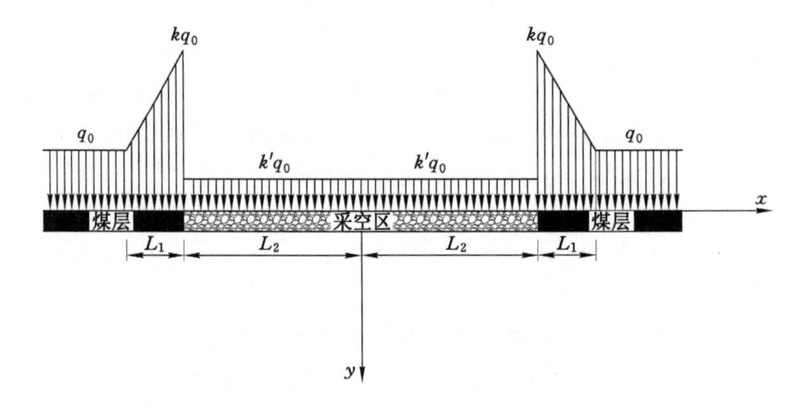

图 2-6　支承压力分布计算力学模型

式中　γ'——煤的重力密度，kN/m^3；

m——煤层厚度，m；

L_1——超前支承压力范围，m；

L_2——工作面面长的一半，m；

k'——残余支承压力系数；

$P_{支}$——支承压力，MPa；

q_0——自重应力，MPa。

根据应力与内力的关系又有：

$$P_{支}=\int_0^{L_1}\sigma_y\mathrm{d}x=\frac{1}{2}L_1(\sigma_{y_{\max}}-\sigma_{y_0})+L_1\sigma_{y_0}=\frac{1}{2}L_1\sigma_{y_{\max}}+\frac{1}{2}L_1\sigma_{y_0} \tag{2-8}$$

式中　σ_{y_0}——y 方向的原始应力，MPa；

$\sigma_{y_{\max}}$——y 方向的最大应力，MPa。

原始应力为：

$$\sigma_{y_0}=q_0=\gamma H \tag{2-9}$$

则有：

$$\frac{1}{2}L_1\sigma_{y_{\max}}+\frac{1}{2}L_1\sigma_{y_0}=(L_2+L_1)\gamma H-L_2\gamma' m-k'L_2\gamma H \tag{2-10}$$

故有：

$$\sigma_{y_{\max}} = \gamma H + \frac{2L_2(\gamma H - \gamma' m - k'\gamma H)}{L_1} \tag{2-11}$$

式中 H——煤层埋深，m。

又因为：

$$\sigma_{y_{\max}} = k\sigma_{y_0} \tag{2-12}$$

式中 k——煤壁支承压力集中系数。

故有：

$$k = \frac{\sigma_{y_{\max}}}{\sigma_{y_0}} = 1 + \frac{2L_2[(1-k')\gamma H - \gamma' m]}{L_1 \gamma H} \tag{2-13}$$

保护层开采后应力增量如图 2-7 所示，计算时将已开采部分应力增量看作均布载荷，则应力增量最大值为$(k-1)q_0$，采空区残余应力均值为$(1-k')q_0$。

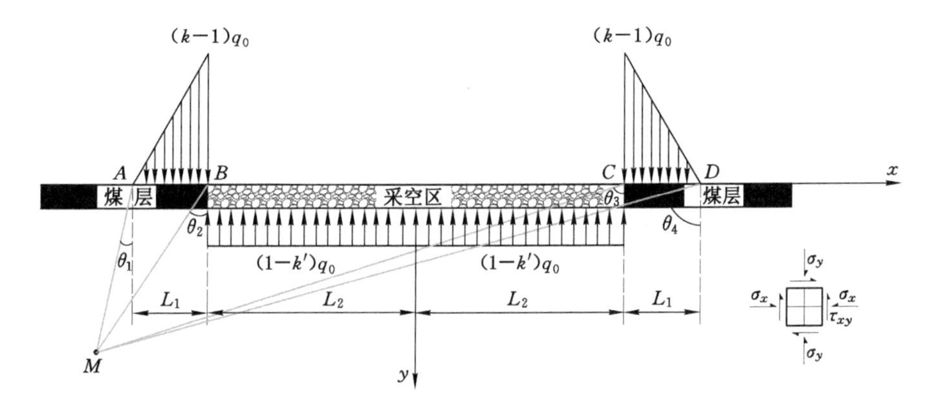

图 2-7 集中应力对半无限平面上任一点的影响作用

如图 2-8 所示的半无限平面，直线边界上作用一垂直于该边界的集中应力 P。根据弹性力学可知，半无限平面体受到集中应力 P 的影响作用，其下伏煤岩任一点 M 处所产生的应力分量为：

$$\begin{cases} \sigma_r = -\dfrac{2P}{\pi r}\cos\theta \\ \sigma_\theta = 0 \\ \tau_{r\theta} = 0 \end{cases} \tag{2-14}$$

式中 P——集中应力，MPa；

r——M 点与集中应力 P 的距离，m；

θ——r 与 y 轴的夹角，(°)。

根据弹性力学中一点应力状态的坐标转换关系可知，极坐标与直角坐标下的应力分量表达式存在如下关系：

$$\begin{cases} \sigma_y = \sigma_r \sin^2\theta + \sigma_\theta \cos^2\theta + 2\tau_{r\theta}\sin\theta\cos\theta \\ \sigma_x = \sigma_r \cos^2\theta + \sigma_\theta \sin^2\theta - 2\tau_{r\theta}\sin\theta\cos\theta \\ \tau_{yx} = (\sigma_r - \sigma_\theta)\sin\theta\cos\theta + \tau_{r\theta}(\cos^2\theta - \sin^2\theta) \end{cases} \tag{2-15}$$

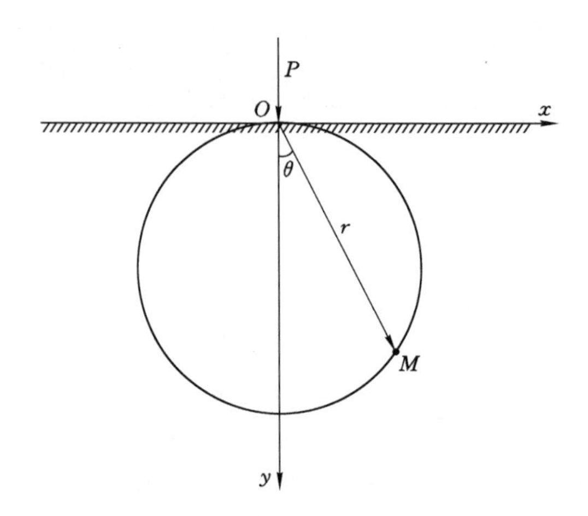

图 2-8　应力增量计算简图

将式(2-15)代入式(2-14)可得：

$$\begin{cases} \sigma_y = -\dfrac{2P}{\pi}\dfrac{\cos^3\theta}{r} \\ \sigma_x = -\dfrac{2P}{\pi}\dfrac{\sin^2\theta\cos\theta}{r} \\ \tau_{yx} = -\dfrac{2P}{\pi}\dfrac{\sin\theta\cos^2\theta}{r} \end{cases} \tag{2-16}$$

利用关系式 $\cos\theta = \dfrac{y}{r}, \sin\theta = \dfrac{x}{r}, r^2 = x^2 + y^2$，可把上式写为：

$$\begin{cases} \sigma_y = -\dfrac{2P}{\pi}\dfrac{y^3}{(x^2+y^2)^2} \\ \sigma_x = -\dfrac{2P}{\pi}\dfrac{x^2 y}{(x^2+y^2)^2} \\ \tau_{yx} = -\dfrac{2P}{\pi}\dfrac{xy^2}{(x^2+y^2)^2} \end{cases} \tag{2-17}$$

如图 2-7 所示，在边界 $-(L_1+L_2) \leqslant x \leqslant (L_1+L_2)$ 一段 AD 上受到强度为 $q(x)$ 的分布应力作用。为了求出半无限平面内任意点 $M(x,y)$ 的应力分量，在 AD 面上取微元 $\mathrm{d}\xi$，它距坐标原点 O 的距离为 ξ，把在 $\mathrm{d}\xi$ 上所受的力 $\mathrm{d}P = q\mathrm{d}\xi$ 看成一个微小集中应力。这个微小集中应力在其下方任意点引起的应力，可用式(2-18)计算。应当注意，在式(2-18)中，x 和 y 分别为所求应力点和集中力作用点的水平距离和垂向距离，而在图 2-8 中，M 点与集中应力 $\mathrm{d}P$ 的水平距离和铅直距离分别为 $(x-\xi)$、y，因而 $\mathrm{d}P = q\mathrm{d}\xi$ 在 M 点引起的应力分量为：

$$\begin{cases} \mathrm{d}\sigma_y = -\dfrac{2q\mathrm{d}\xi}{\pi}\dfrac{y^3}{[(x-\xi)^2+y^2]^2} \\ \mathrm{d}\sigma_x = -\dfrac{2q\mathrm{d}\xi}{\pi}\dfrac{(x-\xi)^2 y}{[(x-\xi)^2+y^2]^2} \\ \mathrm{d}\tau_{yx} = -\dfrac{2q\mathrm{d}\xi}{\pi}\dfrac{(x-\xi)y^2}{[(x-\xi)^2+y^2]^2} \end{cases} \tag{2-18}$$

为了求出全部分布载荷在 $M(x,y)$ 点所引起的应力值，只需将所有各个微元集中应力所引起的应力相叠加，即求出上列三式的积分，如下：

$$
\begin{cases}
\sigma_y = -\dfrac{2}{\pi}\displaystyle\int_{(L_1+L_2)}^{-(L_1+L_2)} \dfrac{qy^3\mathrm{d}\xi}{[(x-\xi)^2+y^2]^2} \\
\sigma_x = -\dfrac{2}{\pi}\displaystyle\int_{(L_1+L_2)}^{-(L_1+L_2)} \dfrac{q(x-\xi)^2 y\mathrm{d}\xi}{[(x-\xi)^2+y^2]^2} \\
\tau_{yx} = -\dfrac{2}{\pi}\displaystyle\int_{(L_1+L_2)}^{-(L_1+L_2)} \dfrac{q(x-\xi)y^2\mathrm{d}\xi}{[(x-\xi)^2+y^2]^2}
\end{cases}
\tag{2-19}
$$

如图 2-7 所示，可将 AD 段分为 AB、BC、CD 三部分载荷，分段进行积分计算。

AB 段的载荷为 $q=\dfrac{(k-1)(x+L_1+L_2)q_0}{L_1}$，则 AB 段对点 $M(x,y)$ 产生的应力为：

$$
\begin{cases}
\sigma_{y1} = \dfrac{(k-1)(x+L_1+L_2)q_0}{\pi L_1}\left\{\left[\dfrac{y(x+L_1+L_2)}{(x+L_1+L_2)^2+y^2}-\dfrac{y(x+L_2)}{(x+L_2)^2+y^2}\right]+\left(\arctan\dfrac{x+L_1+L_2}{y}-\arctan\dfrac{x+L_2}{y}\right)\right\} \\
\sigma_{x1} = \dfrac{(k-1)(x+L_1+L_2)q_0}{\pi L_1}\left\{\left(\arctan\dfrac{x+L_1+L_2}{y}-\arctan\dfrac{x_1+L_2}{y}\right)-\left[\dfrac{y(x+L_1+L_2)}{(x+L_1+L_2)^2+y^2}-\dfrac{y(x+L_2)}{(x+L_2)^2+y^2}\right]\right\} \\
\tau_{yx1} = \dfrac{(k-1)(x+L_1+L_2)q_0 y}{\pi L_1}\left\{\left(\arctan\dfrac{x+L_1+L_2}{y}-\arctan\dfrac{x_1+L_2}{y}\right)-\left[\dfrac{y(x+L_1+L_2)}{(x+L_1+L_2)^2+y^2}-\dfrac{y(x+L_2)}{(x+L_2)^2+y^2}\right]\right\}
\end{cases}
\tag{2-20}
$$

BC 段的载荷 $q=-(1-k')q_0$，则 BC 段对点 $M(x,y)$ 产生的应力为：

$$
\begin{cases}
\sigma_{y2} = \dfrac{(1-k')q_0}{\pi}\left\{\left[\dfrac{y(x+L_2)}{(x+L_2)^2+y^2}-\dfrac{y(x-L_2)}{(x-L_2)^2+y^2}\right]+\left(\arctan\dfrac{x+L_2}{y}-\arctan\dfrac{x-L_2}{y}\right)\right\} \\
\sigma_{x2} = \dfrac{(1-k')q_0}{\pi}\left\{\left(\arctan\dfrac{x+L_2}{y}-\arctan\dfrac{x-L_2}{y}\right)-\left[\dfrac{y(x+L_2)}{(x+L_2)^2+y^2}-\dfrac{y(x-L_2)}{(x-L_2)^2+y^2}\right]\right\} \\
\tau_{yx2} = \dfrac{(1-k')q_0 y}{\pi}\left\{\left(\arctan\dfrac{x+L_2}{y}-\arctan\dfrac{x-L_2}{y}\right)-\left[\dfrac{y(x+L_2)}{(x+L_2)^2+y^2}-\dfrac{y(x-L_2)}{(x-L_2)^2+y^2}\right]\right\}
\end{cases}
\tag{2-21}
$$

CD 段的载荷为 $q=-\dfrac{(k-1)(x-L_1-L_2)q_0}{L_1}$，则 CD 段对点 $M(x,y)$ 产生的应力为：

$$
\begin{cases}
\sigma_{y3} = -\dfrac{(k-1)(x-L_1-L_2)q_0}{\pi L_1}\left\{\left[\dfrac{y(x-L_1-L_2)}{(x-L_1-L_2)^2+y^2}-\dfrac{y(x-L_2)}{(x-L_2)^2+y^2}\right]+\left(\arctan\dfrac{x-L_1-L_2}{y}-\arctan\dfrac{x-L_2}{y}\right)\right\} \\
\sigma_{x3} = -\dfrac{(k-1)(x-L_1-L_2)q_0}{\pi L_1}\left\{\left(\arctan\dfrac{x-L_1-L_2}{y}-\arctan\dfrac{x-L_2}{y}\right)-\left[\dfrac{y(x-L_1-L_2)}{(x-L_1-L_2)^2+y^2}-\dfrac{y(x-L_2)}{(x-L_2)^2+y^2}\right]\right\} \\
\tau_{yx3} = -\dfrac{(k-1)(x-L_1-L_2)q_0 y}{\pi L_1}\left\{\left(\arctan\dfrac{x-L_1-L_2}{y}-\arctan\dfrac{x-L_2}{y}\right)-\left[\dfrac{y(x-L_1-L_2)}{(x-L_1-L_2)^2+y^2}-\dfrac{y(x-L_2)}{(x-L_2)^2+y^2}\right]\right\}
\end{cases}
\tag{2-22}
$$

由于将下伏煤岩简化为半无限大平面体后没有考虑煤岩体的自身重力，因此，应力分布应在上式的基础上，考虑构造运动产生的水平应力和自重应力，即

$$
\begin{aligned}
\sigma_y = & \dfrac{(k-1)(x+L_1+L_2)q_0}{\pi L_1}\left\{\left[\dfrac{y(x+L_1+L_2)}{(x+L_1+L_2)^2+y^2}-\dfrac{y(x+L_2)}{(x+L_2)^2+y^2}\right]+\left(\arctan\dfrac{x+L_1+L_2}{y}-\arctan\dfrac{x+L_2}{y}\right)\right\} \\
& +\dfrac{(1-k')q_0}{\pi}\left\{\left[\dfrac{y(x+L_2)}{(x+L_2)^2+y^2}-\dfrac{y(x-L_2)}{(x-L_2)^2+y^2}\right]+\left(\arctan\dfrac{x+L_2}{y}-\arctan\dfrac{x-L_2}{y}\right)\right\} \\
& -\dfrac{(k-1)(x-L_1-L_2)q_0}{\pi L_1}\begin{Bmatrix}\left[\dfrac{y(x-L_1-L_2)}{(x-L_1-L_2)^2+y^2}-\dfrac{y(x-L_2)}{(x-L_2)^2+y^2}\right] \\ +\left(\arctan\dfrac{x-L_1-L_2}{y}-\arctan\dfrac{x-L_2}{y}\right)\end{Bmatrix}+\gamma(y+H)
\end{aligned}
$$

$$\sigma_x = \frac{(k-1)(x+L_1+L_2)q_0}{\pi L_1}\left\{(\arctan\frac{x+L_1+L_2}{y} - \arctan\frac{x+L_2}{y}) - \left[\frac{y(x+L_1+L_2)}{(x+L_1+L_2)^2+y^2} - \frac{y(x+L_2)}{(x+L_2)^2+y^2}\right]\right\}$$
$$+\frac{(1-k')q_0}{\pi}\left\{\left(\arctan\frac{x+L_2}{y} - \arctan\frac{x-L_2}{y}\right) - \left[\frac{y(x+L_2)}{(x+L_2)^2+y^2} - \frac{y(x-L_2)}{(x-L_2)^2+y^2}\right]\right\}$$
$$-\frac{(k-1)(x-L_1-L_2)q_0}{\pi L_1}\left\{\left(\arctan\frac{x-L_1-L_2}{y} - \arctan\frac{x-L_2}{y}\right) - \left[\frac{y(x-L_1-L_2)}{(x-L_1-L_2)^2+y^2} - \frac{y(x-L_2)}{(x-L_2)^2+y^2}\right]\right\}$$
$$+\frac{\mu}{1-\mu}\gamma(y+H)$$
$$\tau_{yx} = \frac{(k-1)(x+L_1+L_2)q_0 y}{\pi L_1}\left\{(\arctan\frac{x+L_1+L_2}{y} - \arctan\frac{x_1+L_2}{y}) - \left[\frac{y(x+L_1+L_2)}{(x+L_1+L_2)^2+y^2} - \frac{y(x+L_2)}{(x+L_2)^2+y^2}\right]\right\}$$
$$+\frac{(1-k')q_0 y}{\pi}\left\{\left(\arctan\frac{x+L_2}{y} - \arctan\frac{x-L_2}{y}\right) - \left[\frac{y(x+L_2)}{(x+L_2)^2+y^2} - \frac{y(x-L_2)}{(x-L_2)^2+y^2}\right]\right\}$$
$$-\frac{(k-1)(x-L_1-L_2)q_0 y}{\pi L_1}\left\{\left(\arctan\frac{x-L_1-L_2}{y} - \arctan\frac{x-L_2}{y}\right) - \left[\frac{y(x-L_1-L_2)}{(x-L_1-L_2)^2+y^2} - \frac{y(x-L_2)}{(x-L_2)^2+y^2}\right]\right\} \tag{2-23}$$

（二）工作面走向力学分析

建立工作面走向支承压力分布力学模型。对模型适当简化，假设支承压力呈线性变化，将采空区下伏煤岩应力视为 0，得到工作面走向方向下伏煤岩计算力学模型，如图 2-9 所示。

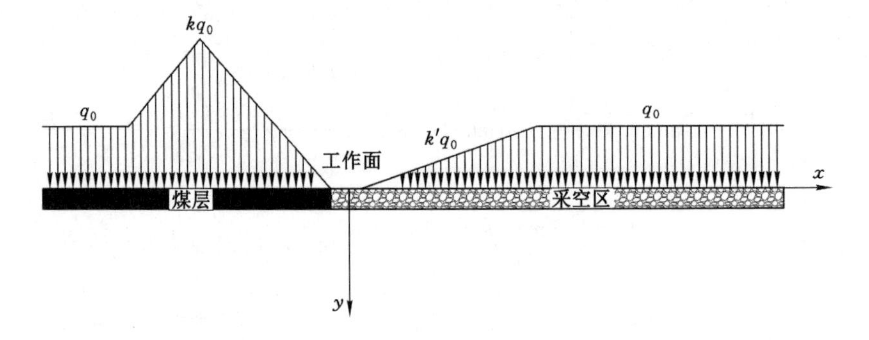

图 2-9　走向方向支承压力分布力学模型

为便于求解，采用应力增量对模型简化，得到下伏煤岩在等效载荷作用下的力学模型，如图 2-10 所示。其中将采空区应力集中系数看作 1，应力增量最大值为$(k-1)q_0$。

在下伏煤岩体内任取一微元体，其应力分量可根据半无限体在边界上承受法向分布载荷的情况进行计算。由图 2-10 可知，可将下伏煤岩上的载荷划分成若干部分，分别计算所产生的应力分量，然后叠加即可求得下伏煤岩中任一点的应力分量。

根据弹性力学理论，类同于倾向方向的推导方法，支承压力在下伏煤岩中任一点 M 造成的应力分量表达式为：

$$\begin{cases}\sigma_y = -\dfrac{2}{\pi}\displaystyle\int_{(L_3+L_4)}^{-(L_1+L_2)} \dfrac{qy^3\mathrm{d}\xi}{[(x-\xi)^2+y^2]^2} \\ \sigma_x = -\dfrac{2}{\pi}\displaystyle\int_{(L_3+L_4)}^{-(L_1+L_2)} \dfrac{q(x-\xi)^2 y\mathrm{d}\xi}{[(x-\xi)^2+y^2]^2} \\ \tau_{yx} = -\dfrac{2}{\pi}\displaystyle\int_{(L_3+L_4)}^{-(L_1+L_2)} \dfrac{q(x-\xi)y^2\mathrm{d}\xi}{[(x-\xi)^2+y^2]^2}\end{cases} \tag{2-24}$$

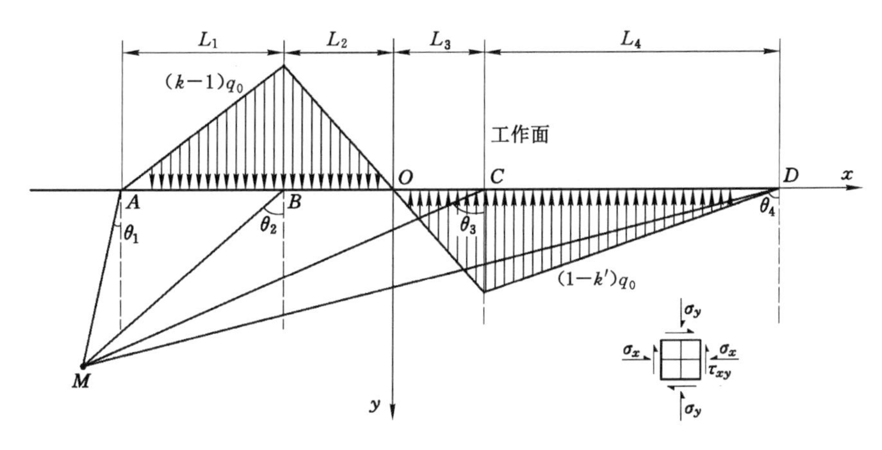

图 2-10　走向方向应力增量计算简图

如图 2-10 所示，将 AD 段分为三部分载荷，分别为 AB、BC、CD，分段进行积分计算。

AB 段的载荷为 $q=\dfrac{(k-1)(x+L_1+L_2)q_0}{L_1}$，则 AB 段对点 $M(x,y)$ 产生的应力计算公式见式(2-20)。

BC 段的载荷 $q=-\dfrac{q_0}{L_3}x$，$L_3=\dfrac{L_2}{k-1}$，则 BC 段对点 $M(x,y)$ 产生的应力为：

$$\begin{cases}\sigma_{y2}=\dfrac{q_0}{\pi L_3}\left\{\left[\dfrac{y(x+L_2)}{(x+L_2)^2+y^2}-\dfrac{y(x-L_3)}{(x-L_3)^2+y^2}\right]+\left(\arctan\dfrac{x+L_2}{y}-\arctan\dfrac{x-L_3}{y}\right)\right\}\\ \sigma_{x2}=\dfrac{q_0}{\pi L_3}\left\{\left(\arctan\dfrac{x+L_2}{y}-\arctan\dfrac{x-L_3}{y}\right)-\left[\dfrac{y(x+L_2)}{(x+L_2)^2+y^2}-\dfrac{y(x-L_3)}{(x-L_3)^2+y^2}\right]\right\}\\ \tau_{yx2}=\dfrac{q_0y}{\pi L_3}\left\{\left(\arctan\dfrac{x+L_2}{y}-\arctan\dfrac{x-L_3}{y}\right)-\left[\dfrac{y(x+L_2)}{(x+L_2)^2+y^2}-\dfrac{y(x-L_3)}{(x-L_3)^2+y^2}\right]\right\}\end{cases}\tag{2-25}$$

CD 段的载荷 $q=\dfrac{(x-L_3-L_4)(1-k')q_0}{L_4}$，则 CD 段对点 $M(x,y)$ 产生的应力为：

$$\begin{cases}\sigma_{y3}=\dfrac{(x-L_3-L_4)(1-k')q_0}{\pi L_4}\left\{\left[\dfrac{y(x-L_3-L_4)}{(x-L_3-L_4)^2+y^2}-\dfrac{y(x-L_3)}{(x-L_3)^2+y^2}\right]+\left(\arctan\dfrac{x-L_3-L_4}{y}-\arctan\dfrac{x-L_3}{y}\right)\right\}\\ \sigma_{x3}=\dfrac{(x-L_3-L_4)(1-k')q_0}{\pi L_4}\left\{\left(\arctan\dfrac{x-L_3-L_4}{y}-\arctan\dfrac{x-L_3}{y}\right)-\left[\dfrac{y(x-L_3-L_4)}{(x-L_3-L_4)^2+y^2}-\dfrac{y(x-L_3)}{(x-L_3)^2+y^2}\right]\right\}\\ \tau_{yx3}=\dfrac{(x-L_3-L_4)(1-k')q_0y}{\pi L_4}\left\{\left(\arctan\dfrac{x-L_3-L_4}{y}-\arctan\dfrac{x-L_3}{y}\right)-\left[\dfrac{y(x-L_3-L_4)}{(x-L_3-L_4)^2+y^2}-\dfrac{y(x-L_3)}{(x-L_3)^2+y^2}\right]\right\}\end{cases}\tag{2-26}$$

考虑煤岩构造运动引起的水平应力和自重应力，即

$$\begin{aligned}\sigma_y=&\dfrac{(k-1)(x+L_1+L_2)q_0}{\pi L_1}\left\{\left[\dfrac{y(x+L_1+L_2)}{(x+L_1+L_2)^2+y^2}-\dfrac{y(x+L_2)}{(x+L_2)^2+y^2}\right]+(\arctan\dfrac{x+L_1+L_2}{y}-\arctan\dfrac{x+L_2}{y})\right\}\\&+\dfrac{q_0}{\pi L_3}\left\{\left[\dfrac{y(x+L_2)}{(x+L_2)^2+y^2}-\dfrac{y(x-L_3)}{(x-L_3)^2+y^2}\right]+\left(\arctan\dfrac{x+L_2}{y}-\arctan\dfrac{x-L_3}{y}\right)\right\}\\&+\dfrac{(x-L_3-L_4)(1-k')q_0}{\pi L_4}\left\{\left[\dfrac{y(x-L_3-L_4)}{(x-L_3-L_4)^2+y^2}-\dfrac{y(x-L_3)}{(x-L_3)^2+y^2}\right]+\left(\arctan\dfrac{x-L_3-L_4}{y}-\arctan\dfrac{x-L_3}{y}\right)\right\}\end{aligned}$$

$$+\gamma(y+H)$$

$$\sigma_x=\frac{(k-1)(x+L_1+L_2)q_0}{\pi L_1}\left\{(\arctan\frac{x+L_1+L_2}{y}-\arctan\frac{x_1+L_2}{y})-\left[\frac{y(x+L_1+L_2)}{(x+L_1+L_2)^2+y^2}-\frac{y(x+L_2)}{(x+L_2)^2+y^2}\right]\right\}$$

$$+\frac{q_0}{\pi L_3}\left\{\left(\arctan\frac{x+L_2}{y}-\arctan\frac{x-L_3}{y}\right)-\left[\frac{y(x+L_2)}{(x+L_2)^2+y^2}-\frac{y(x-L_3)}{(x-L_3)^2+y^2}\right]\right\}$$

$$+\frac{(x-L_3-L_4)(1-k')q_0}{\pi L_4}\left\{\left(\arctan\frac{x-L_3-L_4}{y}-\arctan\frac{x-L_3}{y}\right)-\left[\frac{y(x-L_3-L_4)}{(x-L_3-L_4)^2+y^2}-\frac{y(x-L_3)}{(x-L_3)^2+y^2}\right]\right\}$$

$$+\frac{\mu}{1-\mu}\gamma(y+H)$$

$$\tau_{yx}=\frac{(k-1)(x+L_1+L_2)q_0y}{\pi L_1}\left\{(\arctan\frac{x+L_1+L_2}{y}-\arctan\frac{x_1+L_2}{y})-\left[\frac{y(x+L_1+L_2)}{(x+L_1+L_2)^2+y^2}-\frac{y(x+L_2)}{(x+L_2)^2+y^2}\right]\right\}$$

$$+\frac{q_0y}{\pi L_3}\left\{\left(\arctan\frac{x+L_2}{y}-\arctan\frac{x-L_3}{y}\right)-\left[\frac{y(x+L_2)}{(x+L_2)^2+y^2}-\frac{y(x-L_3)}{(x-L_3)^2+y^2}\right]\right\}$$

$$+\frac{(x-L_3-L_4)(1-k')q_0y}{\pi L_4}\left\{\left(\arctan\frac{x-L_3-L_4}{y}-\arctan\frac{x-L_3}{y}\right)-\left[\frac{y(x-L_3-L_4)}{(x-L_3-L_4)^2+y^2}-\frac{y(x-L_3)}{(x-L_3)^2+y^2}\right]\right\}$$

(2-27)

为使理论解更加直观，以葫芦素煤矿地质采矿参数为条件进行理论计算求解，可得到走向和倾向方向不同深度任意点的底板煤岩垂直应力和水平应力。根据葫芦素煤矿现场工作面及矿压资料，保护层 2^{-1} 煤层厚度为 2.5 m，埋深为 640 m，岩石平均重力密度为 25 kN/m^3，倾向方向支承压力增高系数为 3，支承压力影响范围为 40 m，工作面倾向长度 $2L_2$＝320 m，采空区残余支承压力系数为 0.3；走向方向支承压力增高系数为 3.5，超前支承压力影响范围为 50 m，超前支承压力距煤壁距离为 15 m，水平应力的侧压系数取 1.2。将上述值分别代入式(2-23)和式(2-27)中，利用 MATLAB 对上述推导公式进行解析计算并绘图，研究保护层开采后下伏煤岩应力分布情况及变化规律。

第三节　保护层开采下伏煤岩采动应力场解析

图 2-11 为倾向方向不同深度底板煤岩体垂直应力分布。其中，横轴为工作面倾向方向，0 m 处为采空区中心位置；纵轴为垂直应力，压应力为负，拉应力为正。

由图 2-11 可知，受保护层采动影响后，采空区一定范围内的底板煤岩体垂直应力均降低，该区域为卸压区，在倾向方向上，采空区的垂直应力最小值位于采空区中部，垂直应力向采空区两边逐渐增大；受保护层工作面区段煤柱应力集中影响，区段煤柱一定范围内的底板煤岩体垂直应力均增大，该区域为增压区。根据矿山地质条件可知，保护层埋深 630 m 位置的原始垂直应力约为－12.83 MPa；采空区范围内，保护层采动卸载后，距保护层 5 m、10 m、20 m 和 40 m 深度的底板煤岩体垂直应力分别为－2.34 MPa、－3.14 MPa、－4.71 MPa 和－8.21 MPa，4 个不同深度的底板煤岩体采动后垂直应力与原始垂直应力相比，分别降至原始应力的 18.24％、24.47％、36.71％和 63.99％；随着底板煤岩体深度的增大，采空区内底板煤岩体的垂直应力逐渐增大，垂直应力降低程度减弱，卸压程度降低。区段煤柱一定范围内，受保护层采动影响后，距保护层 5 m、10 m、20 m 和 40 m 深度的底板煤岩体垂直应力分别为－32.23 MPa、－27.24 MPa、－21.70 MPa 和－17.31 MPa，存在应

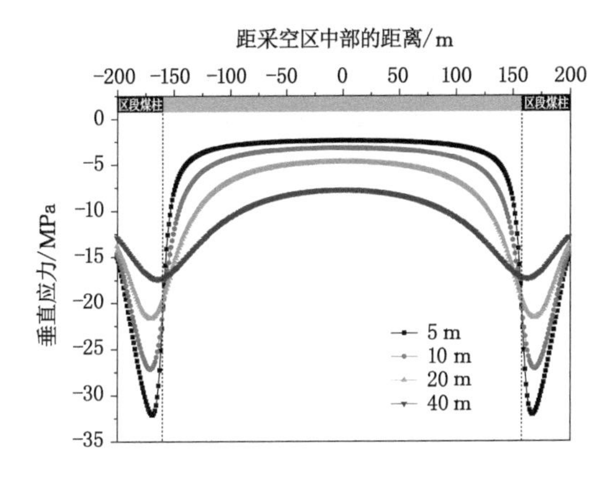

图 2-11　倾向方向不同深度底板煤岩体垂直应力分布

力集中现象,随深度的增大,区段煤柱处应力集中现象减弱。

图 2-12 为倾向方向不同深度底板煤岩体水平应力分布。由图可知,采空区范围内,保护层采动卸载后,距保护层 5 m、10 m、20 m 和 40 m 深度的底板煤岩体水平应力分别为－13.12 MPa、－10.38 MPa、－6.85 MPa 和 0.11 MPa,采空区下伏煤岩体的水平应力在深度较小时为压应力,随着深度增大压应力值逐渐减小,水平应力在深度较大时为拉应力,随着深度增大拉应力值逐渐增大;区段煤柱下方煤岩体的水平应力为拉应力,随着深度增大拉应力值逐渐减小。采空区下伏煤岩体的水平应力变化与垂直应力变化相反。采空区范围内一定深度的煤岩体水平应力均为压应力,底板受挤压作用向采空区方向移动,采动后发生底鼓现象,且随着深度的增大水平压应力逐渐减小,底鼓现象减弱。

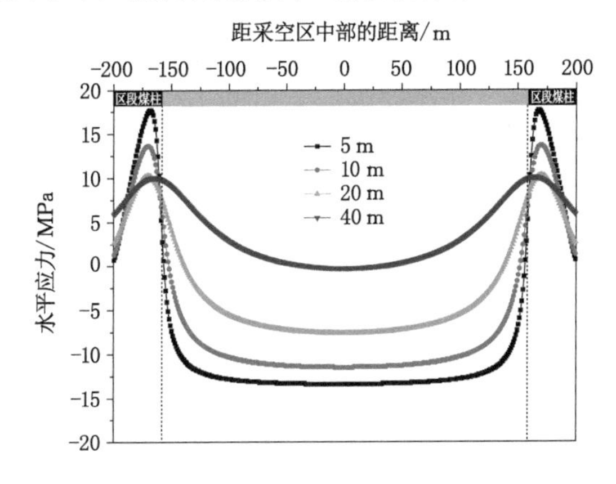

图 2-12　倾向方向不同深度底板煤岩体水平应力分布

综合对比分析可知,采空区残余垂直应力水平要低于采空区残余水平应力水平,这与采空区作为自由空间存在的影响有直接关系,一方面采空区上方岩体垂直应力向深部岩体转移,不能作用于采空区垮落矸石上进而将力传导至下方解放层,对上部垂直应力起到阻断作用,另一方面,采空区下伏岩体因具备了自由运动的空间而使得水平应力在一定程度上积聚于下层弹性煤岩体中。由于采空区一定深度范围内垂直应力降低幅度大于水平应力变化幅度,水平应力偏高;在较低残余压力下,高水平应力对下伏煤岩体形成较高的挤压作用,促进煤岩体的破坏和高地应力的释放。

图 2-13 为走向方向不同深度底板煤岩体垂直应力分布。其中，横轴为工作面走向方向，0 m 处为工作面煤壁位置；纵轴为垂直应力值，压应力为负，拉应力为正。由图可知，受保护层采动影响后，采空区一定范围内的底板煤岩体垂直应力均减小，该区域为卸压区；受保护层工作面超前支承压力作用，煤壁前方一定范围内的底板煤岩体垂直应力均增大，该区域为增压区。采空区范围内，保护层采动卸载后，随着底板煤岩体深度的增大，垂直应力逐渐增大，垂直应力降低程度减弱，卸压程度降低；随着底板煤岩体距煤壁距离的增大，垂直应力逐渐降低，卸压程度逐渐降低，表明随着工作面沿走向推进，卸压程度先升高再降低，最后处于卸压稳定状态。工作面煤壁前方一定范围，受保护层采动影响后，垂直应力出现应力集中现象，但随深度增大，应力集中现象逐渐减弱。

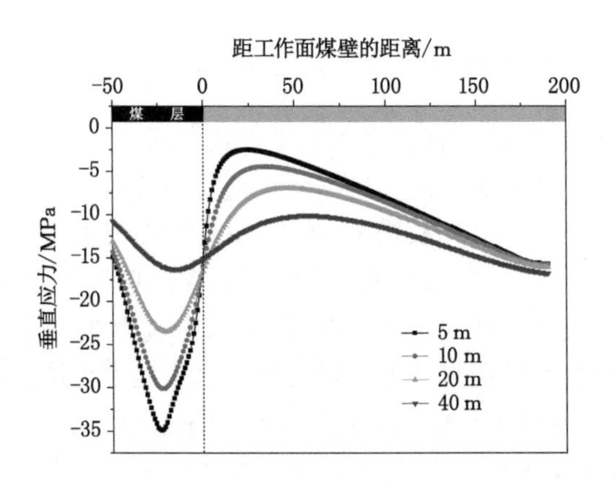

图 2-13　走向方向不同深度底板煤岩体垂直应力分布

图 2-14 为走向方向不同深度底板煤岩体水平应力分布。由图可知，采空区范围内，受保护层采动影响后，底板煤岩体随着深度的增大水平压应力逐渐减小，且逐渐由压应力向拉应力变化；在走向方向，水平应力随着距煤壁距离的减小压应力逐渐增大，在煤壁位置，底板易受挤压作用影响产生底鼓现象。工作面煤壁前方底板中的水平应力变化趋势与垂直应力的不同，随距保护层垂直距离的增大，该区域水平应力逐渐减小直至稳定。

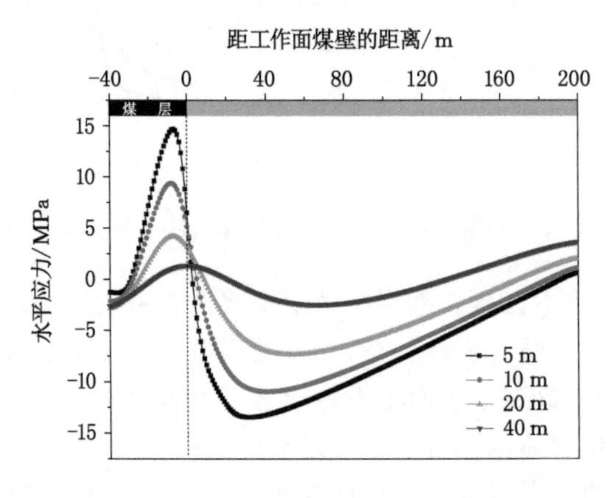

图 2-14　走向方向不同深度底板煤岩体水平应力分布

第四节　保护层开采下伏煤岩变形力学计算

煤层开采后，在煤壁边缘一定范围内的底板岩体，当作用在其上的支承压力达到或超过临界值时，岩体将发生塑性变形，出现塑性区。当支承压力达到导致部分岩体完全破坏的最大载荷时，支承压力作用区域周围的岩体塑性区将连成一片，造成采空区内底板隆起，处于塑性变形的岩体向采空区内发生移动变形，并形成一个连续的滑移线场，与未进入塑性破坏的岩体之间呈现滑移面，滑移面内的岩体遭到严重的破坏。

开采引起的底板破坏深度，一般可用土力学中的地基计算方法计算，即首先构建沿工作面走向的底板煤岩体塑性破坏区剖面示意图，如图 2-15 所示。运用滑移线场理论[204]将煤层底板岩体破坏范围分为三个区：主动极限区 oab、过渡区 obc 及被动极限区 ocd。其中，塑性滑移线主要由主动极限区滑移线和被动极限区滑移线组成，一组为对数螺旋线，另一组为自 o 为起点的放射线。

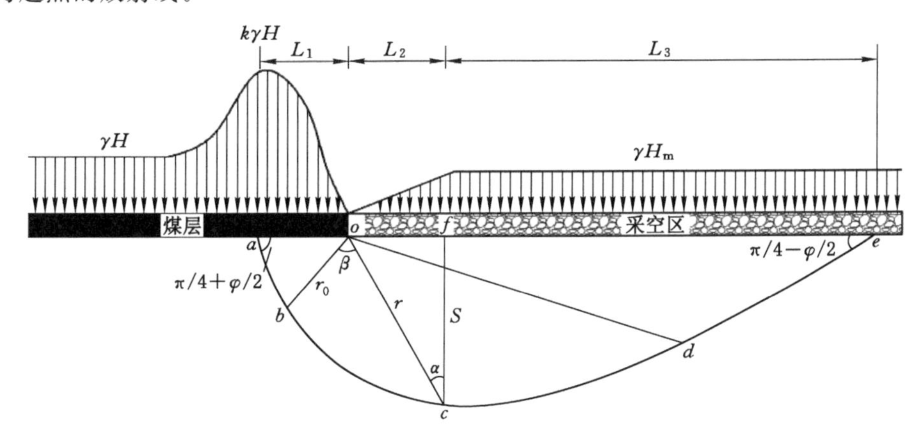

图 2-15　沿工作面走向不同深度底板煤岩体水平应力分布

假定对数螺旋线满足 $\dfrac{\mathrm{d}r}{r\mathrm{d}\beta}=\tan\varphi$，通过积分变化将其转化为：

$$r=r_0\mathrm{e}^{\beta\tan\varphi} \tag{2-28}$$

式中　r_0——ob 的长度，m；

r——以 o 为原点与 r_0 成 β 角处的螺旋半径，m；

β——r_0 和 r 的夹角，(°)；

φ——岩体的内摩擦角，(°)。

在图 2-15 中，在△oab 中：

$$ob=r_0=\frac{L_1}{2\cos(\pi/4+\varphi/2)} \tag{2-29}$$

式中　L_1——煤体边缘塑性区宽度，m。

在△ocf 中：

$$S=r\cos\alpha \tag{2-30}$$

式中　S——煤层底板破坏垂直距离，m；

α——煤层底板达到最大破坏深度处垂直方向与 r 线之间的夹角，°。

将式(2-28)代入式(2-30)得：

$$S = r\cos\alpha = r_0 e^{\beta\tan\varphi}\cos\alpha \tag{2-31}$$

由图 2-15 可知：

$$\alpha = \frac{\pi}{2} - \left[\frac{\pi}{2} - \beta + \left(\frac{\pi}{4} - \frac{\varphi}{2}\right)\right] = \beta - \frac{\pi}{4} + \frac{\varphi}{2} \tag{2-32}$$

将式(2-32)代入式(2-31)得：

$$S = r_0 e^{\beta\tan\varphi}\cos(\beta - \frac{\pi}{4} + \frac{\varphi}{2}) \tag{2-33}$$

由上式可知，当岩体的内摩擦角 φ 一定时，底板岩体的破坏深度随 β 的变化而变化。若取 $\frac{dS}{d\beta} = 0$，则可求得采动底板岩体的最大破坏深度 S_{max}。

$$\frac{dS}{d\beta} = r_0 e^{\beta\tan\varphi}\cos(\beta - \frac{\pi}{4} + \frac{\varphi}{2})\tan\varphi - r_0 e^{\beta\tan\varphi}\sin(\beta - \frac{\pi}{4} + \frac{\varphi}{2}) = 0 \tag{2-34}$$

则可得到：

$$\beta = \frac{\pi}{4} + \frac{\varphi}{2} \tag{2-35}$$

将式(2-29)和式(2-35)代入式(2-33)可得：

$$S_{max} = \frac{L_1}{2\cos(\pi/4 + \varphi/2)} e^{(\frac{\pi}{4}+\frac{\varphi}{2})\tan\varphi}\cos\varphi \tag{2-36}$$

式中 S_{max}——煤层底板最大破坏垂直距离，m。

工作面底板煤岩体最大塑性破坏深度距离工作面煤壁的水平距离 L_2 为：

$$L_2 = S_{max}\tan\alpha = \frac{L_1}{2\cos(\pi/4 + \varphi/2)} e^{(\frac{\pi}{4}+\frac{\varphi}{2})\tan\varphi}\cos\varphi\tan\alpha \tag{2-37}$$

式中 L_2——工作面底板煤岩体最大塑性破坏深度距离工作面煤壁的水平距离，m。

由图 2-15 可知，在工作面后方采空区一定范围内的底板岩体在不同深度上产生了塑性破坏。

在式(2-36)和式(2-37)计算底板岩体破坏深度以及在采空区内的长度时，需要确定煤体边缘塑性区宽度 L_1 的值。采用松散介质应力平衡理论分析，在煤层中取一宽度为 dx，高度为煤层采高的微分单元体，进行受力分析，如图 2-16 所示。

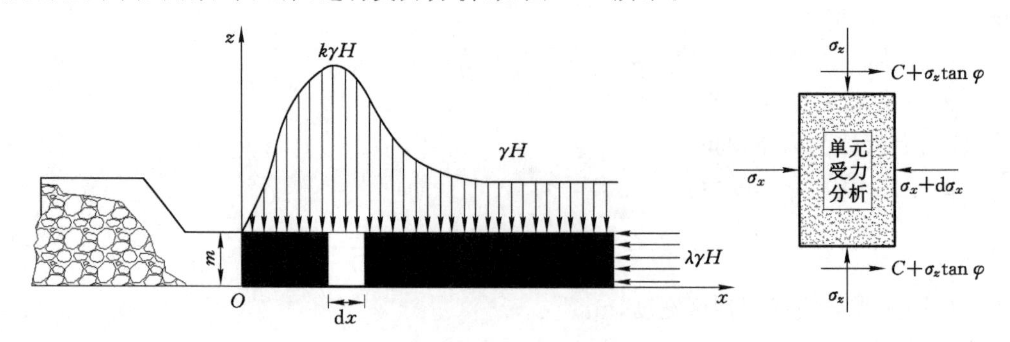

图 2-16 煤层边缘应力分布示意图

当微小单元煤体受力处于平衡状态时，沿 x 方向的合力为 0，则：

$$2(C+\sigma_z\tan\varphi)\mathrm{d}x+\sigma_x m-(\sigma_x+\mathrm{d}\sigma_x)m=0 \tag{2-38}$$

式中　C——开采煤层的内聚力，MPa；

m——煤层采高，m；

σ_z——铅直应力，MPa；

σ_x——水平应力，MPa。

简化式(2-38)可得：

$$2C+2\sigma_z\tan\varphi-\frac{\mathrm{d}\sigma_x}{\mathrm{d}x}m=0 \tag{2-39}$$

当煤层边缘达到极限平衡条件时，满足 Mohr-Coulomb 准则：

$$\sigma_z=\sigma_c+\frac{1+\sin\varphi}{1-\sin\varphi}\sigma_x \tag{2-40}$$

因此：

$$K_m=\frac{\mathrm{d}\sigma_z}{\mathrm{d}\sigma_x}=\frac{1+\sin\varphi}{1-\sin\varphi} \tag{2-41}$$

将式(2-41)代入式(2-39)求解得到：

$$2C+2\sigma_z\tan\varphi-\frac{1}{K_m}\frac{\mathrm{d}\sigma_z}{\mathrm{d}x}m=0 \tag{2-42}$$

解此微分方程，并代入边界条件 $x=0$ 时，$\sigma_x=0$，得出：

$$\sigma_z=K_m C\cot\varphi\cdot e^{\frac{2K_m x\tan\varphi}{m}}-C\cot\varphi \tag{2-43}$$

将煤层中最大集中应力值 $\sigma_z=k\gamma H$ 代入式(2-43)，得到煤层屈服区长度 L_1：

$$L_1=\frac{m}{2K_m\tan\varphi}\ln\frac{k\gamma H+C\cot\varphi}{K_m C\cot\varphi} \tag{2-44}$$

将式(2-44)代入式(2-36)可得煤层底板最大破坏垂直距离 S_{max} 为：

$$S_{max}=\frac{m\cos\varphi}{4\cos(\pi/4+\varphi/2)K_m\tan\varphi}e^{(\frac{\pi}{4}+\frac{\varphi}{2})\tan\varphi}\ln\frac{k\gamma H+C\cot\varphi}{K_m C\cot\varphi} \tag{2-45}$$

式中　σ_c——煤层单轴抗压强度，MPa；

H——埋深，m；

k——工作面超前支承压力集中系数；

K_m——与内摩擦角相关的系数。

葫芦素煤矿保护层采高 $m=2.5$ m，煤体内聚力 $C=1.25$ MPa，岩石平均重力密度 $\gamma=25$ kN/m^3，走向方向应力集中系数 $k=3$，采深 $H=640$ m，底板岩体内摩擦角 $\varphi=32°$，代入式(2-45)，计算的保护层开采底板最大破坏垂直距离为 20.34 m。

由式(2-45)可以看出，煤层底板最大破坏深度与采高、采深、超前支承压力峰值、煤层内摩擦角等因素相关，合理地解释了采动底板煤岩体的破坏机理。

第五节　保护层开采下伏煤岩变形影响因素分析

为直观分析煤岩体破坏深度与相关因素的关系，根据葫芦素煤矿地质采矿参数和式(2-46)，利用 MATLAB 编程软件进行解析计算，分析了煤岩体破坏深度与相关影响因素的关系，如图 2-17 所示。

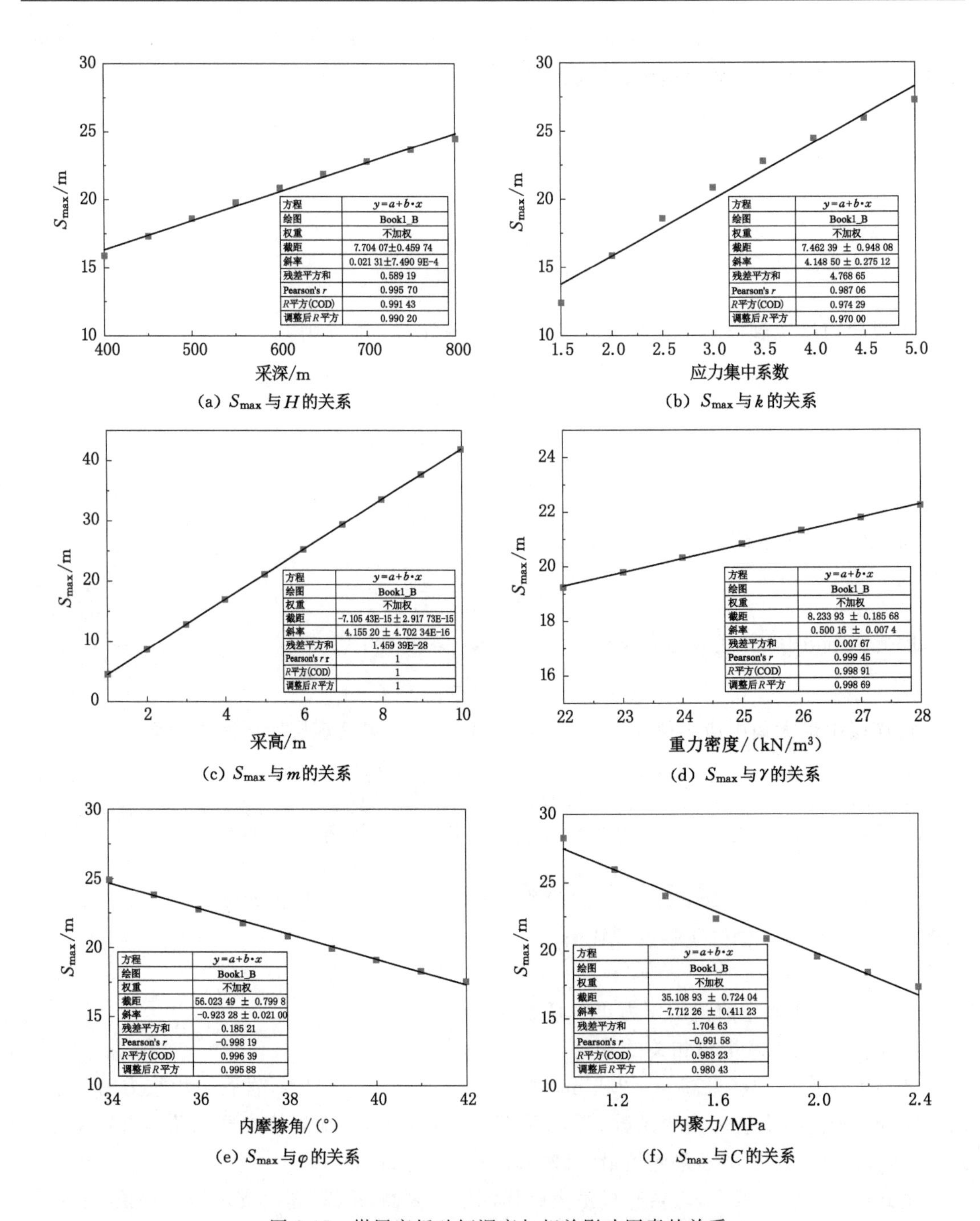

图 2-17 煤层底板破坏深度与相关影响因素的关系

由图 2-17(a)可知,煤层底板最大破坏深度随着保护层采深的增大而增大,表明采深的增大使得煤层底板的采动应力变化幅度增大,以至于煤层底板破坏深度增大。由图 2-17(b)可知,随着应力集中系数的增大,深部煤层底板最大破坏深度呈增大的变化趋势。应力集中系数增大,通常是由于采深或者采高的增大引起的采场支承压力峰值增大,增大了煤层底板破坏深度。由图 2-17(c)可知,随着煤层采高的增大,开采强度提高,覆岩运动剧烈,采动应力变化幅度增大，底板最大破坏深度增大。由图2-17(d)可知，随着上覆岩层重力密度的增大，底板最大破坏深度增大。由图2-17(e)可知，随着煤层底板煤岩内摩擦角的增大，底板最大破坏深度减小。这主要是因为底板岩体内摩擦角在一定程度上可影响超前支承压力对底板的作用效果及范围。由图2-17(f)可知，煤层底板最大破坏深度随煤层底板岩体内聚力的增大而减小。因此，可采取深孔松动爆破等措施对煤层底板岩体进行改造，有助于增大煤层底板破坏深度和破坏强度，有利于底板岩体形成强度低且松散的结构体。

第六节　本章小结

为研究保护层开采下伏煤岩变形卸压机理，采用理论研究方法对保护层开采后底板应力分布和变形破坏深度进行了分析，并探究采高、采深、煤岩力学性质等因素对下伏煤岩破坏深度的影响作用，最后建立保护层开采卸压效果评价体系。主要获得以下结论：

(1) 保护层开采卸压防冲机理的四因素：地应力环境、煤岩损伤及力学强度、顶板断裂动载能量、能量损耗结构与释放空间。保护层开采下伏煤岩卸压过程可总结为保护层开采—顶底板煤岩移动变形(顶板结构弱化)—底板膨胀裂隙发育(降低煤岩力学强度)—弹性能量释放—被保护层应力降低(改善高地应力环境)—积聚的弹性能降低—冲击危险性降低。

(2) 建立沿工作面走向和倾向方向的采场下伏煤岩的力学模型，利用MATLAB软件数值求解，绘制了倾向和走向方向不同深度采场下伏煤岩垂直与水平应力分布曲线。结果表明，在倾向方向上，保护层采动卸载后，距保护层5 m、10 m、20 m、40 m深度底板煤岩体采动后垂直应力与原始垂直应力相比，分别降低至原始应力的18.24%、24.47%、36.71%和63.99%，随着深度的增大，采空区内垂直应力逐渐增大，而水平应力逐渐减小。区段煤柱下伏不同深度5 m、10 m、20 m、40 m的底板煤岩体垂直应力分别为−32.23 MPa、−27.24 MPa、−21.70 MPa和−17.31 MPa，存在一定的应力集中现象，随着底板煤岩体深度的增大，区段煤柱处应力集中现象减弱。在走向方向上，垂直应力分为增压区、卸压区、应力恢复区，随着工作面沿走向推进，采空区底板任意点的卸压程度为先升高后降低，最后处于稳定状态。

(3) 采空区一定深度范围内煤岩体垂直应力降低幅度大于水平应力变化幅度，水平应力偏高；在较低残余压力下，高水平应力对下伏煤岩体形成较高的挤压作用，促进煤岩体的破坏和高地应力的释放。

(4) 运用滑移线场理论研究了保护层开采下伏煤岩变形破坏特征，根据葫芦素煤矿地质采矿参数，塑性区破坏最大深度为20.34 m。利用MATLAB软件进行解析计算，分析了采高、采深、煤岩力学性质等因素对下伏煤岩破坏深度的影响，结果表明煤层底板最大破坏深度随着保护层采深、采高、重力密度、应力集中系数的增大而增大，随着煤层底板岩体内摩擦角、内聚力的增大而减小的变化趋势。可采用深孔松动爆破等措施对底板岩体进行改造，有助于增大煤层底板破坏深度和破坏强度，有利于底板岩体形成强度低且松散的结构体。

第三章　循环加卸载条件下煤岩损伤演化及力学强度特征分析

保护层开采过程中，开采扰动破坏了下伏煤岩体所处的应力平衡状态，导致工作面下伏煤岩体所受应力重新分布，使煤岩体经历了应力升高和降低动态受力过程，其实质是煤岩体加载、卸载过程，导致煤岩体产生不同程度的损伤，进而改变其力学性质。因此可通过循环加卸载力学试验实现保护层开采不同条件下煤岩的应力状态，研究加卸载过程中煤岩类材料的变形破坏及力学性质演化，对于保护层开采卸压机理的研究也具有重要的意义。

不同的保护层推进速度、开采强度、开采深度及开采方式，即相当于下伏煤岩经受不同的采动应力路径，所以煤岩的破坏损伤程度和力学性质变化均不同。基于此，本章通过分析$2^{-2中}$煤常规单轴试验的力学性质，深入研究了不同循环加卸载应力（采高）、速率（推进速度）、次数（采掘影响次数）等条件下煤岩变形破坏规律，分析了不同应力路径条件下岩石的变形破坏力学行为，最后通过扫描电镜、核磁等手段对比分析了循环加卸载后煤岩微观裂隙的发育分布特征。通过研究不同循环加卸载路径条件下煤岩变形破坏规律，以期为保护层开采卸压作用提供一定的力学试验依据。

第一节　常规加载条件下煤岩变形破坏及力学强度测试

一、试验试件

试验所用煤样取自葫芦素煤矿$2^{-2中}$煤掘进工作面，埋深约660 m，煤层厚约3.86 m，采集好的煤样用保鲜膜密封，并用塑料泡沫封箱保护，以防运输过程中造成煤岩破碎。煤样呈黑色，条痕为褐黑色，阶梯状断口，层状构造。宏观煤岩组分以亮煤为主，次为暗煤，可见丝炭。煤样的有机显微组分以惰质组、镜质组为主，壳质组少量。其中，镜质组含量30.63%～56.31%，惰质组含量40.94%～67.72%，其他组分详见表3-1。

表3-1　煤显微组含量分析

有机组分/%			无机组分/%			$R_{o,max}$/%
镜质组	惰质组	壳质组	黏土类	硫化物类	碳酸盐类	
30.63	61.74	1.66	4.76	0.57	0.00	0.64

按照《煤和岩石物理力学性质测定方法》规定加工试件，经钻、锯和磨等工艺后，将煤岩加工成标准圆柱体试件，直径为50 mm，高为100 mm。试件需保证两端面平行、光滑，无较大划痕，且两端面平行度小于0.02 mm，两端面平整度小于0.5 mm，两端面直径偏差小于0.02 mm，试件加工精度必须满足岩石力学试验国家标准要求。

二、试验系统

力学试验主要由压力试验、光纤光栅传感监测、数字散斑测量三部分组成。压力试验采用微机控制电液伺服压力试验机，光纤光栅传感监测采用 Si155 型光纤光栅传感解调仪，数字散斑测量采用 ARAMIS 3D PL Adj 6 M 型三维数字散斑应变测量分析系统，以上试验在西安科技大学西部矿井开采及灾害防治教育部重点实验室完成，如图 3-1 所示。

图 3-1 试验测试系统

力学测试前，需要对试件表面进行散斑制作和光纤光栅传感器粘贴。散斑采用人工喷涂白色漆的方法，确保试件表面白色斑点颗粒均匀随机分布；光纤光栅传感器采用环氧树脂胶沿试件纵向布设，如图 3-2 所示。

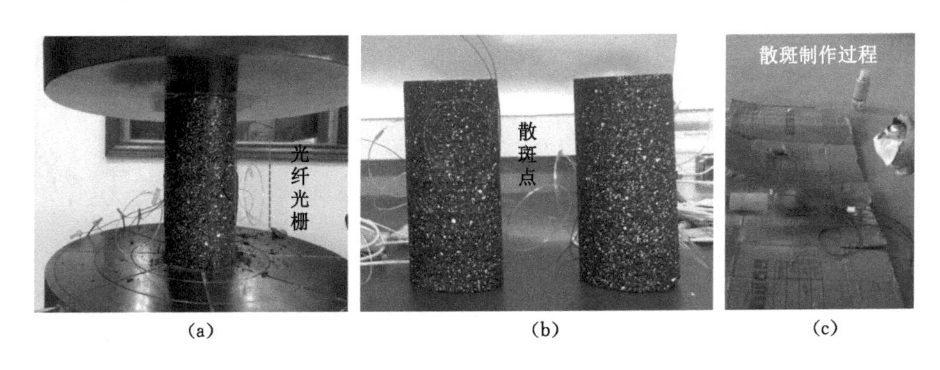

图 3-2 试验试件

三、试验结果分析

单轴压缩试验中轴向载荷采用控制位移加载法，位移加载速率为 0.2 mm/min，加载直至试件完全破坏，试验结束。在单轴压缩试验中，煤岩试件在单轴压缩条件下表现为脆性张裂破坏，即破裂面平行于主应力作用方向；随着轴向载荷的增加，试件由剪张破坏（以张破坏为主，剪破坏为辅的破坏形式）变为张剪破坏（以剪破坏为主，张破坏为辅的破坏形式），然后转化为典型的剪切破坏，试件破坏时伴随一定震动，试验结果见表 3-2。

表 3-2　煤岩单轴压缩试验测定结果

煤岩形状	试件尺寸		应力峰值/kN	试验测定抗压强度/MPa
	直径/mm	高度/mm		
圆柱形	49.5	99.8	26.79	13.93
	49.3	100.5	27.13	14.22
	49.6	99.3	30.47	15.78
	49.5	99.6	23.97	12.46

图 3-3 是煤岩单轴压缩试验全应力-应变曲线，该曲线形状大体是类似的，一般可分为孔隙裂隙压密阶段、弹性变形阶段、微破裂稳定发展阶段、非稳定破裂发展阶段、破裂后阶段 5 个阶段。加载初期，原有张开性或微裂隙逐渐闭合，煤岩被压密，形成非线性变形，曲线呈上凹形状；继续加载，裂隙基本闭合或者微小裂隙产生，此阶段类似于线弹性阶段；继续轴向加载，煤岩微破裂出现质的变化，破裂不断发展直至破坏，应力峰值急速下降，但仍保有一定强度。

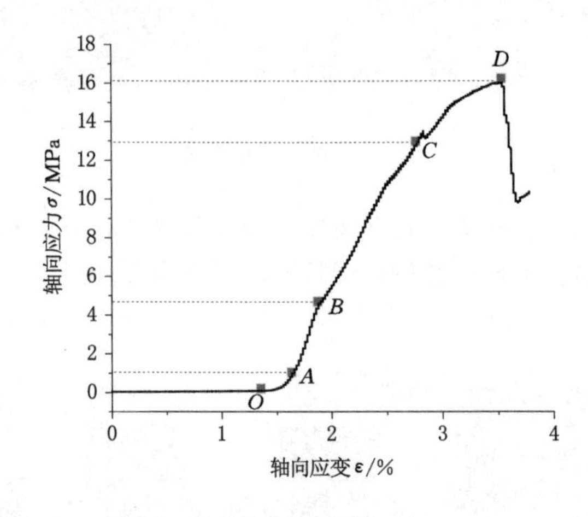

图 3-3　煤岩变形的全应力-应变曲线

图 3-4 是煤岩单轴压缩试验过程中，光纤光栅传感器监测到煤岩在整个压缩破坏过程中的轴向应变变化。由图可知，煤岩在单轴压缩试件过程中，轴向方向上主要受顶部加载力与底板支座反力作用，这使得光纤光栅处于受压状态，其轴向应变为负值，且随着轴向载荷的不断增大，轴向应变值也不断增大。光纤光栅传感器采集到煤岩轴向应力变化过程与单轴压缩试验的全应力-应变曲线有很好的对应关系，光纤光栅轴向应变到 O_1 点时，应变值为－36.4 με，此后轴向应变开始快速增大，增大至 A_1 点，应变值为－261.5 με，该变形阶段应变曲线呈下凹状，与煤岩应力-应变曲线弹性阶段的上凹状曲线对应；应变曲线在 A_1B_1 段近似为直线，B_1 点应变值为－1 029.3 με，该阶段应变增速最快，可对应煤岩弹性变形阶段，表明煤岩弹性阶段临界应力值为－1 029.3 με；B_1C_1 应变曲线呈非线性变化，但近似呈直线变化，表明煤岩开始进入弹塑性区，产生稳定的微小破坏；应变曲线发展至 C_1 点时，应变值为－1 594.5 με，此时应变值出现回弹，表明煤岩开始进入完全塑性阶段，微破裂发生了不可逆的质的变化，该点即屈服点；当应变值增大到 D_1 点时，应变值为－3 291 με，此

时应变值达到峰值，煤岩发生破坏。通过对光纤光栅传感器监测煤岩应变全过程的量化分析，表明光纤光栅在煤岩应变监测中具有良好的精度和适应性，可为其推广应用提供一定的借鉴意义。由于试件本身具有差异性，所以不同的煤岩试件测量值可能存在一定差别，但变化规律基本一致。

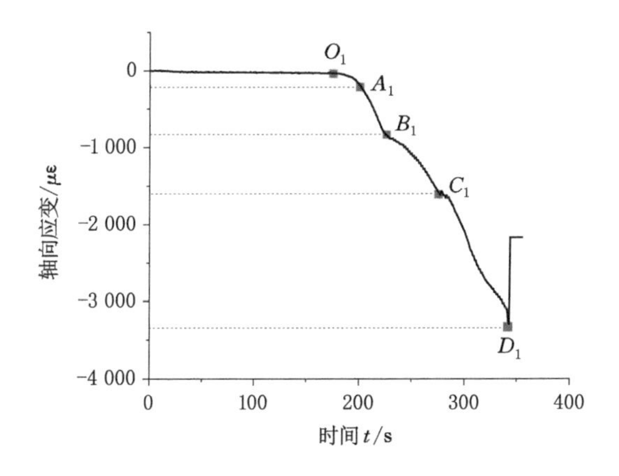

图 3-4　煤岩轴向应变变化规律

由于光纤光栅传感器仅能对试件某一点进行应力分析，为了观测煤岩变形破坏过程中试件表面应变场演化规律，采用散斑测量系统进行监测分析，如图 3-5 所示。根据煤岩全应力-应变曲线进行对比分析，弹性阶段试件变形较为均匀，仅在试件的右下角存在相对较大的局部变形，其他位置变形比较均匀，表明试件正处于弹性变形阶段，变形发展较为稳定；弹塑性阶段试件变形逐渐增大，变形开始向非均匀发展，变形波动较大，此时变形条纹主要呈水平分界，表明煤岩主要受压变形破坏；完全塑性阶段，散斑图中局部化迹象更加明显，在试件左下方和右上方出现了明显局部化，应变值显著增大，此时变形条纹由水平分界开始向斜竖向分界转变，表明试件由压破坏开始向剪切破坏转变；峰值临界破坏前，应变场竖向分界和局部化愈加明显，继续加载，在局部化位置，试件发生破坏。

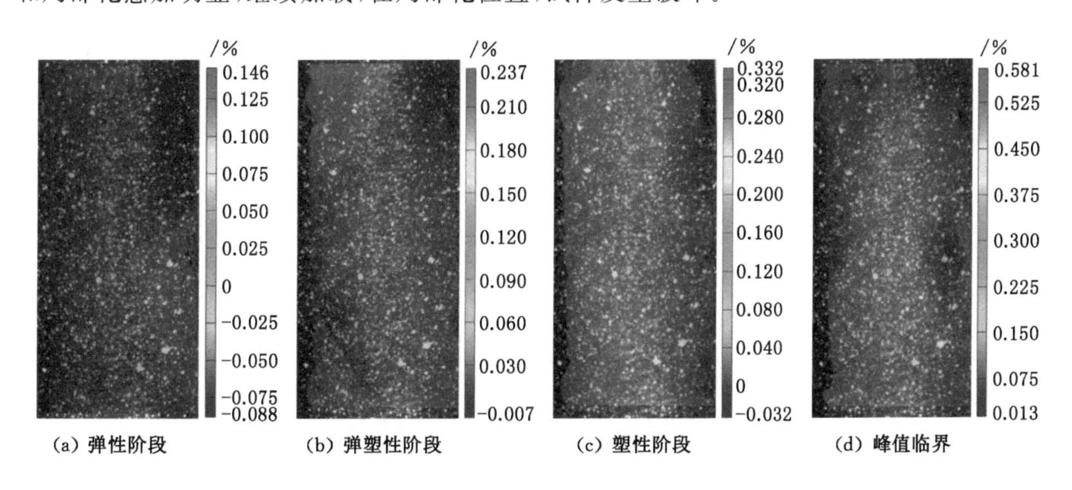

图 3-5　单轴压缩作用下试件表面应变场变化

第二节　不同循环加卸载条件下煤岩损伤及力学强度分析

上保护层开采过程中，底板下方煤岩体经历了加载和卸载状态动态循环过程，导致煤岩产生不同程度的损伤，进而改变其力学性质。上保护层推进速度、深度以及采掘次数，这些都会对被保护层卸压效果产生影响，为了量化分析这些影响因素，通过煤岩试件力学试验，以推进速度、深度、采掘次数分别对应试件循环加卸载速率、加卸载应力、加卸载次数，以单因素控制方法分析其对煤岩变形的影响。

一、试验方案设计

1. 不同加卸载应力条件下煤岩变形试验

葫芦素煤矿 2^{-1}煤作为保护层，可采厚度为 1.06～5.61 m，不同采高下，应力集中程度不同，则保护层 2^{-1}煤不同采高对应着被保护层 $2^{-2中}$煤的不同加卸载应力。为了研究不同保护层采厚对被保护层卸压效果的影响，设计 4 组试件，其加卸载应力分别控制在 0 MPa、4 MPa、8 MPa、10 MPa 下，对比在弹性、弹塑性、塑性不同阶段加卸载条件下应力-应变变化规律，位移加载速率为 0.3 mm/min。试验过程是先对试件进行加压，待加载到一定应力时，开始卸载，然后继续加压直至试件破坏，试验结束。

2. 不同加卸载速率条件下煤岩变形试验

葫芦素煤矿 2^{-1}煤作为保护层，保护层采煤工作面每天推进 8 刀，每刀 0.865 m，日推进度 6.92 m，但在实际生产过程中，由于断层、设备等各方面因素，日推进度在 0.87～10.74 m 范围内，工作面不同的日推进度代表着不同的工作面推进速度，即保护层不同推进速度对应被保护层不同的加卸载速率。为了研究不同保护层推进速度对被保护层卸压效果的影响，设计 4 组试件，其加卸载速率分别控制在 0.2 mm/min、0.4 mm/min、0.6 mm/min、0.8 mm/min，卸载应力均为 8 MPa。试验过程中对不同组试件采用不同的加卸载速率进行加载和卸压，直至试件破坏，试验结束。

3. 不同加卸载次数条件下煤岩变形试验

葫芦素煤矿 2^{-1}煤作为保护层，采掘都会对下伏被保护层 $2^{-2中}$煤产生影响，不同位置的被保护层受采掘影响次数不同，保护层每一次的采掘影响对应被保护层的一次加卸载。为了研究保护层采掘次数对被保护层卸压效果的影响，设计 4 组试件加卸载，其次数分别控制在 1 次、3 次、5 次、7 次，卸载应力均为 8 MPa，卸载速率均为 0.8 mm/min。试验过程中对不同组试件采用不同的加卸载次数进行加载和卸压，直至试件破坏，试验结束。

根据上述试验设计构建试验方案，具体见表 3-3。

表 3-3　循环加卸载试验方案

序号	加卸载方式	加卸载速率/(mm/min)	加卸载应力/MPa	循环次数/次	备注
1	加卸载应力	0.3	0	0	
		0.3	4	1	
		0.3	8	1	
		0.3	10	1	

表 3-3(续)

序号	加卸载方式	加卸载速率/(mm/min)	加卸载应力/MPa	循环次数/次	备注
2	加卸载速率	0.2	8	1	
		0.4	8	1	
		0.6	8	1	
		0.8	8	1	
3	加卸载次数	0.8	8	3	
		0.8	8	5	
		0.8	8	7	

注:力学试验中卸载应力均为 0.1 MPa。

二、不同加卸载次数条件下煤岩变形特征

图 3-6 为不同循环加卸载次数条件下煤岩的有效轴向应力和轴向应变关系曲线。由图可以看出,循环加卸载后的煤岩试件单轴抗压强度均低于其静力强度,且试件的单轴抗压强度随着加卸载次数的增多呈降低趋势。当轴向加卸载次数为 1 次时,试件的试验有效峰值

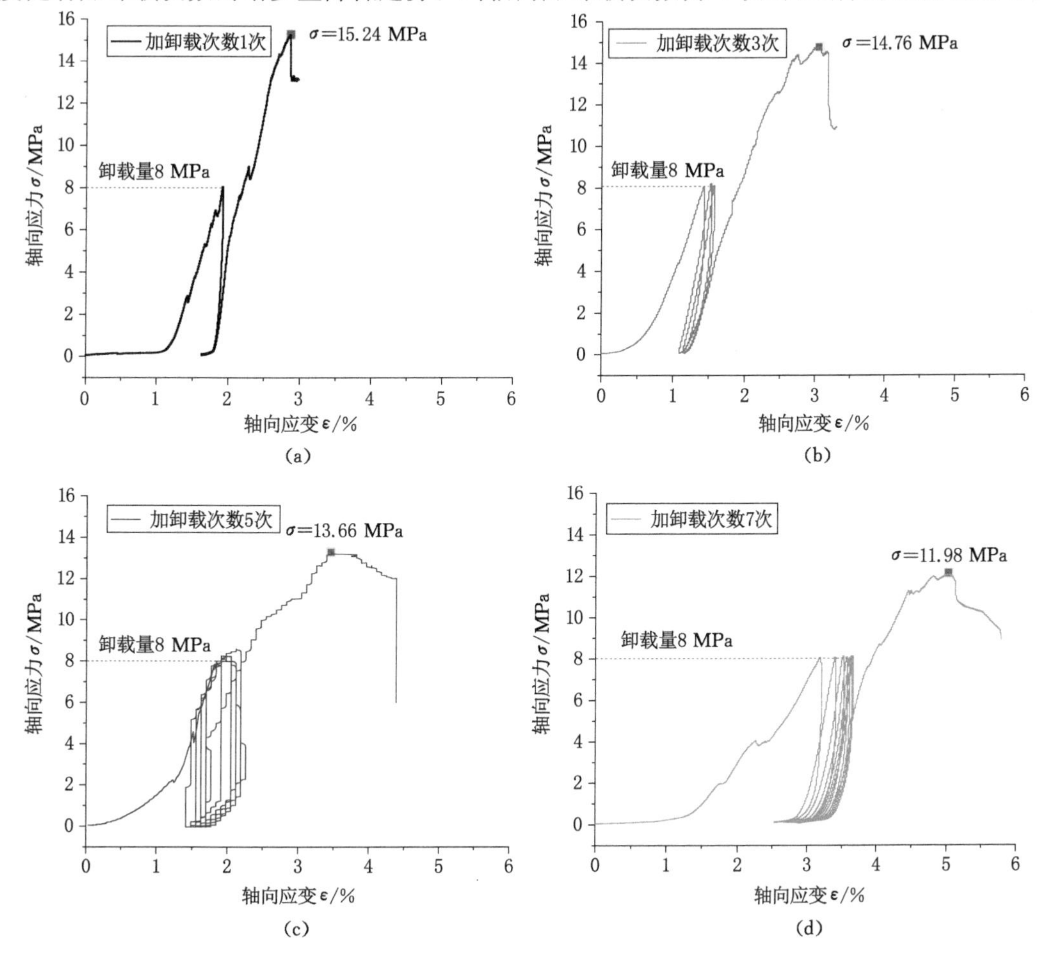

图 3-6　不同循环加卸载次数条件下煤岩的有效轴向应力和轴向应变关系曲线

强度为 15.24 MPa；轴向加卸载次数增加到 3 次、5 次、7 次时，试验有效峰值强度分别降低为 14.76 MPa、13.66 MPa、11.98 MPa，分别降低了 3.15%、10.37%、21.39%，表明随着循环次数增多，试件峰值强度递减较快。煤岩在加卸载至一定循环次数后，应力-应变曲线的弹性阶段的斜率发生了改变，即煤岩在屈服阶段内应变量增大，多次循环加卸载导致煤岩内部裂隙、裂纹发生了扩展，局部发生破碎，说明通过加卸载至屈服阶段实现了煤岩损伤的产生；一般情况下，循环加卸载次数与峰值强度成反比关系，但不同试件内部结构、孔隙及力学性能不完全相同，试验过程中存在个别试件不符合该关系，但仅为个别现象。随着循环加卸载次数的增加，损伤程度提高，说明循环加卸载次数可以扩大损伤。

图 3-7 为不同循环加卸载次数条件下煤岩的轴向应变变化曲线。由图可知，煤岩试件在循环加卸载过程中，加载曲线和卸载曲线并不重合，总是形成塑性滞回环，即每一次循环加卸载试件都产生不可逆的损伤，产生明显的残余变形。当循环加卸载次数为 1 次、3 次、5 次和 7 次时，试件损伤产生的应变分别为 $-130\ \mu\varepsilon$、$-319\ \mu\varepsilon$、$-505\ \mu\varepsilon$ 和 $-668\ \mu\varepsilon$，即每一次循环加卸载带来的应变损伤分别为 $-130\ \mu\varepsilon$、$-106\ \mu\varepsilon$、$-101\ \mu\varepsilon$、$-95\ \mu\varepsilon$，表明随着循环次数的增多单次循环加卸载带来的应变损伤逐渐降低。试件峰值强度的应变值随着加卸载次数的增加而增大，当循环加卸载次数从 1 次增加到 3 次、5 次和 7 次时，试件峰值强度应变值由 $-3\ 704\ \mu\varepsilon$ 增大到了 $-3\ 886\ \mu\varepsilon$、$-4\ 028\ \mu\varepsilon$、$-4\ 112\ \mu\varepsilon$，分别增大了4.91%、8.75%、

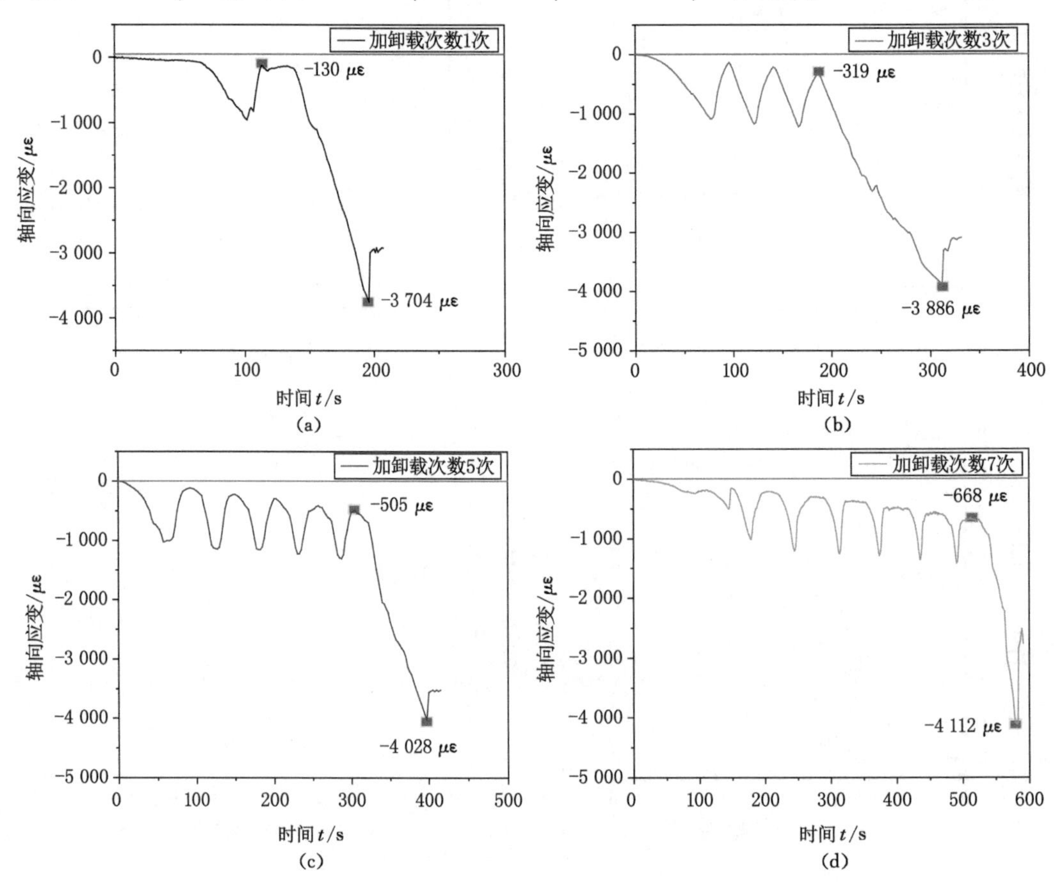

图 3-7　不同循环加卸载次数条件下煤岩的轴向应变变化曲线

11.02%；但是每一次循环应变值的增幅随着循环次数的增加而减小，表明循环次数存在一个阈值，到达该次数后，循环次数继续增加，试件的应变值不会再改变。这是由于煤岩试件在多次循环加卸载后，孔隙逐渐被压实闭合，煤岩越来越接近弹性变形。

三、不同加卸载应力条件下煤岩变形特征

图 3-8 为不同循环加卸载应力条件下煤岩的有效轴向应力和轴向应变关系曲线。煤的单轴抗压强度随着加卸载应力的增大而降低，当轴向加卸载应力从 0 MPa 增大到 4 MPa、8 MPa 和 10 MPa 时，煤岩试件的试验有效峰值强度由 15.78 MPa 降低到了 15.47 MPa、14.92 MPa 和 14.01 MPa，分别降低了 1.96%、5.45%和 11.22%，说明随着循环加卸载应力增大，极限峰值强度降低幅度增大。当循环加卸载应力为 4 MPa 和 8 MPa 时，煤岩试件加载曲线和卸载曲线基本重合，仅在底部有相交部分，说明此时试件处于弹塑性阶段；当循环加卸载应力为 10 MPa 时，煤岩试件加载曲线和卸载曲线重合部分减小，说明此时试件处于塑性阶段。当加卸载应力继续增大，超过某一峰值时，可能直接在循环中发生破坏，这一加卸载应力可称为临界应力。当加卸载应力为极限临界应力时，多次反复加卸载的应力-应变曲线将最终和煤岩全应力-应变曲线的峰后段直接相交，导致煤岩破坏，煤岩破坏强度低于峰值强度，此时破坏的强度值称为疲劳强度。

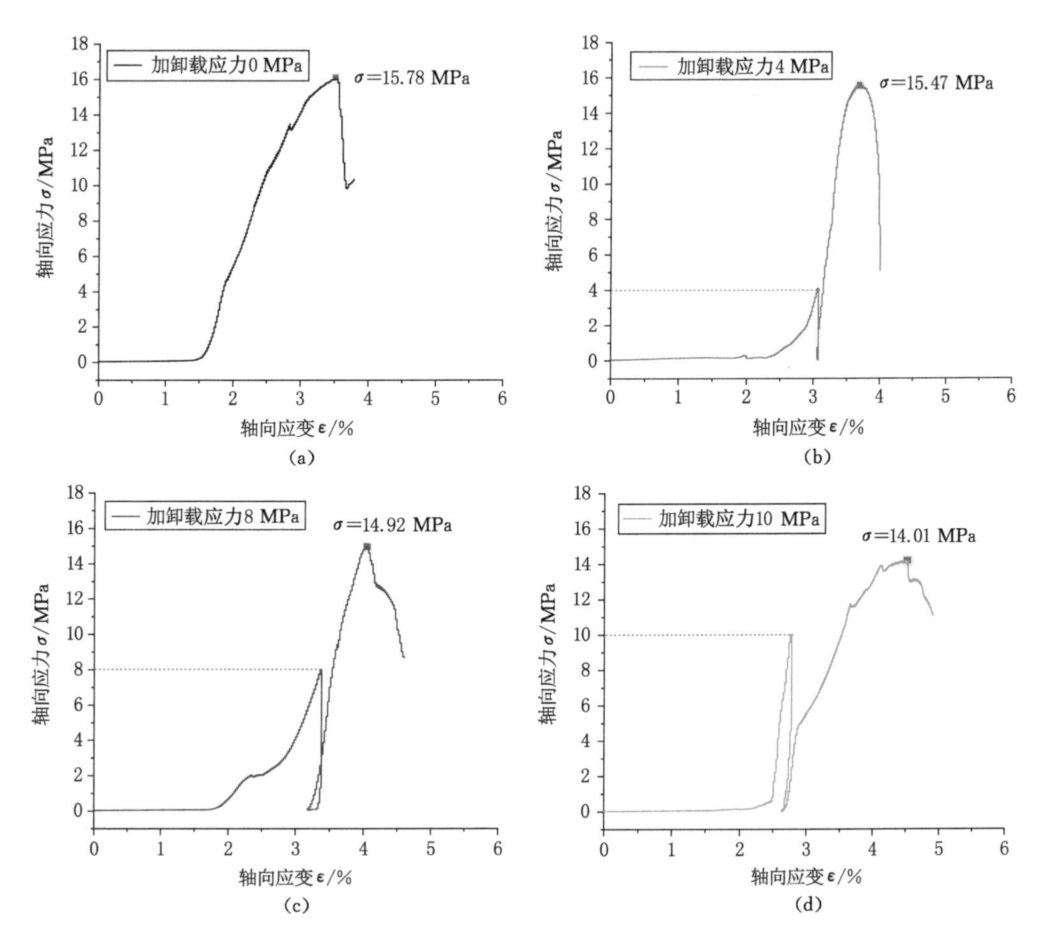

图 3-8　不同循环加卸载应力条件下煤岩的有效轴向应力和轴向应变关系曲线

图 3-9 为不同循环加卸载应力条件下煤岩的轴向应变变化曲线。由图可知，煤岩试件损伤产生的应变随循环加卸载应力的增大而增大，当循环加卸载应力为 0 MPa、2 MPa、4 MPa 和5 MPa 时，试件损伤产生的应变分别为 0 με、−254 με、−522 με 和−623 με。煤岩试件峰值强度的应变值随着加卸载应力的增大而增大，当循环加卸载应力由 0 MPa 增大到2 MPa、4 MPa 和 5 MPa 时，试件峰值强度的应变值由−3 291 με 增大到了−3 788 με、−4 267 με、−5 259 με，分别增大了 15.10%、29.66%、59.80%，说明随着加卸载应力增大，极限峰值时应变值增幅变大。结果表明，随着加卸载应力的增大，煤岩损伤变形增大，更易被破坏，也更利于煤岩释放自身弹性能量。

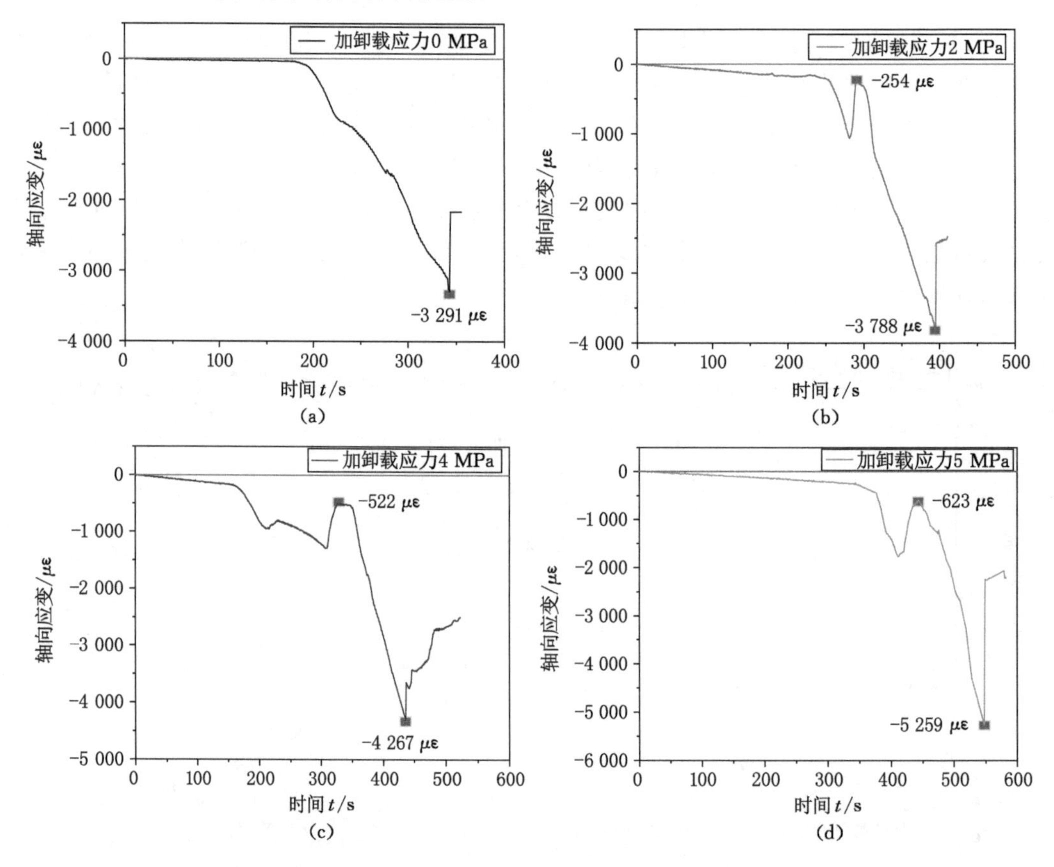

图 3-9　不同循环加卸载应力条件下煤岩的轴向应变变化曲线

四、不同加卸载速率条件下煤岩变形特征

图 3-10 为不同循环加卸载速率条件下煤岩的有效轴向应力和轴向应变关系曲线。煤岩试件的单轴抗压强度随着加卸载速率的增大呈先升高较快，而后升高较缓的趋势。当轴向加卸载速率从 0.2 mm/min 增大到 0.4 mm/min 和 0.6 mm/min 时，煤岩试件的试验有效峰值强度由 12.90 MPa 升高到了 13.76 MPa 和 15.42 MPa，分别提高了 6.67%和 19.53%。但是当加卸载速率由 0.6 mm/min 增大到 0.8 mm/min 时，煤岩试件的试验有效峰值强度为15.58 MPa，仅提高了 1.04%，增幅很小，可以看出加卸载速率对煤岩单轴抗压强度的改变是有一个阈值的，低于这个阈值，加卸载速率的增大有助于提高煤岩强度；高于

这一阈值，加卸载速率的增大对煤岩强度的变化影响较小。试验表明，加卸载速率小，煤岩强度低，即保护层开采过程中，推进速度降低，有助于被保护层煤岩充分变形破坏，卸压效果更好。

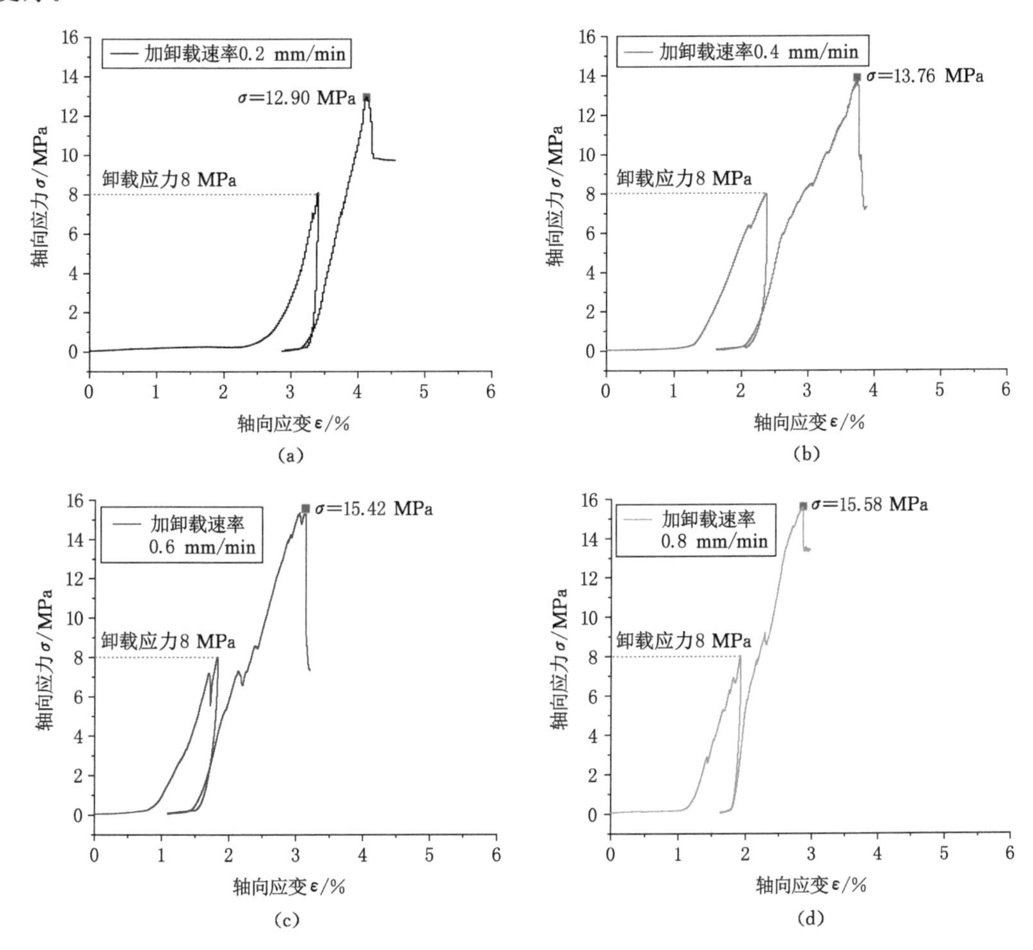

图 3-10　不同循环加卸载速率条件下煤岩的有效轴向应力和轴向应变关系曲线

图 3-11 为不同循环加卸载速率条件下煤岩的轴向应变变化曲线。由图可知，同一加卸载强度条件下，煤岩损伤应变随着循环加卸载速率的增大而减小，当循环加卸载速率为 0.2 mm/min、0.4 mm/min、0.6 mm/min、0.8 mm/min 时，试件损伤产生的不可逆应变分别为 -407 $\mu\varepsilon$、-192 $\mu\varepsilon$、-148 $\mu\varepsilon$、-130 $\mu\varepsilon$，表明随着循环加卸载速率增大试件产生的不可逆应变减小幅度降低，这是由于加卸载速率增大，试件来不及充分开展弹性变形和塑性变形。但试件峰值强度的应变值随着加卸载速率的增大而减小，当循环加卸载速率从 0.2 mm/min 增大到 0.4 mm/min、0.6 mm/min、0.8 mm/min 时，试件峰值强度的应变值由 $-5\ 679$ $\mu\varepsilon$ 减小到了 $-4\ 933$ $\mu\varepsilon$、$-4\ 250$ $\mu\varepsilon$、$-3\ 704$ $\mu\varepsilon$，分别减小了 13.14%、25.16%、34.78%。如果循环加卸载速率继续增大，试件变形趋于局部化，试件在单轴压缩作用下应变曲线越来越接近直线段，且直线段斜率增大，即煤岩在较高应力作用下变形损伤量也较小，不利于煤岩破坏和卸压。

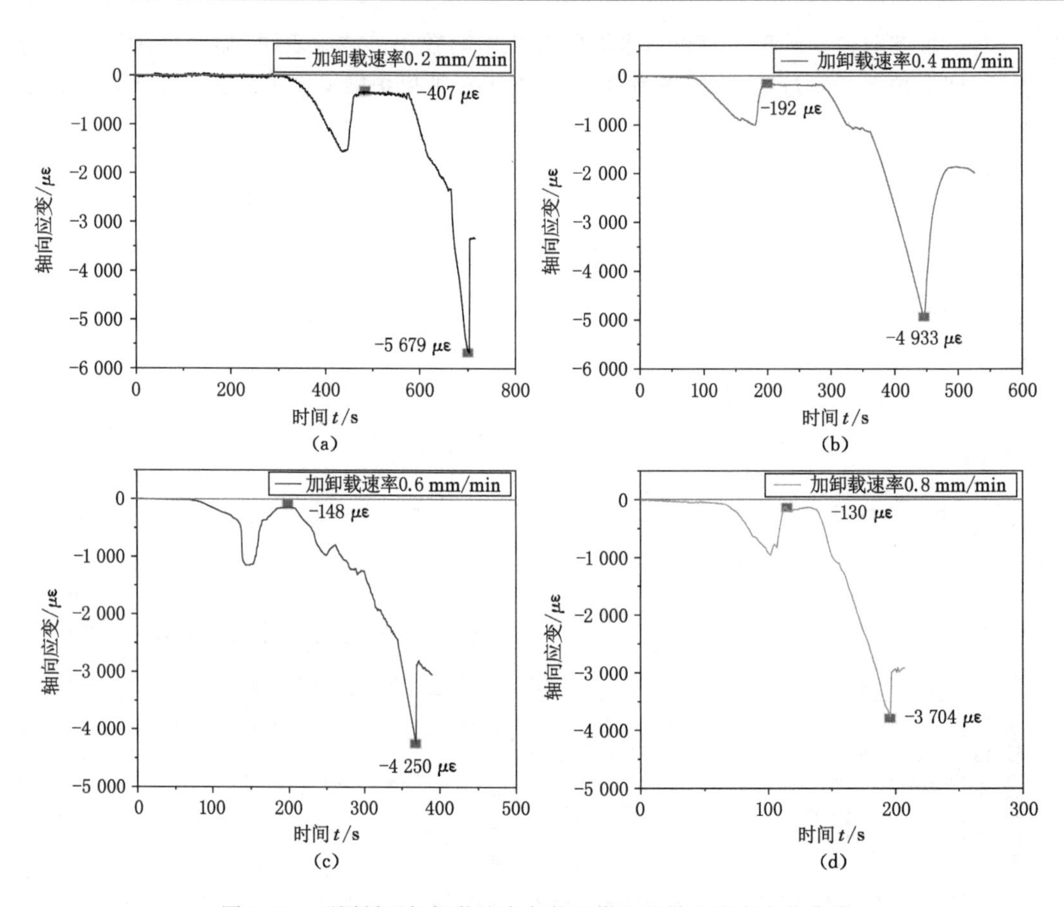

图 3-11　不同循环加卸载速率条件下煤岩的轴向应变变化曲线

第三节　循环加卸载条件下煤岩损伤微观特征及演化规律

一、循环加卸载条件下煤岩损伤微观特征

煤是一种复杂的含有初始裂纹的不均匀材料，在荷载作用下，煤岩变形破坏过程的本质即细观微裂纹的不断扩展、延伸、汇集直至宏观裂纹形成的过程。为了分析煤岩在循环加卸载作用下破坏损伤，设计采用扫描电镜和核磁共振仪分别对同一组试件在循环加卸载前后进行微观分析。首先，采用扫描电镜对取芯煤岩进行扫描分析；再将制成的煤岩圆柱形试件(ϕ50 mm×100 mm)进行核磁试验分析；然后对该煤岩试件进行单轴压缩试验，加卸载速率0.4 mm/min，循环载荷应力 3 MPa，循环加卸载 2 次；再对受循环加卸载作用后的煤岩试件进行核磁试验分析；最后对煤样进行扫描电镜试验，至此试验结束。

(一) 扫描电镜试验结果分析

原煤扫描电镜下微孔隙特征如图 3-12 所示，在未受到外界荷载影响下，煤岩完整性较好，煤中可见气孔形态完好，孔径在 5 μm 以下，大小不一；煤岩存在较多微裂隙，且表现出明显非均匀性，但无较大的贯通性裂隙。

(a) 10 000倍

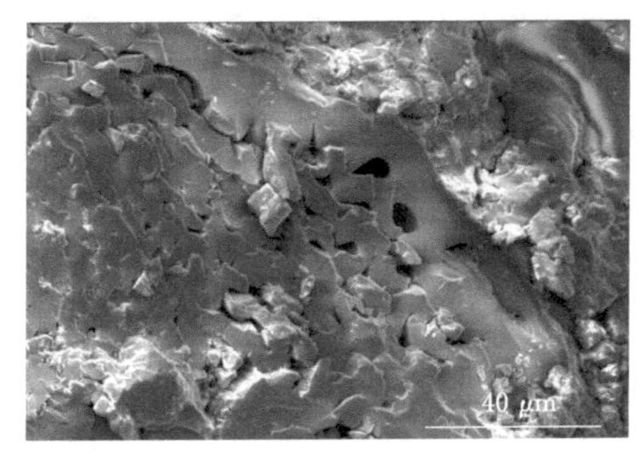

(b) 3 000倍

图 3-12　扫描电镜下未加卸载煤岩的微孔隙特征

循环加卸载试验后，煤岩扫描电镜下微孔隙特征分布如图 3-13 所示。在卸载过程中，煤岩发生变形，变形在不同晶粒间界面表现出不协调性，产生了新的裂隙或者原有裂隙在晶间以拐折、弯曲和分岔等方式发育扩展，此类破坏需要克服晶粒间相互作用力而做功，煤岩能量耗散；由于孔洞周围强度较低，且孔洞棱角分明，在卸载作用下极易发展成为张性裂纹，孔周围有碎屑颗粒，紊乱分布；循环加卸载条件下，裂纹发育汇集最终贯通导致煤岩破坏，产生较大裂纹。在循环加卸载作用下，煤岩整个变形破裂过程即内部能量缓慢释放的过程。

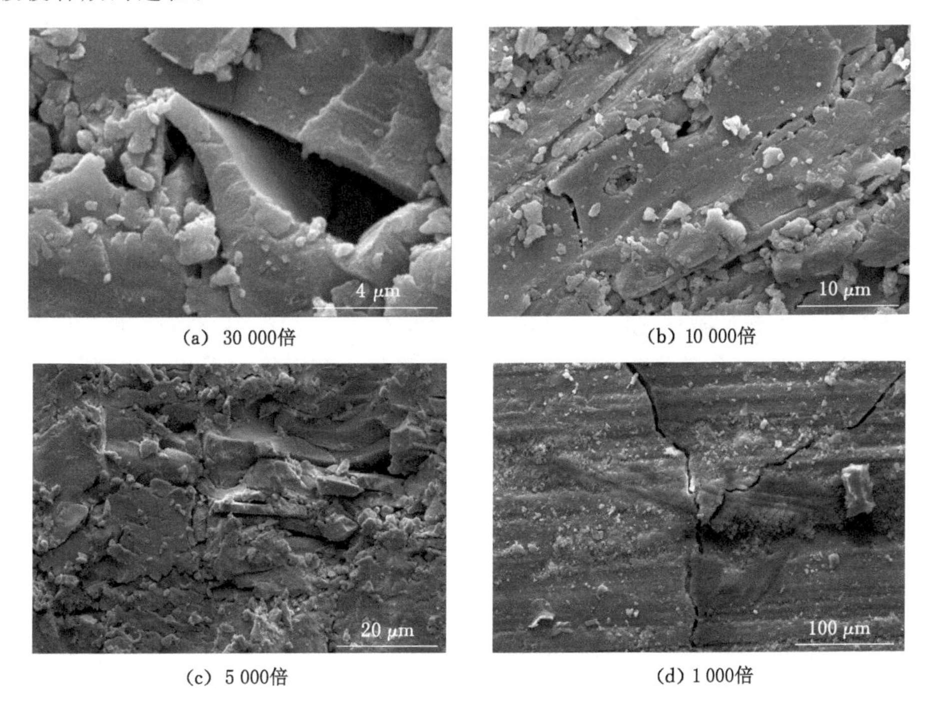

(a) 30 000倍　(b) 10 000倍

(c) 5 000倍　(d) 1 000倍

图 3-13　扫描电镜下加卸载煤岩的微孔隙特征

（二）核磁共振试验结果分析

核磁共振(NMR)可监测到岩芯内孔隙流体的信号，且具有无损、快速、准确等特点。

采用核磁共振仪分别分析不受载荷和受循环载荷作用的煤岩孔隙度,得到的孔径分布如图 3-14 所示。由图 3-14(a)可知,未受加卸载作用的煤岩孔径分布在 0.001～0.1 μm 的孔隙占比 1.21%,孔径分布在 0.1～10 μm 的孔隙占比 1.01%,孔隙度分布为 3.22%,这表明未受加卸载作用的煤岩结构完整性较好,无明显的内部裂隙。由图 3-14(b)可知,受加卸载作用的煤岩孔径分布在0.001～0.1 μm 的孔隙占比 11.38%,孔径分布在 0.1～10 μm 的孔隙占比 3.07%,孔隙度分布为 14.45%,说明受循环加卸载作用后,煤岩孔隙发育程度较高。其中,孔径在 1～10 μm 的孔隙明显发育,在孔隙分类中可称其为大孔,可决定具有强烈破坏结构煤的破坏面;孔径在 10～100 μm 内的孔隙也有微弱发育,可决定煤的宏观破裂面。结果表明,煤岩受循环加卸载作用后,虽然并未达到峰值强度被破坏,但其内部结构已遭到不可逆的变形破坏。

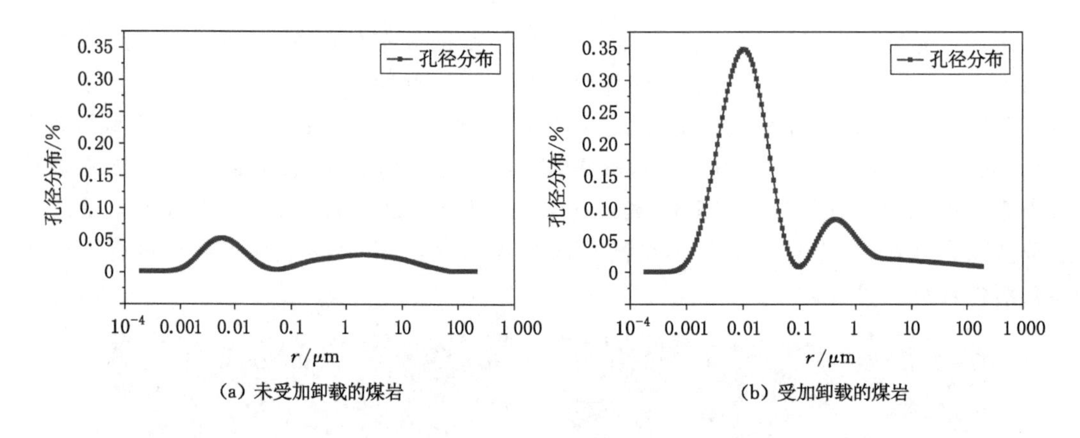

图 3-14 煤岩孔径分布

二、循环加卸载条件下煤岩损伤演化规律

损伤是指由细观结构缺陷引起的材料或结构的劣化,表现为在外载作用下材料的内聚力减小,乃至体积单元的破坏,这是一种能量耗散的不可逆过程。材料的损伤一般采用损伤变量 D_0来表示,关于损伤变量 D_0的计算方法也有多种。基于受损面积得出损伤变量 D_0的计算式为[205]:

$$D_0 = \frac{A_0 - \overline{A}}{A_0} = 1 - \frac{\overline{A}}{A_0} \tag{3-1}$$

式中 A_0——无损材料的初始横截面面积,mm^2;

$\overline{A}$——材料受损后的有效负荷面积,mm^2。

无损伤时,$A_0 = \overline{A}, D_0 = 0$;损伤破坏时,$\overline{A} = 1, D_0 = 1$。

由于直接测定受损材料的有效截面面积比较困难,Lemaitre 创立了应变等效假说,将对损伤的描述和测定转化为间接测量材料受损前后弹性模量的变化,损伤变量 D_0的计算式为:

$$D_0 = 1 - \frac{\overline{E}}{E} \tag{3-2}$$

式中 $\overline{E}$——受损材料的弹性模量,GPa;

E——无损材料的弹性模量,GPa。

煤岩的损伤变量及峰值应变与加卸载应力的关系如图 3-15 所示，在加卸载应力一定范围内，随着加卸载应力的增大，煤岩损伤变量及峰值应变均增大，表明保护层采高越大，下伏被保护层的损伤越大，即煤岩变形破坏程度越高。

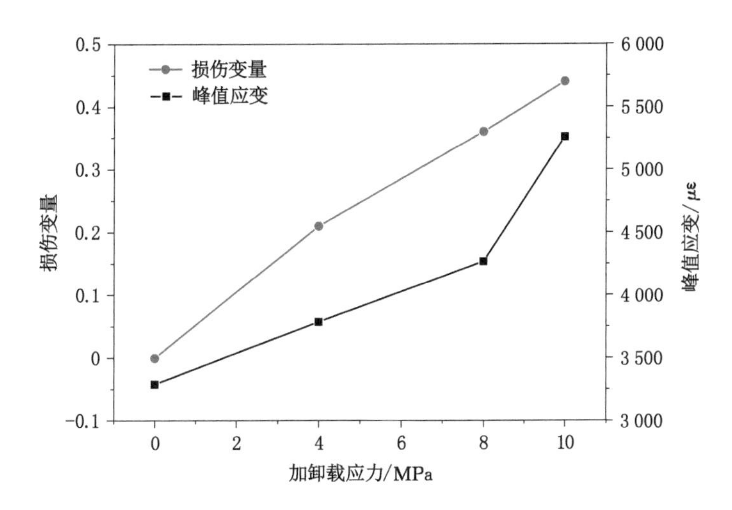

图 3-15　不同加卸载应力条件下煤岩的损伤变量及峰值应变

煤岩的损伤变量及峰值应变与加卸载速率的关系如图 3-16 所示，在加卸载速率一定范围内，随着加卸载速率的增大，煤岩损伤变量及峰值应变均减小，表明保护层开采推进速度越快，下伏被保护层的损伤越小，即煤岩变形破坏程度越低。

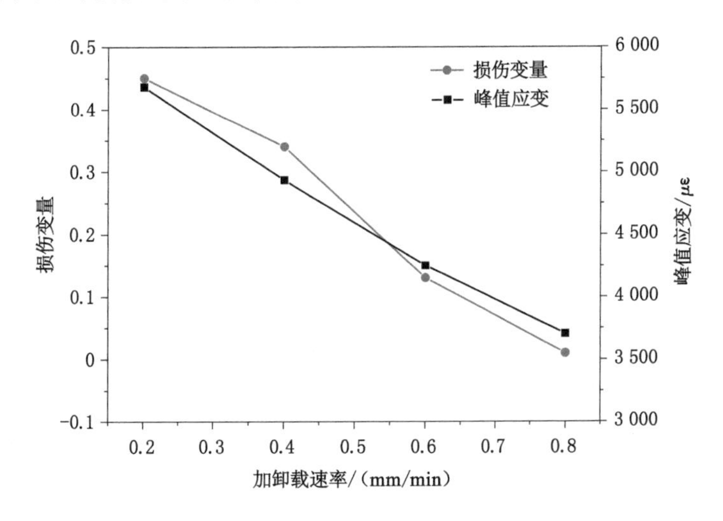

图 3-16　不同加卸载速率条件下煤岩的损伤变量及峰值应变

图 3-17 为煤岩的损伤变量及峰值应变与加卸载次数的关系曲线，在加卸载应力和速率一定范围内，随着加卸载次数的增加，煤岩损伤变量及峰值应变均增大，但峰值应变增幅不大，表明保护层对被保护层采掘影响次数越多，下伏被保护层的损伤越大，即煤岩变形破坏程度越高。

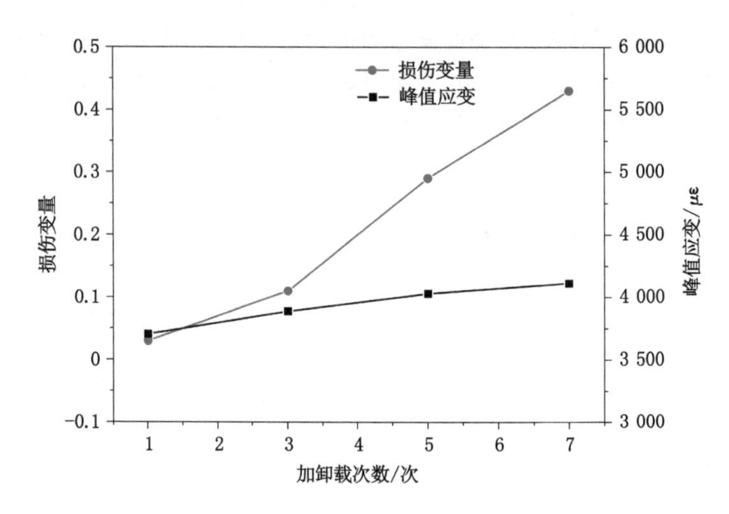

图 3-17　不同加卸载次数条件下煤岩的损伤变量及峰值应变

第四节　循环加卸载条件下煤岩的冲击倾向性变化规律

煤岩体的冲击倾向性是矿山发生冲击地压的一个必要条件。冲击倾向性是识别煤岩体发生冲击破坏的能力，鉴定其是否具有发生冲击危险性的固有力学性质[206]。在工程实践中，通过对现场某一煤岩层或某一区域的不同地点取煤样或岩样，在实验室内进行岩石力学试验，测得反映煤岩体冲击倾向性的指标，据此判定该煤岩层或该区域是否具有冲击倾向性。

根据《冲击地压测定、监测与防治方法 第 2 部分：煤的冲击倾向性分类及指数的测定方法》(GB/T 25217.2—2010)，煤的冲击倾向性判定指标有：动态破坏时间、弹性能量指数、冲击能量指数和单轴抗压强度四类。

根据煤的单轴抗压强度，可将煤的冲击倾向性分为三类：$R_c<7$ MPa 为第Ⅰ类，无冲击倾向性；$7\leqslant R_c<14$ MPa 为第Ⅱ类，弱冲击倾向性；$R_c\geqslant 14$ MPa 为第Ⅲ类，强冲击倾向性。

根据煤岩在不同循环加卸载应力条件下的单轴压缩试验，煤岩的单轴抗压强度与损伤变量的关系如图 3-18 所示。在一定加卸载应力范围内，随着加卸载应力的增大，煤岩的单轴抗压强度降低，煤岩的损伤变量增大。煤岩的损伤变量与单轴抗压强度有较好的对应关系，可反映煤岩的单轴强度变化。煤岩在常规单轴压缩条件下的单轴抗压强度为 15.78 MPa，具有强冲击倾向性，在循环加卸载应力 4 MPa、8 MPa、10 MPa 条件下单轴抗压强度分别降低至15.47 MPa、14.92 MPa 和 14.01 MPa，表明煤岩冲击倾向性随加卸载应力的增大，冲击倾向性降低幅度越大。

根据煤岩在不同循环加卸载速率条件下的单轴压缩试验，煤岩的单轴抗压强度与损伤变量的关系如图 3-19 所示。在一定加卸载应力范围内，随着加卸载速率的增大，煤岩的单轴抗压强度升高，煤岩的损伤变量减小。煤岩在常规单轴压缩条件下的抗压强度为 15.78 MPa，具有强冲击倾向性，在循环加卸载速率 0.2 mm/min、0.4 mm/min、0.6 mm/min、0.8 mm/min 下单轴抗压强度分别降低至 12.90 MPa、13.76 MPa、15.42 MPa、15.58 MPa，当

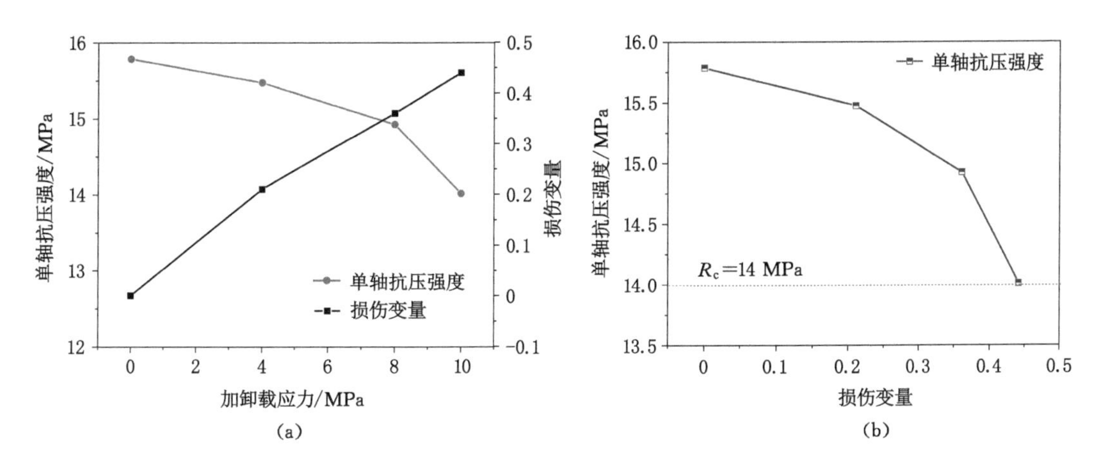

图 3-18　不同加卸载应力条件下煤岩的单轴抗压强度及损伤变量变化

加卸载速率小于 0.4 mm/min 时，冲击倾向性由强冲击降低为弱冲击，表明煤岩冲击倾向性随加卸载速率的减小，冲击倾向性降低幅度越大。

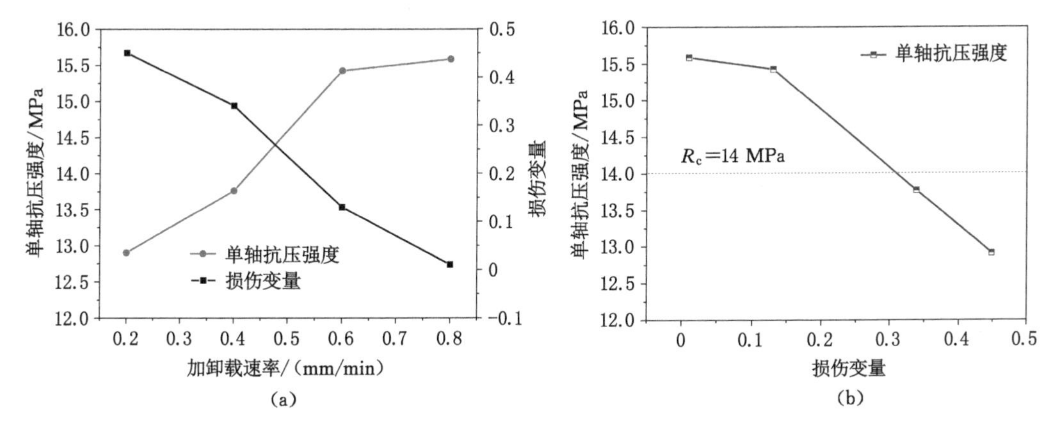

图 3-19　不同加卸载速率条件下煤岩的单轴抗压强度及损伤变量变化

根据煤岩在不同循环加卸载次数条件下的单轴压缩试验，煤岩的单轴抗压强度与损伤变量的关系如图 3-20 所示。在一定加卸载应力范围内，随着加卸载次数的增加，煤岩的单轴抗压强度降低，煤岩的损伤变量增大。煤岩在常规单轴压缩下的抗压强度为 15.78 MPa，具有强冲击倾向性，在循环加卸载次数为 1 次、3 次、5 次、7 次下单轴抗压强度分别降至 15.24 MPa、14.76 MPa、13.66 MPa、11.98 MPa，当加卸载次数大于 5 次时，冲击倾向性由强冲击性降低为弱冲击性，表明煤岩冲击倾向性随加卸载循环次数的增加，冲击倾向性降低幅度越大。

根据煤的冲击能量指数，可将煤的冲击倾向性分为三类：$K_E<1.5$ 为第Ⅰ类，无冲击倾向性；$1.5\leqslant K_E<5.0$ 为第Ⅱ类，弱冲击倾向性；$K_E\geqslant 5.0$ 为第Ⅲ类，强冲击倾向性。

冲击能量指数是在单轴压缩状态下煤样的全应力-应变曲线峰前所积蓄的变形能 E_S 与峰后所消耗的变形能 E_X 的比值，其计算公式为：

$$K_E=\frac{E_S}{E_X} \tag{3-3}$$

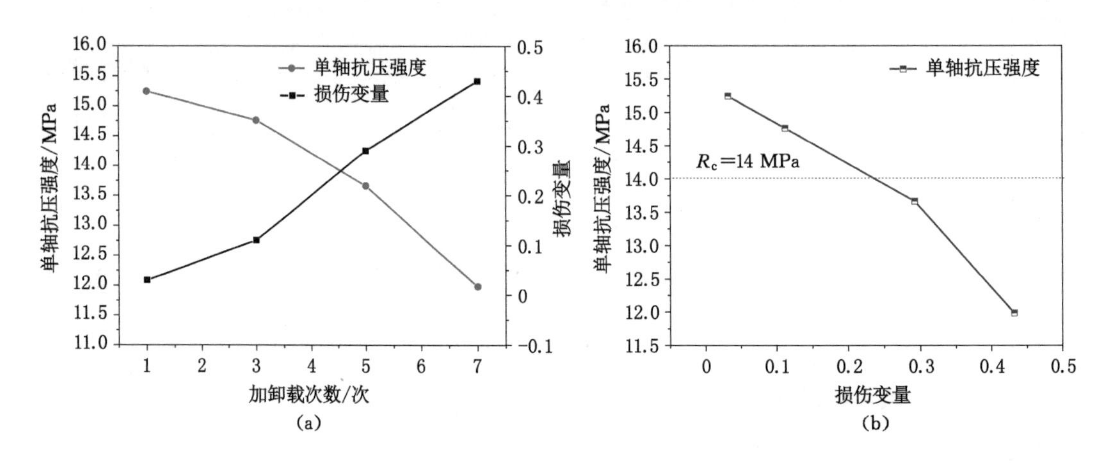

图 3-20　不同加卸载次数条件下煤岩的单轴抗压强度及损伤变量变化

式中　K_E——冲击能量指数，可直观反映岩石在单轴压缩过程中储能和耗能的过程，显示出煤的冲击倾向的本质；

E_S——峰前所积蓄的变形能；

E_X——峰后所消耗的变形能。

根据煤岩不同循环加卸载应力、速率、次数的单轴压缩全应力-应变曲线，得出了部分煤样试验的冲击能量指数，如图 3-21 所示。由图可知，常规单轴压缩试验下，煤岩的冲击能量指数为 7.2；在一定加卸载条件下，不同循环加卸载条件下煤岩的冲击能量指数为 1.3～6.3，冲击能量指数减小，说明葫芦素煤矿 2^{-1} 煤保护层开采过程中，一定范围的被保护层 $2^{-2中}$ 煤经历了不同的循环卸载和加载过程，弹性潜能降低，冲击倾向性也有不同程度的降低。

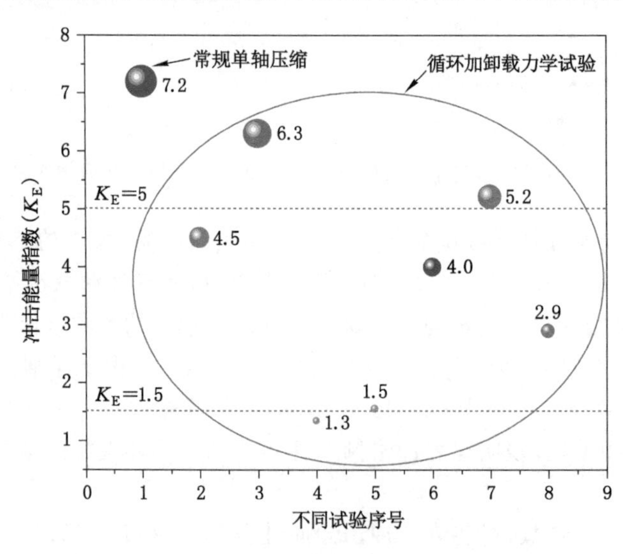

图 3-21　不同循环加卸载条件下煤岩的冲击能量指数分布

综合所述，保护层开采过程中，被保护层经过不同程度的应力卸载和应力加载，使煤岩产生裂隙，造成煤岩的损伤变形，降低了煤岩强度，进而降低了煤岩的弹性潜能，减弱煤岩冲击倾向性，减少被保护层冲击地压灾害的发生。

第五节 本章小结

以葫芦素煤矿 $2^{-2中}$煤为研究对象，首先采用万能压力试验机、光纤光栅传感监测、数字散斑测量三部分组成的试验系统对煤岩进行了常规单轴试验，研究了煤岩的变形破坏特征；再利用试验系统对煤岩进行了不同循环加卸载路径条件下的破坏力学试验，深入分析了循环加卸载次数、加卸载应力、加卸载速率对煤岩变形破坏的影响，最后通过扫描电镜、核磁共振仪等分析了循环加卸载条件下煤岩损伤微观特征。主要获得以下结论：

（1）光纤光栅采集煤岩单轴压缩过程的轴向应变变化过程与其全应力-应变曲线有较好对应关系。压实压密阶段，应变范围为－36.4～－261.5 $\mu\varepsilon$，应变曲线呈下凹状；弹塑性阶段，范围为－261.5～－1 029.3 $\mu\varepsilon$，应变曲线近似呈直线；塑性阶段，范围为－1 029.3～－3 291 $\mu\varepsilon$。

（2）煤岩峰值强度的应变值随着加卸载次数的增加而增大，但是应变增幅减小，这是由于煤岩在多次循环加卸载后，孔隙逐渐被压实闭合；随着循环加卸应力的增大，煤岩峰值强度的应变值增大，且随着加卸载应力增大其增幅变大；随着循环加卸载速率的增大煤岩峰值强度的应变值减小，且随着加载速率增大其减小幅度变小，这是由于加卸载速率增大，试件来不及充分开展弹性变形和塑性变形。表明循环加卸载速率继续增大，试件变形趋于局部化，试件在单轴压缩作用下应变曲线越来越接近直线段，且直线段斜率增大，煤岩表现脆性越强，即煤岩在较高应力作用下损伤变量也较小，不利于煤岩破坏和卸压。

（3）循环加卸载试验后煤的孔洞周围强度较低，且孔洞棱角分明，极易发展成张性裂纹，裂纹发育汇集最终贯通导致煤岩破坏，产生较大裂纹；在循环加卸载作用下煤岩的孔隙度由 3.22%增大到 14.45%，说明煤岩内部结构完整性发生质的变化。

（4）煤岩的单轴抗压强度随加卸载次数、应力的增大而减小，随加卸载速率的增大而增大；煤岩的损伤变量随加卸载次数、应力的增大而增大，随加卸载速率的增大而减小。煤岩的损伤变量与单轴抗压强度成反比，两者具有一一对应关系，可利用损伤变量反映单轴抗压强度的变化。

（5）在一定加卸载条件下，不同循环加卸载后煤岩的单轴抗压强度和冲击能量指数均不同程度降低。煤岩的单轴抗压强度随加卸载应力、次数的增大而减小，但加卸载应力影响不明显，加卸载次数影响显著；随加卸载速率增大而增大，增幅显著。结果表明，葫芦素煤矿保护层采高变化对被保护层卸压效果影响较小，而保护层推进速度和采掘次数对被保护层卸压影响显著。

第四章　保护层开采卸压效果地质采矿因素影响规律研究

保护层开采是卸压防冲的最有效措施之一，而煤岩赋存及开采条件的变化对保护层开采卸压效果有一定的影响。本章采用 FLAC^{3D}数值计算方法，分别对地质采矿条件采高、工作面面长、层间距离等因素对保护层卸压效果的影响程度进行量化分析，研究各个因素对卸压效果的影响变化规律。然后通过正交试验方差分析法分析采高、工作面面长、层间距离、层间岩性 4 个因素对保护层开采卸压效果的影响权重。基于保护层开采卸压效果地质采矿因素分析，有利于系统地了解煤层赋存条件对保护层开采保护效果的影响，对于提高保护层开采设计的安全性、完善保护层开采理论具有重要意义。

第一节　保护层卸压效果的评价指标

研究发现，卸压效果与保护层开采后的被保护层的应力状态有很大关系。苏联马雷舍夫[207]研究了保护层开采后覆岩的应力重新分布规律，并提出了采动后矿山压力安全状态下的保护范围判别准则：

$$|\sigma_z| \leqslant (\cos^2\alpha + \lambda\sin^2\alpha)\gamma H_{\circ} \tag{4-1}$$

式中　$|\sigma_z|$——垂直于煤层层理方向的应力，MPa；

α——煤层倾角，(°)；

λ——侧压系数；

γ——岩层平均重力密度，kN/m^3；

$H_{\circ}$——矿井发生冲击地压的临界深度，m。

根据冲击地压发生的临界开采深度理论计算公式[208]：

$$H_{\circ} = \frac{\sigma_c}{\gamma g(m-1)}\left[\frac{\lambda_r}{E}\left(1+\frac{E}{\lambda_r}\right)^{\frac{m-1}{2}} - (1+\frac{\lambda_r}{E})\right] \tag{4-2}$$

其中：

$$m = \frac{1+\sin\varphi}{1-\sin\varphi} \tag{4-3}$$

式中　λ_r——软化模量；

σ_c——煤岩的抗压强度，GPa；

g——重力加速度，m/s^2；

E——弹性模量，GPa；

φ——内摩擦角，(°)。

根据葫芦素煤矿地质采矿条件，以及式(4-2)计算得到该矿冲击地压发生的临界深度为

656.4 m；根据式(4-1)计算得到该矿冲击地压发生临界深度的垂直于煤层层理方向的应力为 16.44 MPa。$2^{-2中}$煤平均埋深约 660 m，则原始自重应力约为 16.17 MPa。

涂敏等[209]在研究保护层开采后，认为被保护煤层应力集中系数小于 51%，被保护层的膨胀率将大于 0.4%；吴仁伦等[210]认为被保护层的应力集中系数小于 57%，被保护层煤体达到充分卸压，提高了煤体透气性；郑志远等[211]认为保护层开采后被保护层煤体达到不可恢复的破坏性卸压效果时，其应力水平将低于原岩应力的 0.5 倍。以上学者的研究成果主要针对保护层开采煤与瓦斯突出防治，而本书的研究主要是保护层开采卸压防冲方面。基于前人的研究成果，被保护层 $2^{-2中}$煤原始自重应力约为 16.17 MPa，冲击地压发生临界深度的应力为 16.44 MPa，为保证卸压防冲安全性和可靠性，以 $2^{-2中}$煤的单元应力低于临界应力的 0.5 倍作为采动充分卸压临界指标，用以描述卸压保护效果。

由于卸压效果与被保护层应力状态有直接的关系，引入采动应力卸压系数：

$$C' = \frac{\sigma'_z}{|\sigma_z|} \tag{4-4}$$

式中　C'——采动应力卸压系数；

$|\sigma_z|$——冲击地压发生临界深度的垂直于煤层层理方向的应力，MPa；

σ'_z——保护层开采后被保护层中垂直于煤层层理方向的应力，MPa。

采动应力卸压系数 C'越小，表明卸压程度越高，被保护层的卸压作用越明显。

保护层开采卸压防冲效果受采高、层间距、面长、岩性和煤柱等因素影响。现有文献大多是分析保护层开采防治煤与瓦斯突出卸压效果的，多从瓦斯压力角度分析，而对于应力分析偏少。因此，采用数值模拟方法研究保护层开采地质采矿因素对下伏煤岩体的卸压效果，为保护层开采卸压防冲技术的实践提供指导。

第二节　保护层卸压效果的数值模型建立

一、数值模拟计算方法

由于煤层开采后回采空间具有复杂的几何形状，且回采空间周围煤岩体的非均质和各向异性。到目前为止，人们对岩体的力学性质以及原岩应力场的特征尚未完全掌握，所以还无法用数学方法精确地求解出煤层顶底岩层的应力分布状态。近年来，数值模拟计算方法为解决此类问题提供了可能，可从理论上近似地计算出顶底板岩体的应力、应变状态。岩土工程中采用的数值分析方法[212]可分为三大类：连续介质力学方法(有限差分法、有限单元法等)、离散介质力学方法(离散单元法、非连续变形分析法等)、连续与离散介质耦合方法(有限差分-离散元耦合法、有限元-离散元耦合法等)。

FLAC^{3D}是用于连续介质力学分析的软件，具有强大的计算功能和模拟能力，可模拟采矿活动引起的应力、移动变形、塑性区发育等方面分析。数值模拟时，需按序指定有限差分网格、本构关系、材料特性等，如图 4-1 所示。

数值模拟采用的方法是有限差分法，它以牛顿运动定律与柯西应力原理的力与位移关系为基础建立。在计算机模拟过程中，计算过程首先调用运动方程，然后计算出将要造成的速度、位移场；再根据计算出的速度、位移场计算出由此产生的新的应力。其计算路线图如图 4-2 所示。对图中的每个运行框，通过保持该框的已知值不变，对所有单元和节点变量进

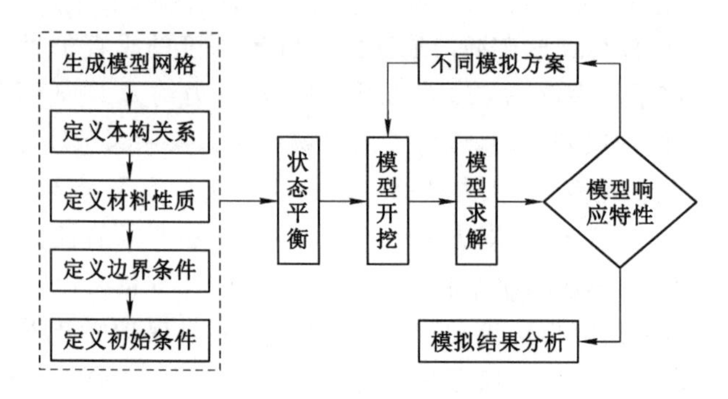

图 4-1　FLAC^{3D}模拟流程图

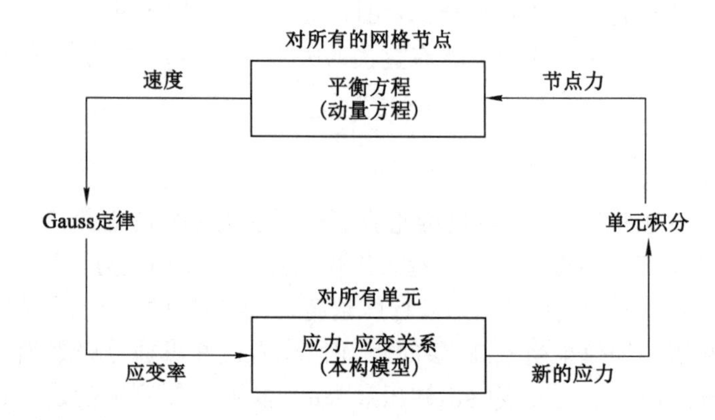

图 4-2　FLAC^{3D}计算循环示意图

行计算更新。

二、数值模拟方案设计

(一) 模型设计原则

(1) 影响上覆煤层开采卸压效果的因素较多,包括地质因素和生产技术因素。建立FLAC^{3D}模型时,必须分清各影响因素的主次,并进行合理的抽象、概化,必须突出影响上覆煤层开采卸压效果的主要因素。

(2) 设计的模型尽量要与实际相符,能全面地体现煤层及上覆岩层的物理力学特性及受力特征。

(3) 用模拟软件进行模拟计算时,忽略开采时间因素的影响。

(二) 模型边界条件

根据实际工作面煤层赋存情况及其地质条件,建立工作面煤层开采时沿走向和倾向的数值计算模型。

模型位移边界条件:模型 x 方向上采用位移边界,限制 x 方向位移;y 方向上采用位移边界,限制 y 方向位移;在模型底边界采用位移边界,限制 z 方向位移;模型上边界采用自由边界,先模拟部分上覆岩层,然后将采动煤层上覆岩体简化成均布载荷施加在上部边界替代覆岩重力,施加垂直应力;模型两侧施加一定梯度的水平应力,且采用固定边界,如图 4-3 所示。

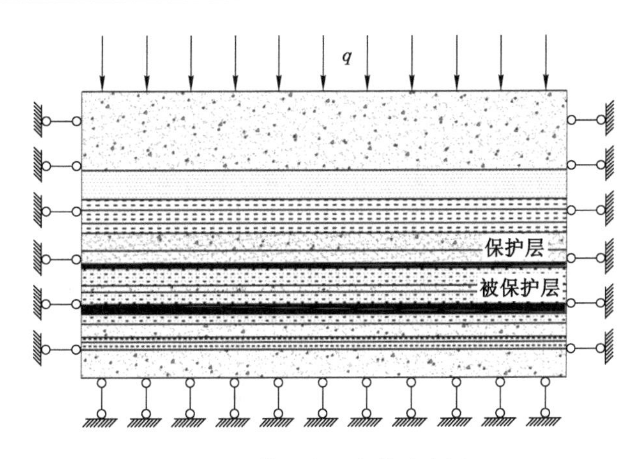

图 4-3　模型边界条件示意图

（三）本构关系确定

煤系岩体是塑性较强的弹塑性地质材料，可用近似理想的弹塑性模型，本次数值模拟选用 Mohr-Coulomb 模型。FLAC^{3D}中的 Mohr-Coulomb 模型是张拉剪切组合的复合破坏模型，反映了抗压强度大于抗拉强度和剪胀极限随平均应力增大而提高的岩石类工程材料特征，并且简单实用，c、φ 值易于测定等优点而在岩土力学得到广泛应用。其描述岩体强度特征如下式所示。

$$f_s = \sigma_1 - \sigma_3 \frac{1+\sin\varphi}{1-\sin\varphi} - 2c\sqrt{\frac{1+\sin\varphi}{1-\sin\varphi}} \tag{4-5}$$

式中　σ_1，σ_3 ——最大、最小主应力，MPa；

c——内聚力，MPa；

φ——内摩擦角，(°)。

当 $f_s>0$ 时，材料将发生剪切破坏。在通常应力状态下，岩体的抗拉强度很低，因此可根据抗拉强度准则（$\sigma_3 > \sigma_t$）判断岩体是否产生拉破坏。FLAC^{3D}中规定拉应力为正，压应力为负。

此外，在数值模拟程序中，如果不对采空区进行一定的处理，就不可避免地使直接顶、基本顶及其覆岩在运动和传递力的方式上，与现场相比，有很大的不同。针对这个问题，目前在数值模拟计算中，常采用两种方法：一是对不同的区域用不同属性的材料加以填充，模拟不同区域垮落的岩层，使其对顶板有支撑作用；二是采用加支撑反力的方法对不同区域进行处理，模拟采空区垮落矸石对顶板的支撑作用。采空区垮落矸石是一种松散介质，随着间隔时间的增加，采空区垮落矸石逐渐被压实，强度逐渐提高，可近似地用弹性支撑体表示。计算过程中需要不断变换垮落区域和垮落区材料单元的物理力学参数。采空区垮落带矸石的一些基本物理力学参数随时间 t 变化，可由下列经验公式进行表述。

$$\rho = 1\,600 + 800(1 - e^{-1.25t}) \tag{4-6}$$

$$E = 15 + 175(1 - e^{-1.25t}) \tag{4-7}$$

$$\mu = 0.05 + 0.2(1 - e^{-1.25t}) \tag{4-8}$$

式中　ρ——采空区垮落矸石的平均密度，kg/m^3；

E——矸石的弹性模量，GPa；

μ——矸石的泊松比。

（四）模型地质采矿因素

以葫芦素煤矿近距离煤层群开采为地质模型，建立数值计算模型。模型的几何尺寸走向为1 200 m，倾向为520 m，高度随条件而变化；保护层工作面开采2^{-1}煤，其倾向开采长度为320 m，走向开采长度为1 000 m；被保护层为位于保护层下方的$2^{-2中}$煤；保护层工作面走向方向一次开挖尺寸5 m，倾向方向一次开挖尺寸320 m，计算平衡后继续下一步开挖，共计开挖200次，走向开挖长度1 000 m，此时开采结束。模型的前后和两侧各留设100 m的边界煤岩柱，以消除边界效应的影响。

模拟计算中根据不同研究目的可适当简化或调整地质采矿条件，但岩性物理力学参数以该矿为参照，始终保持不变。根据现场提供的煤岩体综合柱状图，对比该矿及邻近矿井现有的岩石力学参数的测定成果，通过分析调整确定科学合理的岩体和结构面的物理力学参数，见表4-1。

表4-1　原始煤岩体物理力学参数

岩性	密度/(g/cm^3)	抗压强度/MPa	抗拉强度/MPa	内聚力/MPa	内摩擦角/(°)	体积模量/GPa	剪切模量/GPa	泊松比
细粒砂岩	2.64	32.2	1.57	1.91	37	8.44	5.88	0.23
砂质泥岩	2.59	18.3	2.18	2.72	36	6.55	5.02	0.21
中粒砂岩	2.58	28.5	2.37	2.71	36	4.34	2.35	0.22
粉砂岩	2.47	26.5	1.97	2.14	37	10.25	7.38	0.25
煤	1.41	15.7	1.22	1.25	32	2.85	2.23	0.19

（五）模型设计方案

为研究保护层卸压效果与地质采矿因素的内在关系。先采用单因素试验分析法，主要考虑保护层采高、工作面面长、区段煤柱宽度、层间岩性、层间距离等因素对下伏煤岩体卸压效果的影响，构建数值模型，分析各个地质采矿因素对卸压效果的影响。再在此模拟试验的基础上，运用多因素方差分析法，分析各个地质采矿因素对卸压效果的影响权重关系。具体设计方案见表4-2。

表4-2　影响因素数值模拟方案设计

类别	一	二	三	四	五	六	七
采高/m	2	4	6	8	10		
工作面面长/m	100	150	200	300	400		
区段煤柱宽度/m	0	5	10	15	20	25	30
层间岩性	砂质泥岩	粉砂岩	细粒砂岩				
层间距离/m	5	10	15	20	30	40	50

（六）模型计算目的

为探究近距离煤层群保护层 2^{-1} 煤不同地质采矿因素对 $2^{-2中}$ 煤的卸压效果的影响因素，从采高、煤层间距、煤层层间岩性等多个方面开展数值模拟研究，通过单因素变量控制，定量探讨了不同地质采矿因素对卸压程度、卸压范围、卸压角度的影响，以期确定影响保护层开采卸压效果的关键因素及其影响规律。

模拟计算重点是分析不同地质采矿条件下保护层开采对下伏煤岩卸压变形规律的影响，通过分析保护层开采后底板的塑性、位移及应力等因素，分析 $2^{-2中}$ 煤的卸压效果影响因素。为了更直观分析底板的移动变形，本章云图图形只截取 2^{-1} 煤底板岩层切片部分进行对比分析，且在 $2^{-2中}$ 煤设置测点进行定量化分析研究。

第三节　卸压效果的地质采矿因素影响分析

一、采高对卸压效果的影响规律

（一）模型的建立

为了研究保护层采高对下伏煤岩卸压程度的影响规律，以采高为变量，其他地质采矿条件为定量，分别建立采高为 2 m、4 m、6 m、8 m、10 m 的五种不同开采模型，对比分析这五种模型的保护层采动后下伏煤岩应力、位移及塑性区变化规律，再重点分析被保护层 $2^{-2中}$ 煤卸压后的垂直应力变化规律，最后探究保护层采高与卸压程度之间的关系。

（二）结果分析

保护层回采后，底板不同层位煤岩体的垂直应力能够反映煤岩体卸压规律。根据模拟结果，在工作面开切眼中部沿走向推进方向做剖面，得到保护层不同采高条件下采动底板煤岩体垂直应力变化云图，如图 4-4 所示（由于篇幅限制，只给出部分结果）。由图可以看出，由于采高的不同，底板煤岩体应力场分布状态不同，随着采高的增大，底板在一定范围内其拉应力不断增大，卸压程度逐步提高；且随着深度增大，下伏煤岩卸压程度越来越低，有效卸压范围越来越小。随着采高的增大，卸压范围不断扩展，应力恢复范围不断缩小，且卸压程度整体提高，这是由于采高的增大，下伏煤岩体活动范围更大、更剧烈，卸压效果更好。

保护层回采后，底板不同层位煤岩体的塑性区分布能够反映煤岩体变形破坏情况。根据模拟结果，在工作面倾向中部沿工作面推进方向做剖面，得到上保护层不同采高底板煤岩体塑性区范围，如图 4-5 所示。

由图 4-5 可以看出，由于采高的不同，底板煤岩体塑性区分布形态不同。塑性区的变化在一定程度上体现了采动裂隙的发育状况，随着采高的增大，底板煤岩体拉破坏的深度和范围均增大，即采动裂隙发育范围不断延伸，发育范围不断增大，贯穿性裂隙发育增多，表明卸压程度提高。

保护层回采后，底板不同层位煤岩体的垂直位移能够反映岩层移动变形的状况。根据模拟结果，在工作面倾向中部沿工作面推进方向做剖面，得到上保护层不同采高底板煤岩体垂直位移变化云图，如图 4-6 所示。不同采高的保护层回采后，底板煤岩体垂直位移场均呈不均匀隆起分布状态，不同层位的岩层隆起量不同，导致离层裂隙的发育。随着采高的增

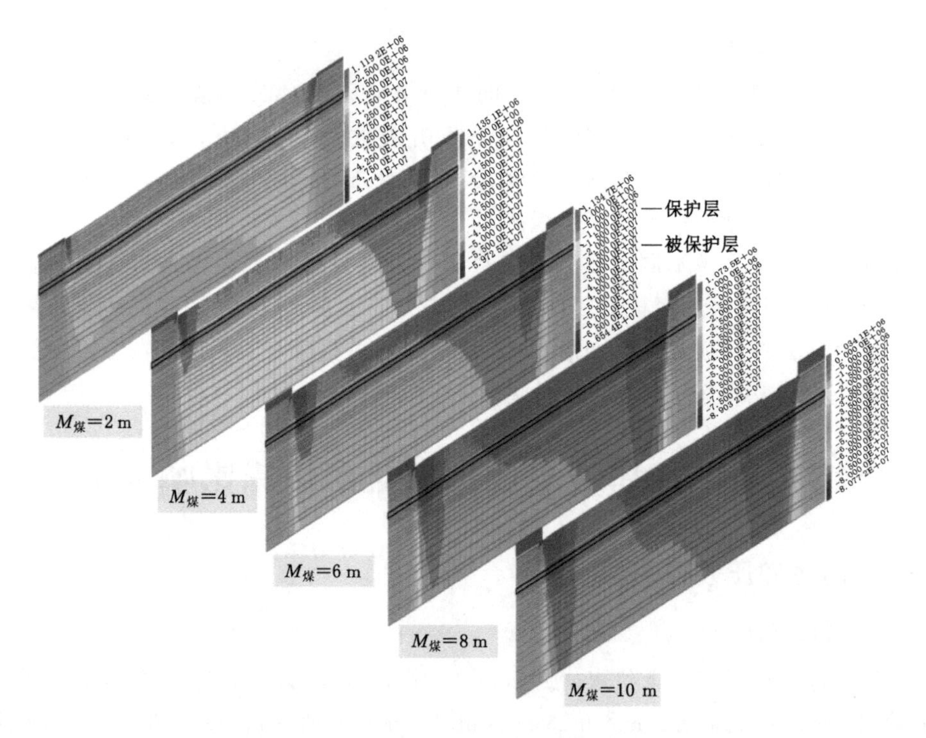

图 4-4　不同采高的底板煤岩体垂直应力云图

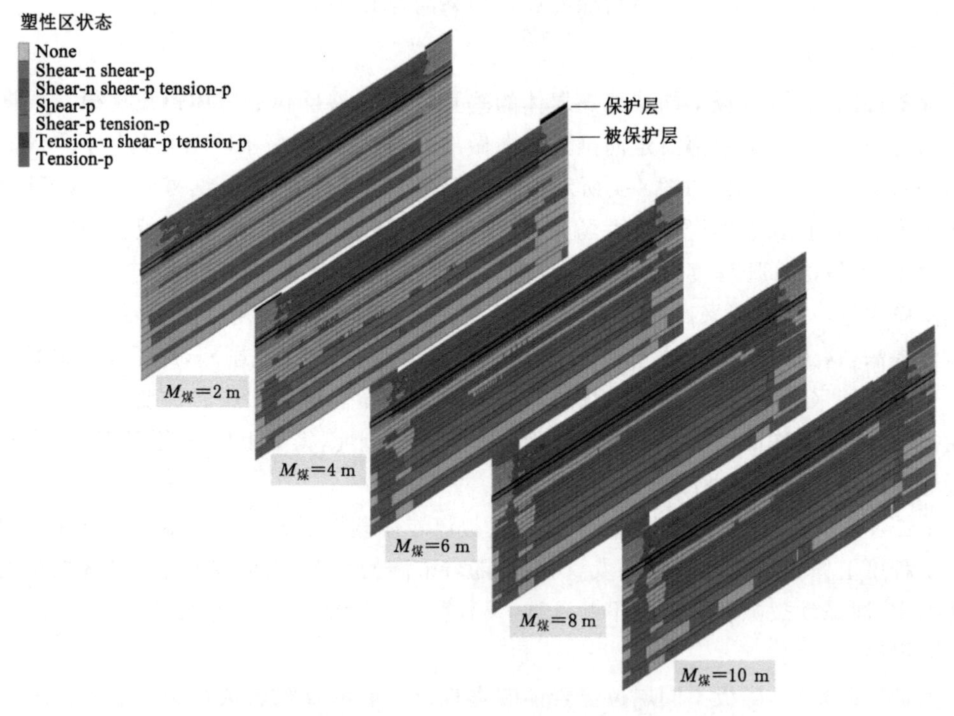

None—无变形破坏；Shear—剪切破坏单元；Tension—张拉破坏单元；
n—now，指当前循环中出现；p—previous，指以前循环中出现。

图 4-5　不同采高的底板煤岩体塑性区范围

加，工作面底板煤岩体的底鼓量逐步增大，但当采高增大到一定值后，采空区内底鼓量与采高的关系逐渐减弱。在两侧的煤柱内，岩层发生了下沉，下沉量与采高成正比，采高越大下沉量也越大。

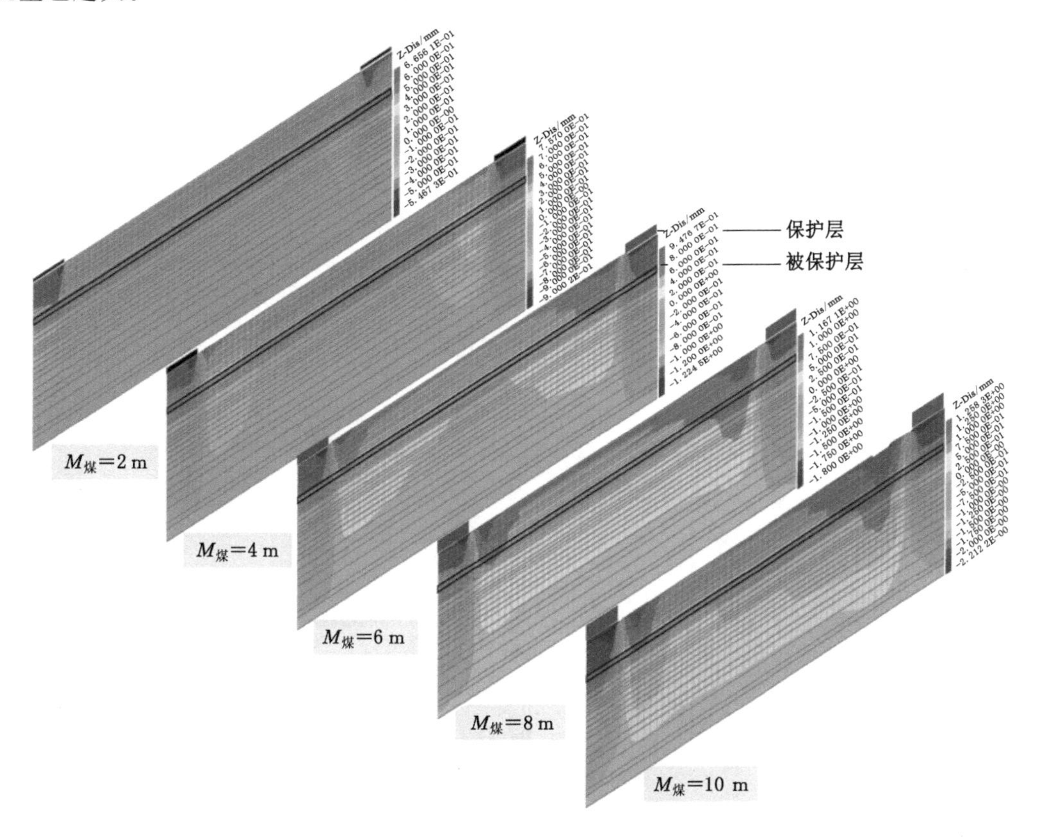

图 4-6　不同采高的底板煤岩体垂直位移云图

为了定量分析 2^{-1} 煤不同采高下的被保护层 $2^{-2中}$ 煤的卸压变化规律，在模型被保护层 $2^{-2中}$ 煤层位沿走向方向布设了 241 个测点，定量化分析采后 $2^{-2中}$ 煤的垂直应力的变化规律，如图 4-7 所示。不同采高被保护煤层的垂直应力变化量不同。保护层开采后卸压具有时效性，被保护层随着保护层开采先卸压，待采空区上覆岩层垮落压实，卸压又逐渐恢复，待采空区垮落稳定后不同采高条件下的卸压效果基本相似。但是，采高 2 m、4 m、6 m、8 m 和 10 m 时，被保护煤层卸压后的最小垂直应力分别为 −10.9 MPa、−6.88 MPa、−4.31 MPa、−1.98 MPa 和 −1.51 MPa。则被保护层最大卸压系数分别为 0.71、0.45、0.28、0.13 和 0.10，建立最大卸压系数与采高的关系曲线，如图 4-8 所示，表明卸压程度随采高增大而提高，但增幅减小的变化趋势。可见，随着采高的增大，采动应力卸压系数 C' 值逐步减小，应力卸压程度逐步提高。

为具体分析不同保护层采高的底板不同深度的采动应力卸压程度，绘制了不同采高的底板不同层位的采动应力卸压程度变化曲线，如图 4-9 所示。不同采高时，相同层位的煤岩体应力卸压情况不同。采高为 2 m、4 m、6 m、8 m、10 m 时，底板卸压临界最大深度分别为 19.2 m、47.7 m、58.2 m、64.8 m、68.5 m。可见，随着采高的增大，底板卸压临界最大深度

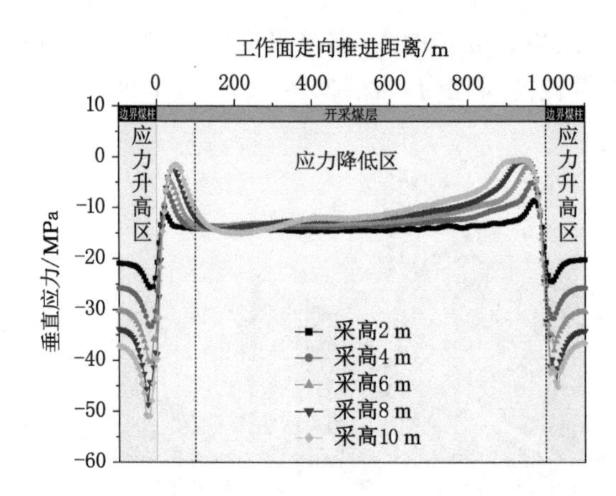

图 4-7　不同采高条件下的被保护层垂直应力变化

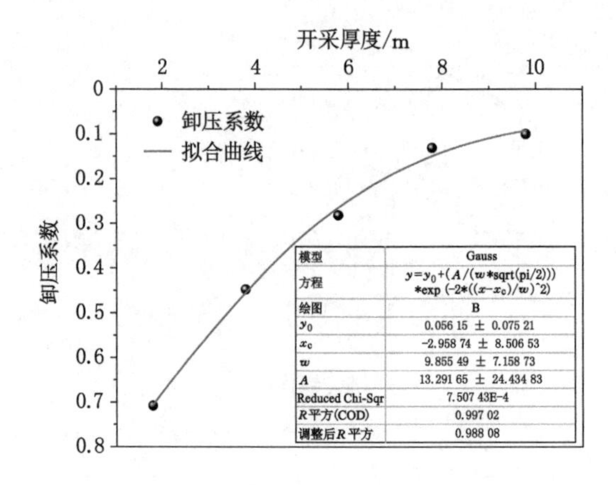

图 4-8　不同采高条件下的被保护层卸压效果

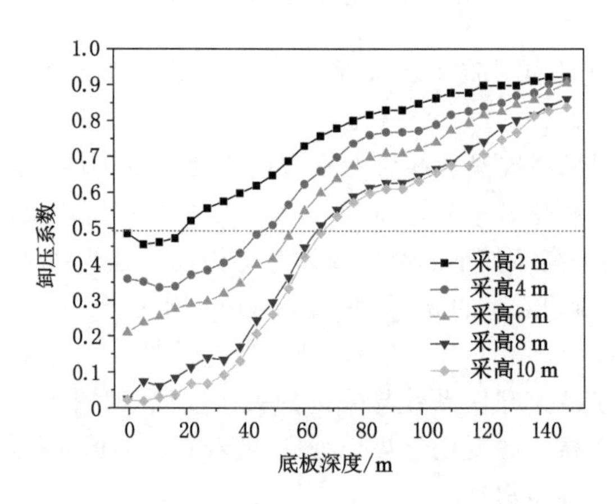

图 4-9　不同采高条件下的底板煤岩体卸压程度

逐步增大，如图 4-10 所示。由图可以看出，在模拟开采地质条件下，当保护层采高不大于 6 m 时，随着采高的增大，底板卸压临界最大深度增长速度较快，采高的变化对被保护层卸压效果的敏感性较强；当采高大于 6 m 时，底板卸压临界最大深度增长速度变缓，卸压效果的敏感性随采高的变化逐步减弱。利用高斯函数拟合得到模拟条件保护层采高与底板卸压临界最大深度的函数关系为：

$$f(m)=69.5-\frac{0.44}{\sqrt{\pi/2}}\cdot e^{-2\left[\frac{(m+44.2)}{21.9}\right]^2} \tag{4-9}$$

式中　m——保护层采高，m。

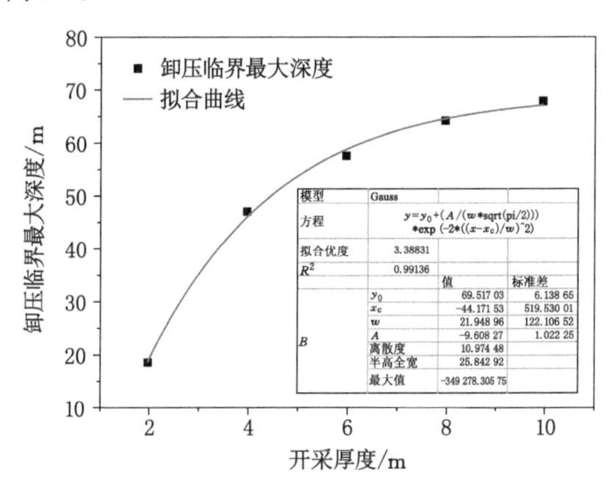

图 4-10　不同采高条件下的卸压临界深度

二、层间距对卸压效果的影响规律

（一）模型的建立

为了研究保护层与被保护层之间距离对下伏被保护煤层卸压程度的影响规律，以层间距为变量，其他地质采矿条件为定量，分别建立层间距为 5 m、10 m、15 m、20 m、30 m、40 m、50 m 的七种不同开采模型，对比分析这七种模型的保护层采动后被保护层 $2^{-2中}$煤卸压后的应力、位移及塑性区变化规律，最后探究保护层开采层间距与卸压效果的关系。

（二）结果分析

不同层间距条件下保护层开采下伏煤岩垂直应力分布，如图 4-11 所示。从图中可以看出，层间距的变化对被保护层卸压程度有明显影响，随着层间距减小，卸压有效范围增大，卸压程度增大，应力恢复范围减小；由于被保护层的煤体强度低，煤体距离底板位置的变化，使得卸压范围内煤岩结构强度变化，因而对卸压程度和范围产生影响。

不同层间距条件下保护层后开采下伏煤岩塑性区变化规律，如图 4-12 所示。从图中可以看出，保护层开采层间距的不同，下伏煤岩的塑性区分布形态存在一定差异性。随着层间距的增大，下伏煤岩拉破坏深度增大再稳定不变，但剪切破坏的深度基本不变。

不同层间距条件的保护层开采下伏煤岩垂直位移分布，如图 4-13 所示。不同层间距的保护层回采后，底板煤岩体垂直位移场均呈不均匀隆起分布状态，不同层位的岩层隆起量不同，但差异性不大；随着层间距的增大，低强度的被保护煤层距离保护层变大，被保护层煤层的位移量呈先减小再稳定不变的现象，这是底板煤岩结构变化产生的影响。

为了定量分析保护层不同层间距下的被保护层 $2^{-2中}$煤的卸压变化规律，在模型中被保护层 $2^{-2中}$煤层位沿走向方向布设了 241 个测点，定量化分析采后 $2^{-2中}$煤的应力变化规律，如图 4-14 所示。不同层间距的被保护煤层垂直应力变化量不同。随着保护层开采层间距

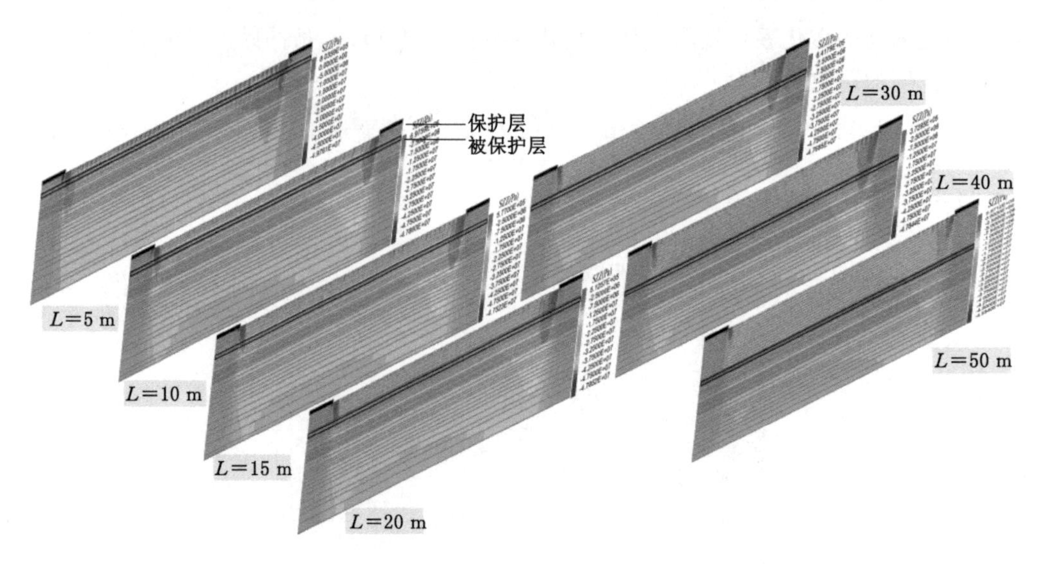

图 4-11　不同层间距的底板煤岩体垂直应力云图

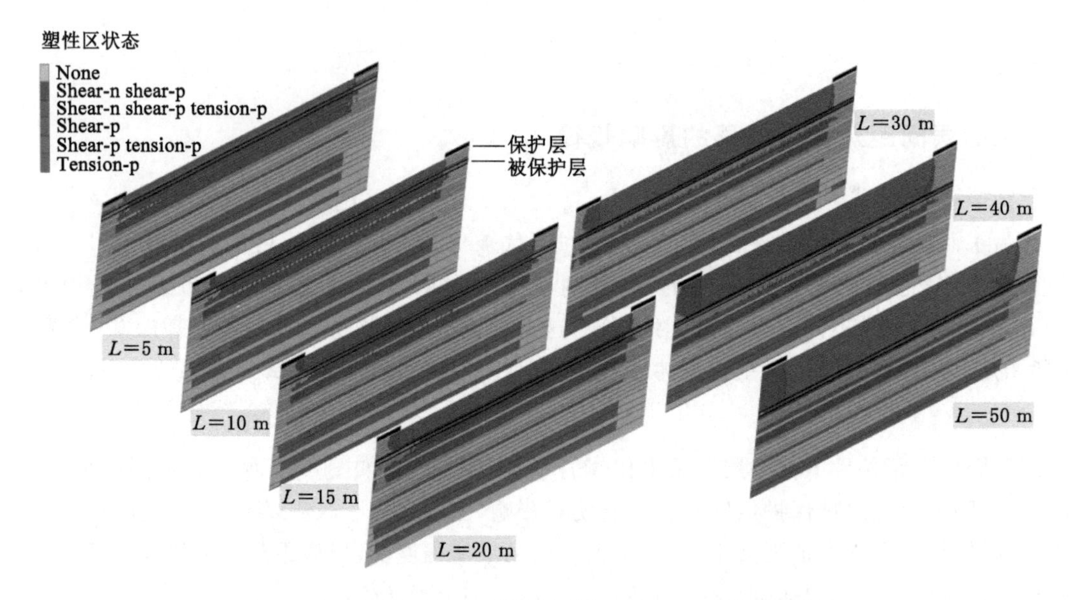

None—无变形破坏；Shear—剪切破坏单元；Tension—张拉破坏单元；

n—now，指当前循环中出现；p—previous，指以前循环中出现。

图 4-12　不同层间距的底板煤岩体塑性区范围

的增大，应力整体变大，尤其在采空区两侧，应力增高更加明显。层间距为 5 m 和 10 m 时，采空区的不均匀垮落，导致应力分布不均匀。当层间距为 5 m、10 m、15 m、20 m、30 m、40 m、50 m 时，被保护煤层卸压后的最小垂直应力分别为 −0.382 MPa、−1.48 MPa、−4.31 MPa、−6.92 MPa、−10.4 MPa、−13 MPa、−14.2 MPa。则被保护煤层最大卸压系数分别为 0.03、0.10、0.29、0.46、0.68、0.85、0.92，建立最大卸压系数与工作面面长的关系曲线，如图 4-15 所示，表明卸压程度随层间距增大而减小的变化趋势。

为具体分析不同保护层层间距的底板不同深度的采动应力卸压程度，绘制了不同层间

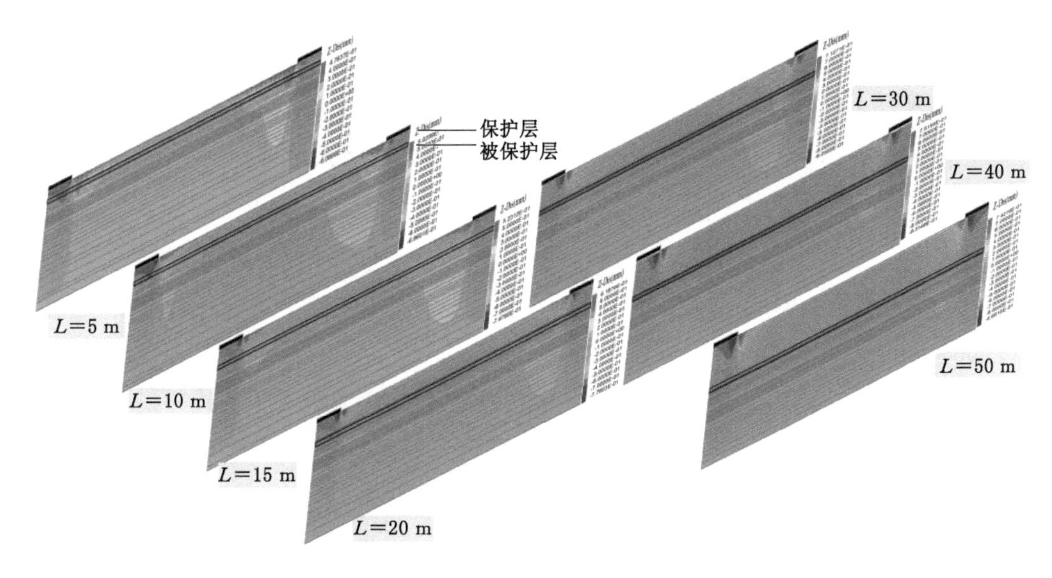

图 4-13　不同层间距的底板煤岩体垂直位移云图

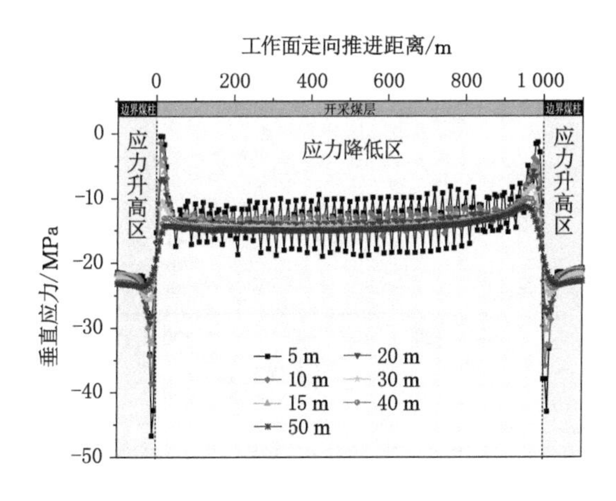

图 4-14　不同层间距的被保护层垂直应力变化

距的底板不同层位的采动应力卸压程度变化曲线，如图 4-16 所示。不同层间距的煤岩体应力卸压情况差异性不大。层间距为 5 m、10 m、15 m、20 m、30 m、40 m、50 m 时，底板卸压最大深度分别为 16.9 m、21.2 m、23.9 m、23.9 m、9.33 m、9.33 m、8.75 m。可见，随着层间距的增加，底板临界卸压最大深度先增大后减小，再基本稳定不变。

绘制了模拟地质条件下保护层层间距与底板卸压临界最大深度的关系曲线，如图 4-17 所示。从图中可以看出，当层间距小于 20 m 时，随着层间距的增大，卸压临界最大深度增大；当层间距由 20 m 增至 30 m 时，卸压临界最大深度大幅度减小；当层间距大于 30 m 时，随着层间距的增大卸压深度基本稳定不变。这是由于被保护层为煤体，煤体强度低，煤体距保护层距离的变化，改变了卸压煤岩结构，但当煤体距离底板较远时，超出卸压作用范围，卸压煤岩结构变化对卸压影响变小，直至无影响作用。利用高斯函数拟合得到保护层开采层间距与底板卸压临界最大深度的函数关系为：

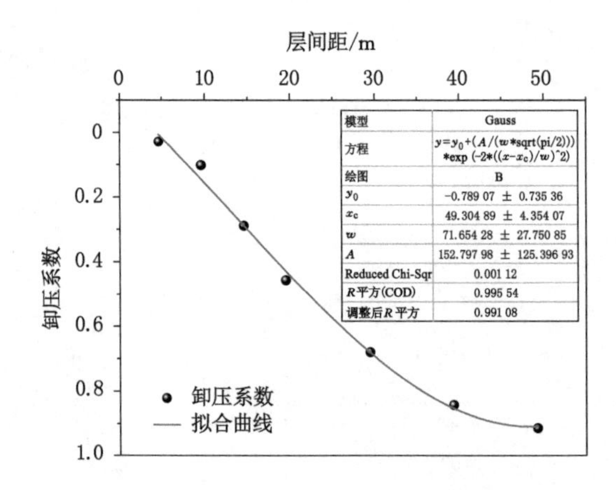

图 4-15　不同层间距的被保护层卸压效果

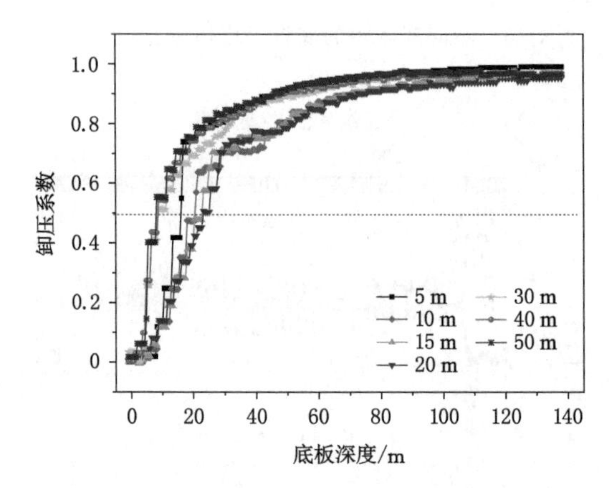

图 4-16　不同层间距的底板煤岩体卸压程度变化曲线

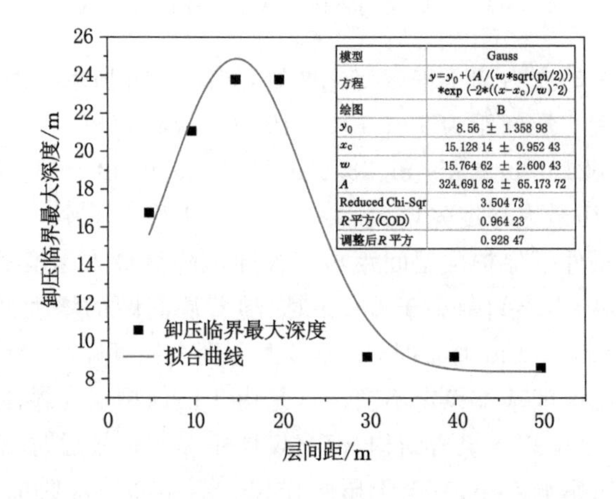

图 4-17　不同层间距与底板卸压临界深度的关系曲线

$$f(h_c) = 8.56 + \frac{20.6}{\sqrt{\pi/2}} \cdot e^{-2\left[\frac{(h_c-15.13)}{15.76}\right]^2} \tag{4-10}$$

式中　h_c——保护层与被保护层的层间距离，m。

三、层间岩性对卸压效果的影响规律

（一）模型的建立

为了研究保护层与被保护层层间岩性对下伏煤岩卸压程度的影响规律，以层间岩性为变量，其他地质采矿条件为定量，分别建立层间岩性为单一的砂质泥岩、粉砂岩、细粒砂岩的三种不同开采模型，对比分析这三种模型的保护层采动后下伏煤岩应力、位移及塑性区变化规律，再重点分析被保护层 $2^{-2中}$煤卸压后的应力变化规律，最后探究保护层开采层间岩性与卸压程度之间的关系。

（二）结果分析

不同保护层和被保护层的层间岩性条件下保护层开采下伏煤岩垂直应力分布，如图 4-18 所示。从图中可以看出，层间岩性的变化造成下伏煤岩扰动破坏的程度存在一定的差异。层间距为粉砂岩和细粒砂岩时，底板最大拉应力为 2.5 MPa，但当底板为砂质泥岩时，底板最大拉应力为 0.758 MPa；从低应力场分布区域分析可知，砂质泥岩低应力场分布范围更深、更广。这是由于砂质泥岩较砂岩强度低，应力释放更充分的结果。

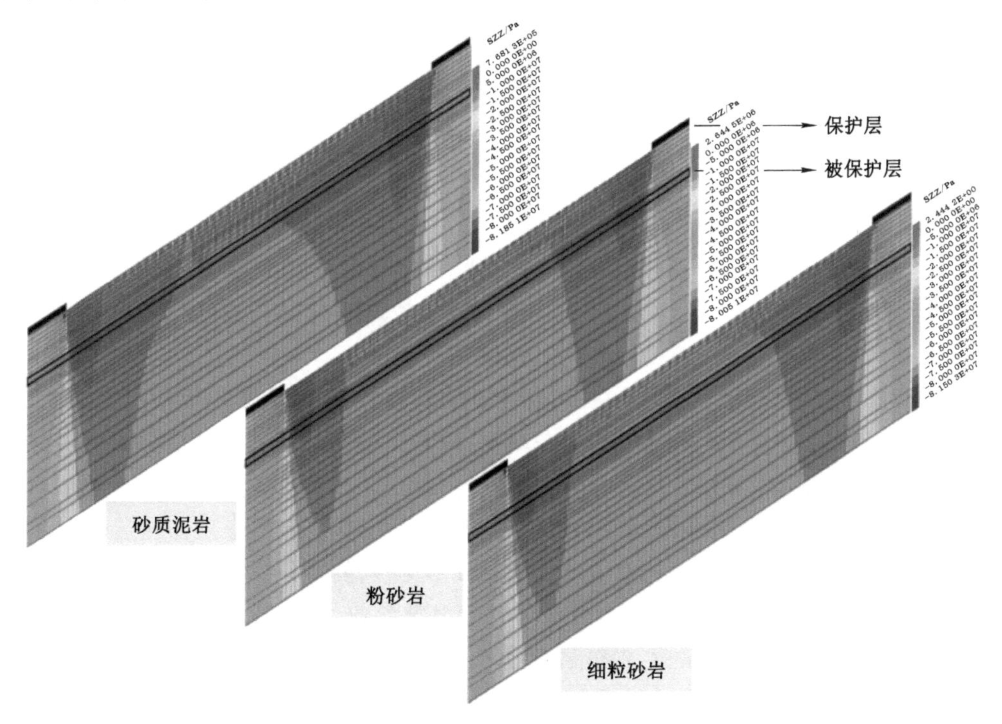

图 4-18　不同层间岩性的底板煤岩体垂直应力云图

不同层间岩性条件下保护层开采下伏煤岩塑性区变化规律，如图 4-19 所示。从图中可以看出，层间岩性的变化造成下伏煤岩塑性区分布存在一定差异。层间岩性为粉砂岩和细粒砂岩时，塑性区分布形态基本一致；当层间岩性为砂岩泥岩时，底板拉破坏明显增加，拉破坏向底板下方扩展。

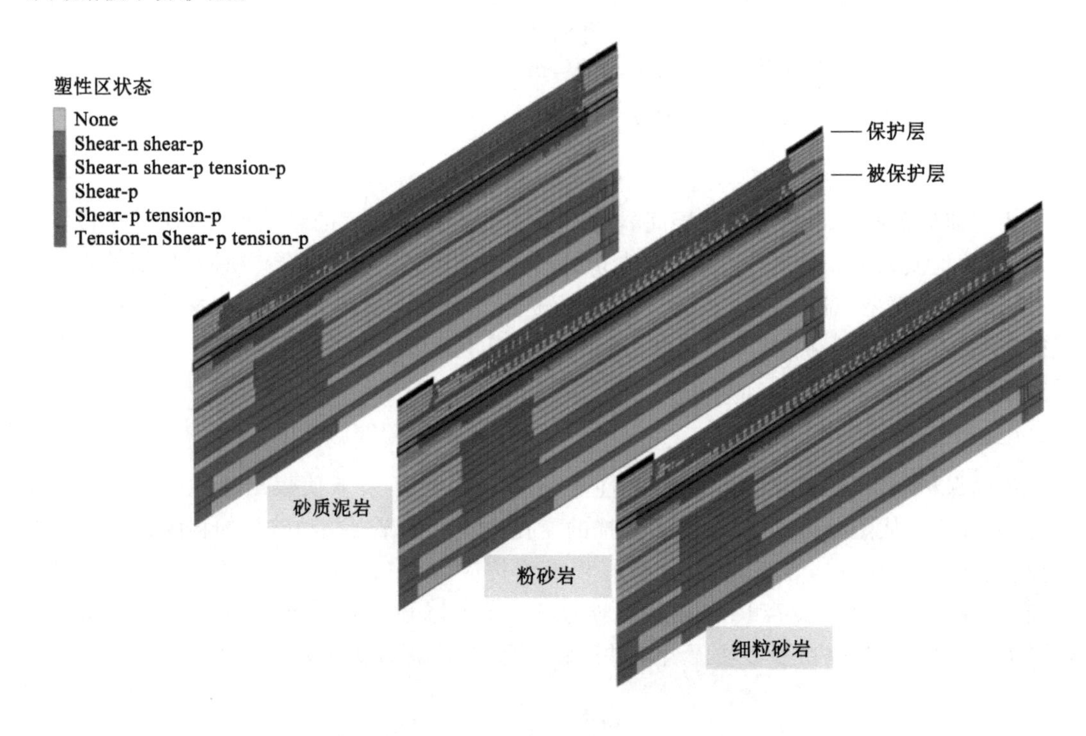

None—无变形破坏；Shear—剪切破坏单元；Tension—张拉破坏单元；

n—now，指当前循环中出现；p—previous，指以前循环中出现。

图 4-19　不同层间岩性的底板煤岩体塑性区范围

不同层间岩性条件下保护层开采下伏煤岩垂直位移分布，如图 4-20 所示。当岩性为粉砂岩时，最大底鼓量为 0.339 m；当岩性为细粒砂岩时，最大底鼓量为 0.341 m；当岩性为砂质泥岩时，最大底鼓量为 0.508 m。层间岩性为砂质泥岩时，底鼓的深度增大和范围变广。综合分析可知，层间岩性强度越低，变形越大，卸压更充分。

为了定量分析保护层 2^{-1}煤不同层间岩性下的被保护层 $2^{-2中}$煤的卸压变化规律，在模型中 $2^{-2中}$煤层位沿走向方向布设了 241 个测点，定量化分析采后 $2^{-2中}$煤的应力变化规律，如图 4-21 所示。从图中可以看出，不同层间岩性的被保护煤层垂直应力变化量在采空区边界明显不同。当层间岩性为粉砂岩、砂质泥岩、细粒砂岩时，被保护煤层卸压后的最小垂直应力分别为－6.09 MPa、－3.56 MPa、－7.73 MPa，则被保护层最大卸压系数分别为 0.40、0.23、0.51。为了便于进行量化分析，可根据岩性力学参数代替岩石岩性，本书取岩石的抗拉强度作为代替岩性的量化指标，根据岩性参数可知，粉砂岩、砂质泥岩、细粒砂岩的抗拉强度分别为 26.5 MPa、18.3 MPa、32.2 MPa，建立最大卸压系数与岩性强度的关系曲线，如图 4-22 所示，表明卸压程度随岩性的抗拉强度增大而减弱。

为分析保护层开采不同层间岩性的底板不同深度煤岩体的采动应力卸压程度，绘制了不同层间岩性的底板不同层位的采动应力卸压程度变化曲线，如图 4-23 所示，不同层间岩性的底板煤岩体，其应力卸压效果不同。层间岩性为砂质泥岩时，底板卸压临界最大深度为 55.4 m；层间岩性为粉砂岩时，卸压临界最大深度为 49.2 m；层间岩性为细粒砂岩时，卸压

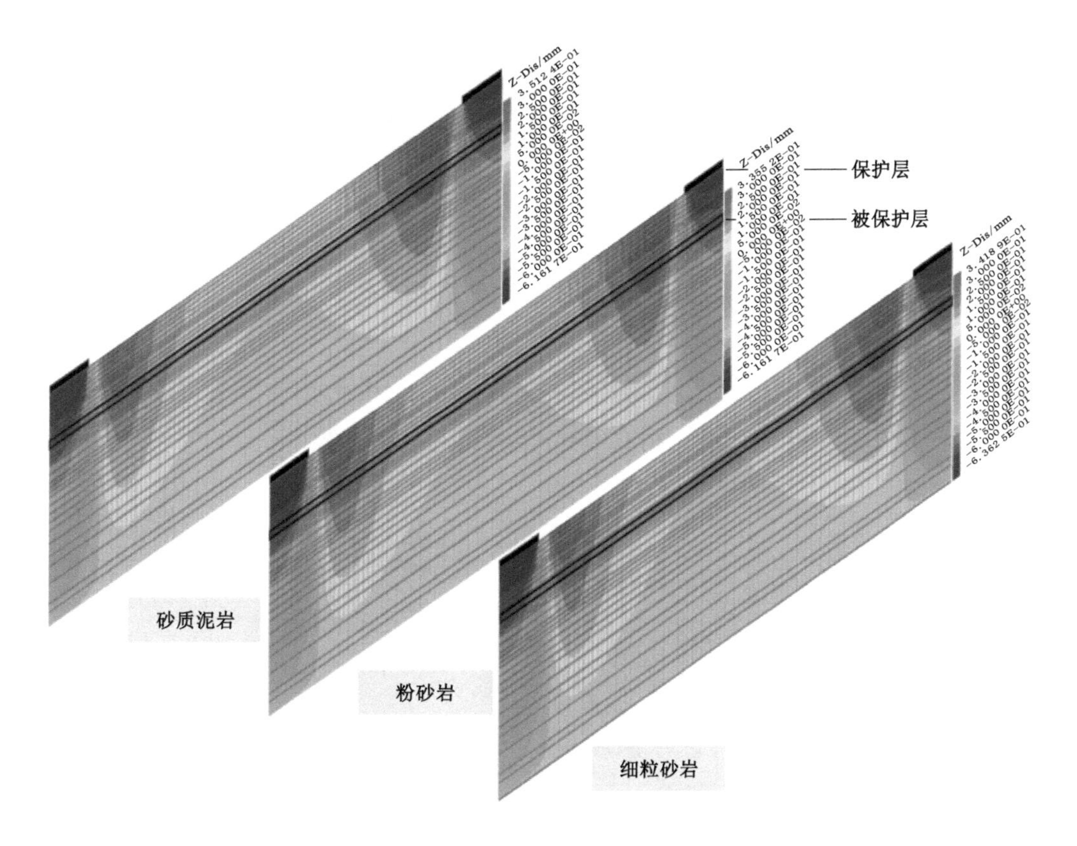

图 4-20　不同层间岩性的底板煤岩体垂直位移云图

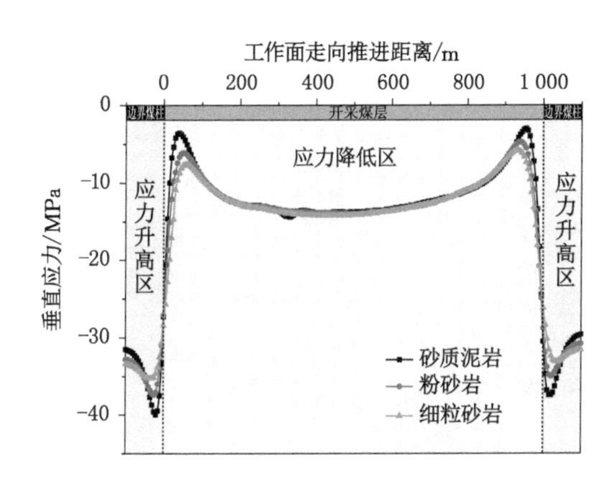

图 4-21　不同层间岩性的被保护层垂直应力变化

临界最大深度为 47.7 m。随着层间岩性强度的增大，底板卸压临界最大深度逐渐减小，表明岩性的强度等力学性质对卸压有一定的影响，如图 4-24 所示。数据拟合得到保护层开采层间岩性与底板卸压临界最大深度的函数关系为：

$$f(\sigma_t) = 86.435 - 2.345\sigma_t + 0.035x^2 \tag{4-11}$$

式中　σ_t——保护层和被保护层的层间岩性抗拉强度，MPa。

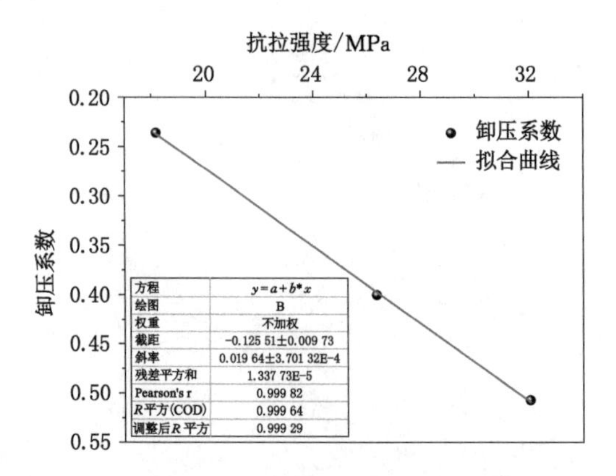

图 4-22　不同层间岩性的被保护层卸压效果

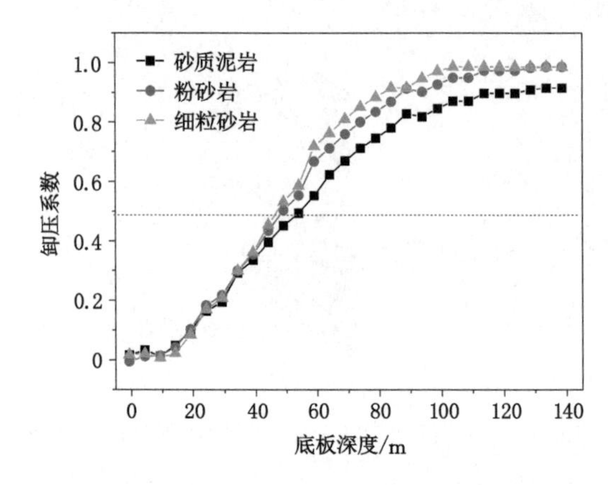

图 4-23　不同层间岩性的底板煤岩体卸压程度变化曲线

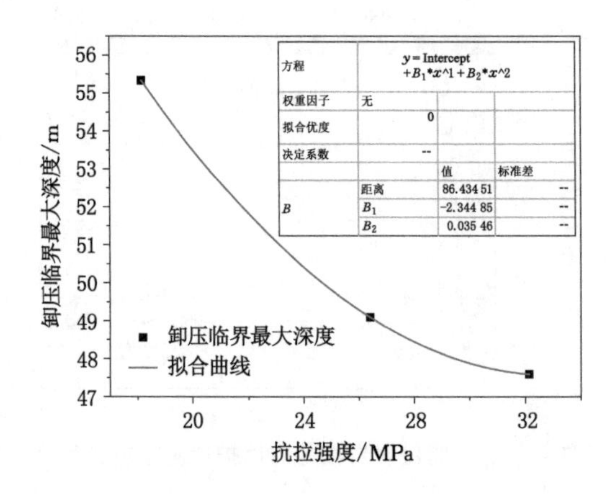

图 4-24　不同层间岩性与卸压临界深度的关系曲线

四、工作面面长对卸压效果的影响规律

（一）模型的建立

为了研究保护层开采工作面面长对下伏煤岩卸压程度的影响规律，以工作面面长为变量，其他地质采矿条件为定量，分别建立工作面面长为 100 m、150 m、200 m、300 m、400 m

的五种不同开采模型，对比分析这五种模型的保护层采动后下伏煤岩应力、位移及塑性区变化规律，再重点分析被保护层 $2^{-2中}$ 煤卸压后的应力变化规律，最后探究保护层开采工作面面长与卸压程度之间的关系。

（二）结果分析

不同工作面面长条件下保护层开采下伏煤岩垂直应力分布，如图 4-25 所示。从图中可以看出，保护层开采工作面面长的变化造成下伏煤岩扰动破坏的程度存在差异。由于保护层开采卸压作用，下伏煤岩浅部一定深度范围内存在拉应力，拉应力随着深度增加逐渐减小，最后变为压应力，且最大拉应力随着工作面面长的增大缓慢减小。倾向卸压范围随工作面面长的增大而呈线性增大趋势；工作面中部卸压区域的卸压随工作面面长增大而逐渐恢复，这是采空区上覆岩层垮落压实作用的结果。

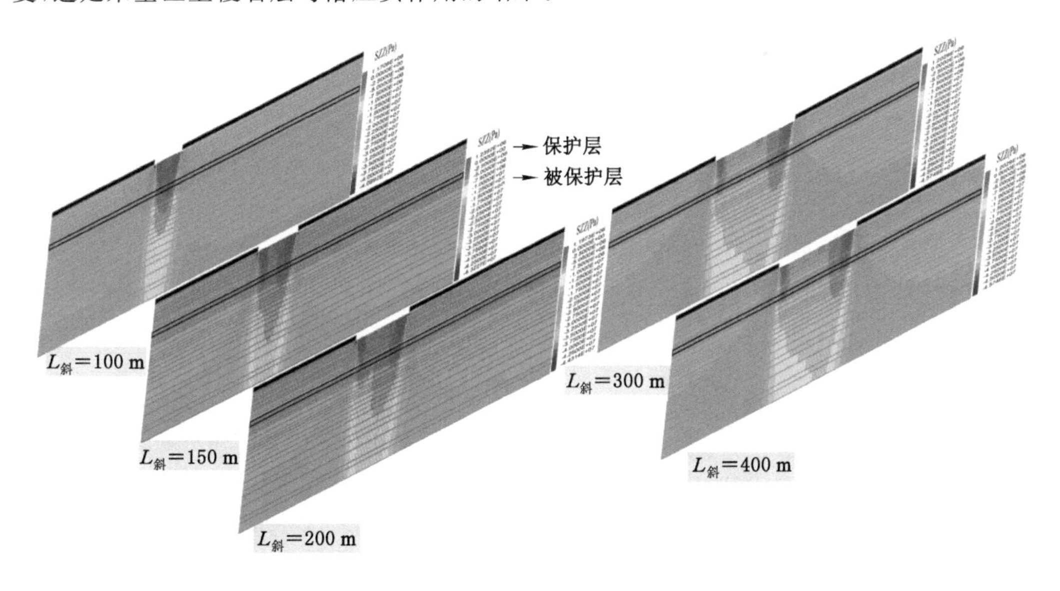

图 4-25 不同工作面面长的采动下伏煤岩垂直应力云图

不同工作面面长条件下保护层开采下伏煤岩塑性区变化规律，如图 4-26 所示。从图中可以看出，保护层开采工作面面长不同，下伏煤岩塑性区分布形态存在一定差异。倾向方向塑性区宽度随着工作面面长增大而增大；垂直方向最大塑性区发育深度随工作面面长增大而减小。

不同工作面面长条件下保护层开采下伏煤岩垂直位移分布，如图 4-27 所示。保护层回采后，由于采动卸压作用，采空区下伏煤岩整体向上移动；由于采动支承压力作用，采空区两侧煤岩体整体向下移动。采空区下伏煤岩向上移动的位移随着工作面面长的增大而减小；倾向卸压范围随着工作面面长的增大呈线性增大态势。

为了定量分析保护层开采后被保护层的卸压变化规律，在模型中被保护层 $2^{-2中}$ 煤沿走向方向布设了 241 个测点，用于分析采后被保护层的应力时空演化规律，如图 4-28 所示。由图 4-28 可以看出，不同工作面面长的被保护层垂直应力变化规律不同。被保护层倾向卸压范围随工作面面长增大而增大，最小垂直应力随工作面面长的增大而减小。工作面面长为 100 m、150 m、200 m、300 m、400 m 时，被保护层卸压后的最小垂直应力分别为

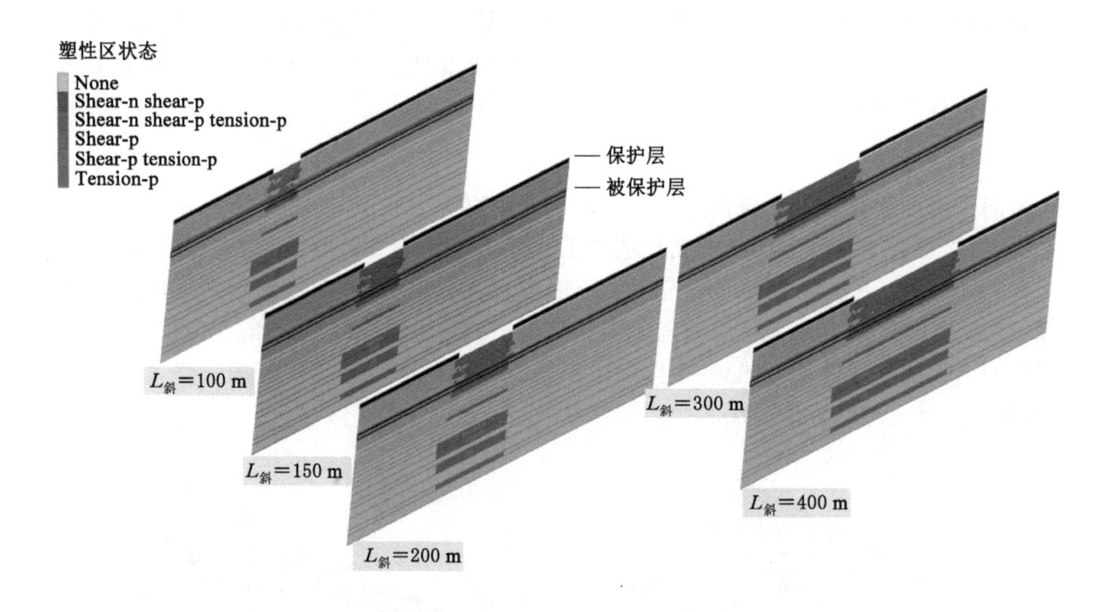

None—无变形破坏；Shear—剪切破坏单元；Tension—张拉破坏单元；

n—now，指当前循环中出现；p—previous，指以前循环中出现。

图 4-26　不同工作面面长的采动下伏煤岩塑性区范围

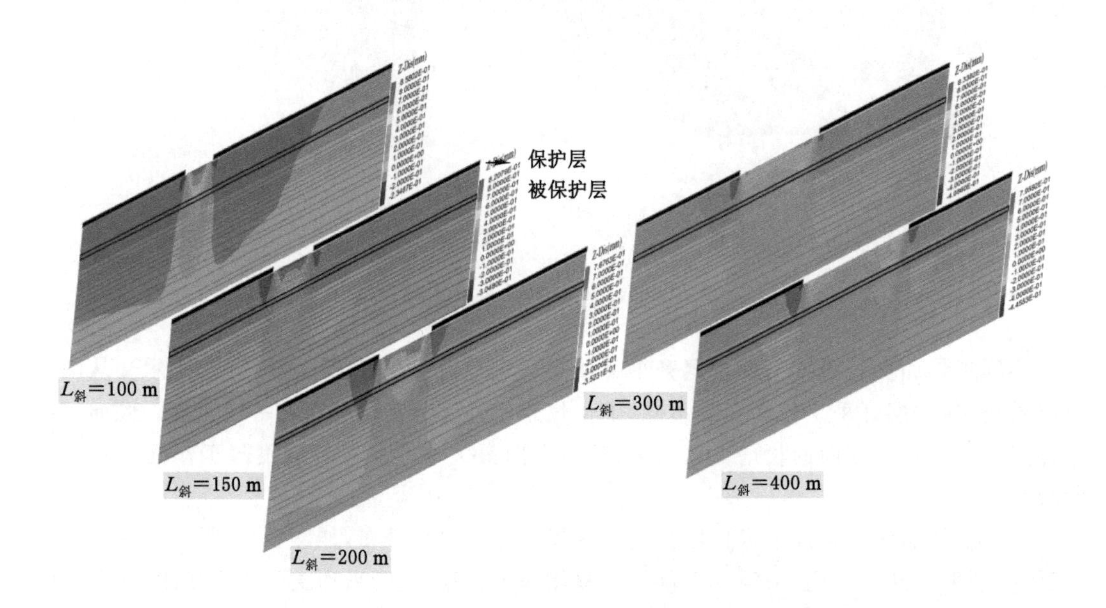

图 4-27　不同工作面面长的采动下伏煤岩垂直位移云图

−2.43 MPa、−3.31 MPa、−3.59 MPa、−3.9 MPa、−4.66 MPa，则被保护层最大卸压系数分别为 0.16、0.21、0.23、0.25、0.30。建立最大卸压系数与工作面面长的关系曲线，如图 4-29 所示。由图可知，卸压程度随工作面面长增大而减小。

为分析不同工作面面长的底板不同深度的采动应力卸压程度，绘制卸压系数与底板垂直深度的关系曲线，如图 4-30 所示。当工作面面长为 100 m、150 m、200 m、300 m、400 m

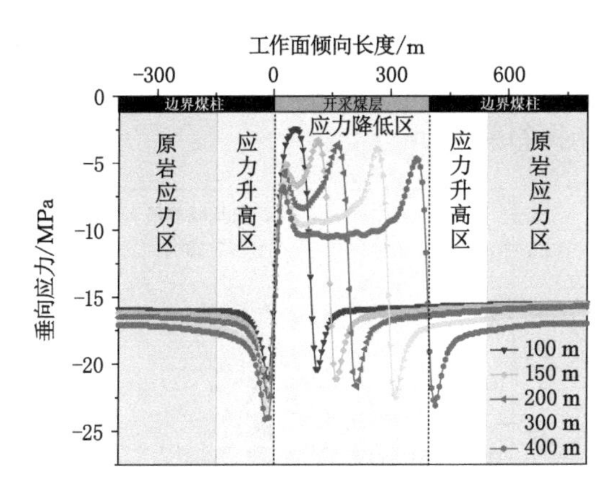

图 4-28　不同工作面面长的被保护层垂直应力变化

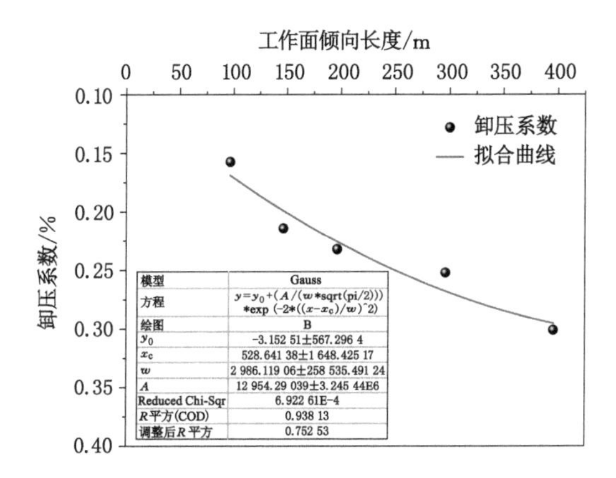

图 4-29　不同工作面面长的被保护层卸压效果

时，底板卸压临界最大深度分别为 48.75 m、45.5 m、42.5 m、39 m、35.75 m。可见，随着工作面面长的增加，底板临界卸压最大深度缓慢减小，如图 4-31 所示。利用高斯函数拟合得到工作面面长与底板卸压临界最大深度的函数关系为：

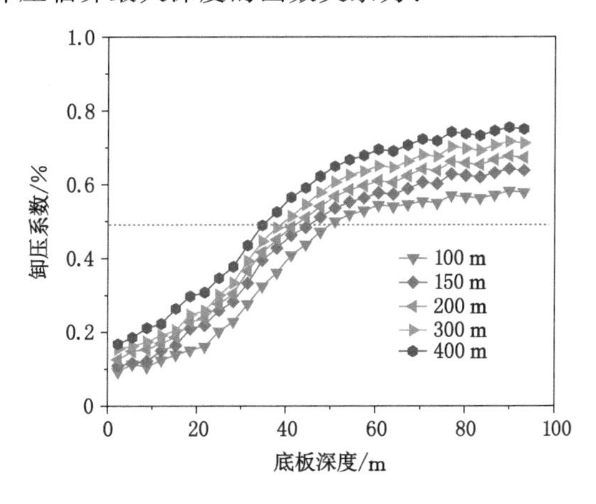

图 4-30　不同工作面面长的底板煤岩体卸压程度

$$f(L_{\mathrm{m}}) = 30.80 + \frac{1\,622.87}{\sqrt{\pi/2}} \cdot \mathrm{e}^{-2\left[\frac{(L_{\mathrm{m}}+2\,081.60)}{1\,490.98}\right]^2} \tag{4-12}$$

式中　L_{m}——保护层工作面的斜长，m。

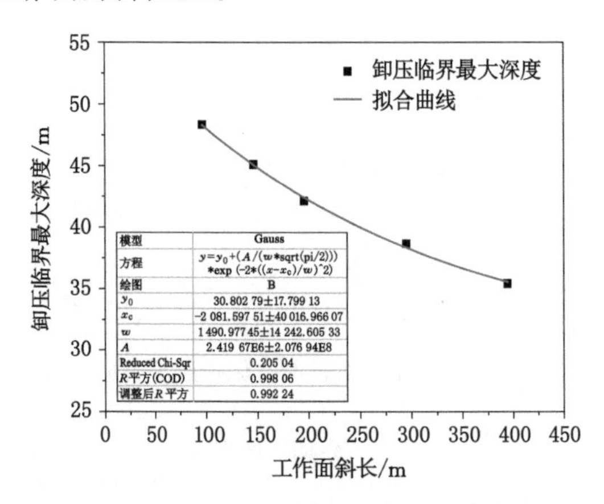

图 4-31　工作面面长与卸压临界最大深度的关系

五、区段煤柱宽度对卸压效果的影响规律

（一）模型的建立

为了研究保护层开采工作面区段煤柱宽度对下伏煤岩卸压程度的影响规律，以区段煤柱宽度为变量，其他地质采矿条件为定量，分别建立区段煤柱宽度为 0 m、5 m、10 m、15 m、20 m、25 m、30 m 的七种不同开采模型，对比分析这七种模型的保护层采动后下伏煤岩应力、位移及塑性区变化规律，再重点分析被保护层 $2^{-2中}$煤卸压后的应力变化规律，最后探究保护层开采区段煤柱宽度与卸压程度之间的关系。

（二）结果分析

不同区段煤柱宽度的保护层开采下伏煤岩垂直应力分布如图 4-32 所示。由于区段煤柱影响煤柱下方及周边的卸压作用，且随着煤柱宽度的增大，对卸压效果的影响也越大。当煤柱宽度小于 15 m 时，相邻工作面之间的卸压作用仅仅被减弱；当宽度大于 20 m 时，相邻两个工作面的卸压作用阻隔，相邻工作面之间的卸压影响区域各自独立，无关联影响。

不同区段煤柱宽度条件下保护层开采下伏煤岩塑性区变化规律，如图 4-33 所示。从图中可以看出，随着煤柱宽度的增大，下伏煤岩破坏深度和范围并未明显变化，仅在煤柱下方部分区域产生了一定的变化。另外，由于区段煤柱的存在，煤柱下方的拉变形破坏区域转变为剪切变形破坏区域，且随着煤柱宽度的增大，剪切变形破坏区域慢慢转变为弹性变形区域。

不同区段煤柱宽度条件下保护层开采下伏煤岩垂直位移分布，如图 4-34 所示。从图中可知，相邻工作面间无煤柱时，底板整体向上呈不规则隆起；相邻工作面间有煤柱时，区段煤柱位置底板受压应力作用，底板被压缩，位移垂直向下。随着煤柱尺寸的增大，煤柱下方底板被压缩的区域，在深度和广度上都快速发展。

为了定量分析不同区段煤柱宽度下保护层 2^{-1}煤开采后被保护层 $2^{-2中}$煤的卸压变化规律，在模型中 $2^{-2中}$煤层位沿走向方向布设了 241 个测点，定量化分析采后 $2^{-2中}$煤的应力变

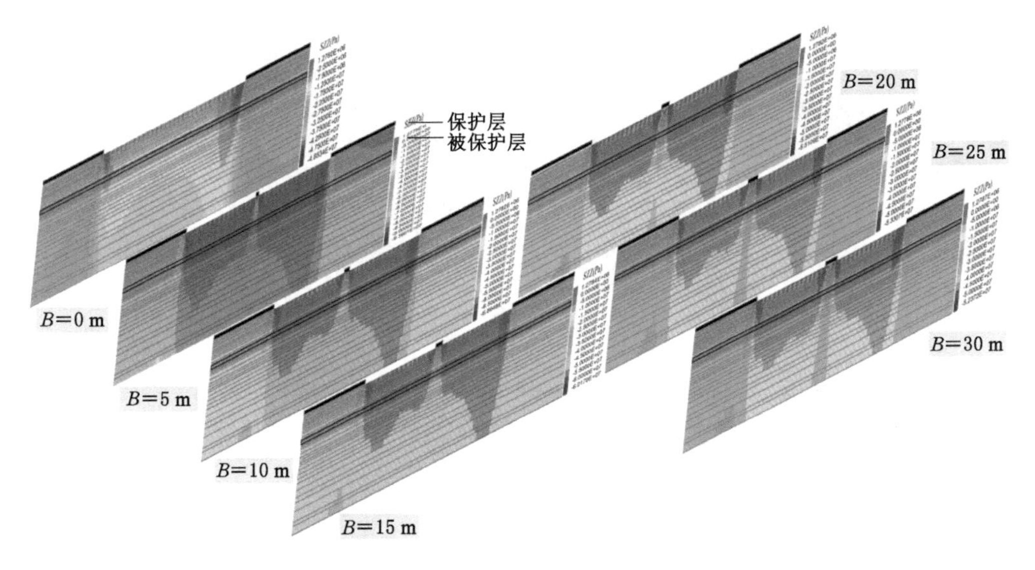

图 4-32　不同区段煤柱宽度的底板煤岩体垂直应力云图

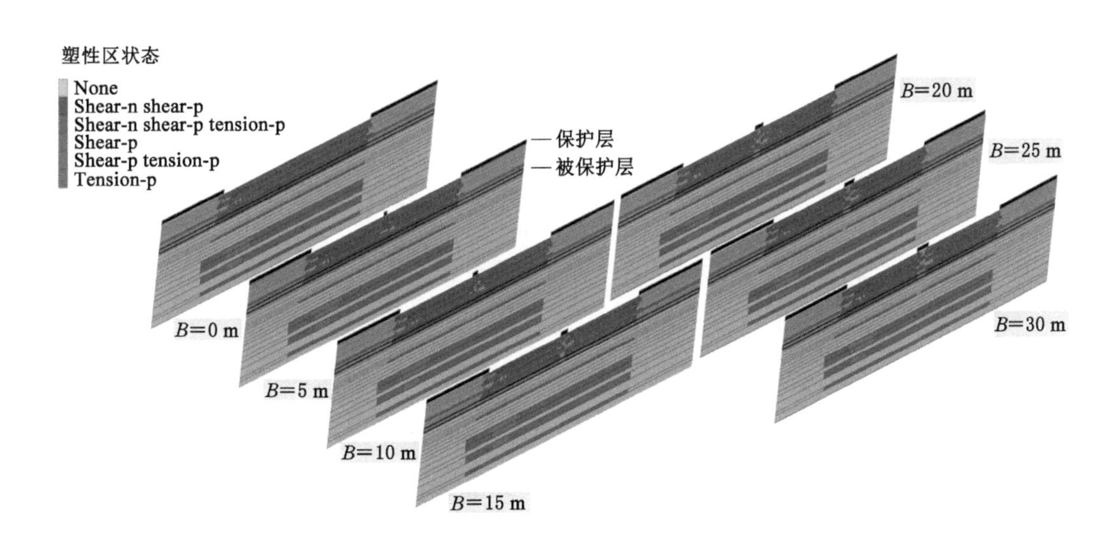

None—无变形破坏；Shear—剪切破坏单元；Tension—张拉破坏单元；
n—now，指当前循环中出现；p—previous，指以前循环中出现。

图 4-33　不同区段煤柱宽度的底板煤岩体塑性区范围

化规律，如图 4-35 所示。

由图 4-35 可知，随着区段煤柱宽度的增大，煤柱处的应力不断增大，应力升高区域也不断增大，即区段煤柱对保护层卸压作用影响越大。当区段煤柱宽度为 0 m、5 m、10 m、15 m、20 m、25 m、30 m 时，保护层开采后煤柱处最大垂直应力分别为 −12.4 MPa、−19.4 MPa、−22.7 MPa、−26.4 MPa、−28.4 MPa、−29.6 MPa、−30.5 MPa，则区段煤柱位置应力的卸压系数分别为 0.66、1.04、1.21、1.41、1.52、1.58、1.63。建立卸压系数与区段煤柱宽度的关系曲线，如图 4-36 所示。由图可知，卸压程度随区段煤柱的增大而减弱的变化趋势。

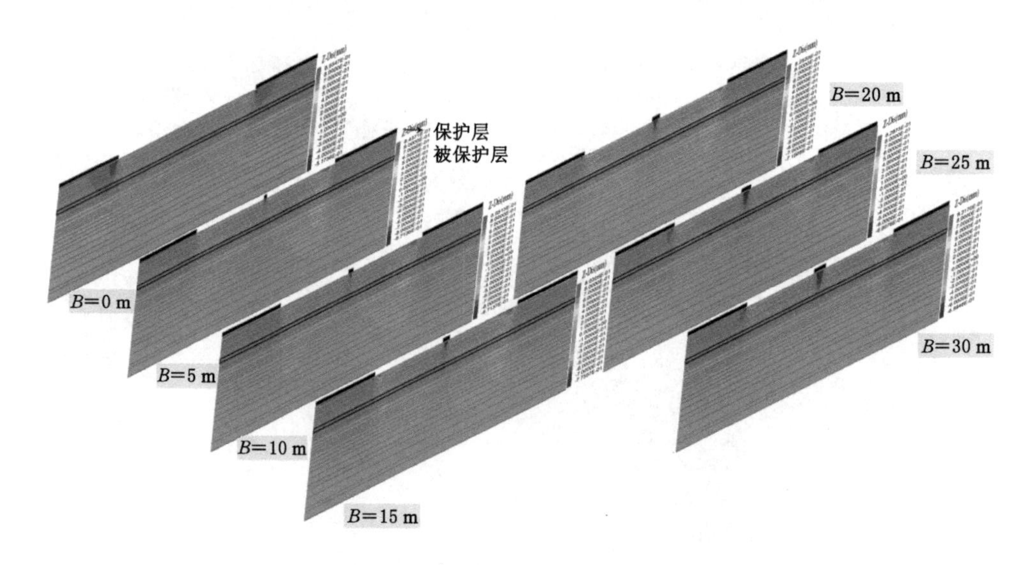

图 4-34 不同区段煤柱宽度的底板煤岩体垂直位移云图

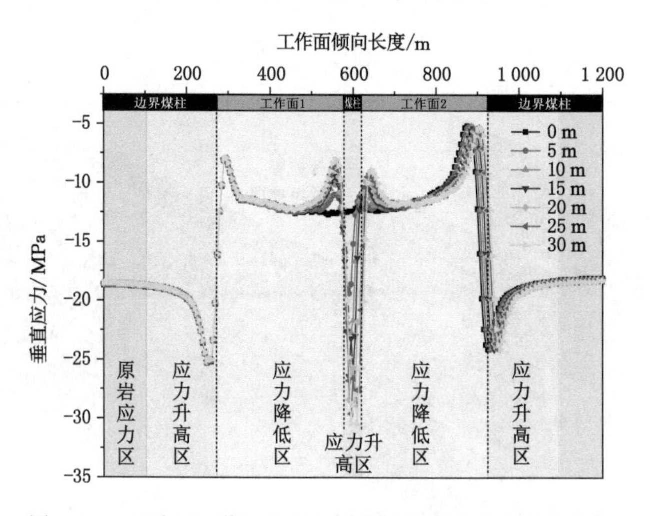

图 4-35 不同区段煤柱宽度的被保护层垂直应力变化规律

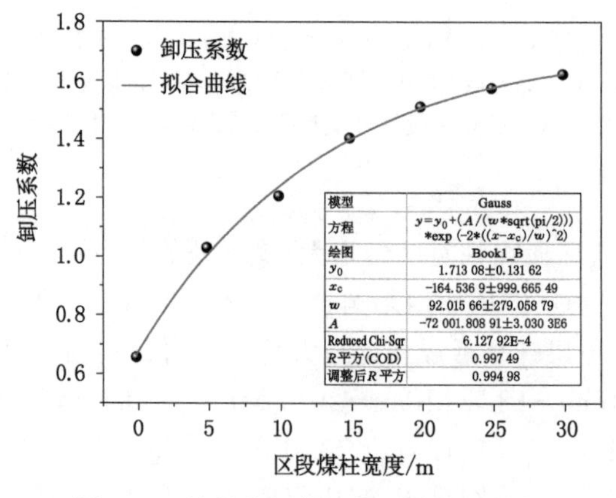

图 4-36 被保护层煤柱位置的卸压程度

不同区段煤柱宽度对卸压影响的范围不同，当区段煤柱宽度为 0 m、5 m、10 m、15 m、20 m、25 m、30 m 时，煤柱影响的卸压范围分别为 0 m、105 m、145 m、190 m、215 m、220 m、230 m，建立不同区段煤柱宽度与卸压影响范围之间的关系，如图 4-37 所示。随着区段煤柱宽度的增大，卸压影响范围不断增大。

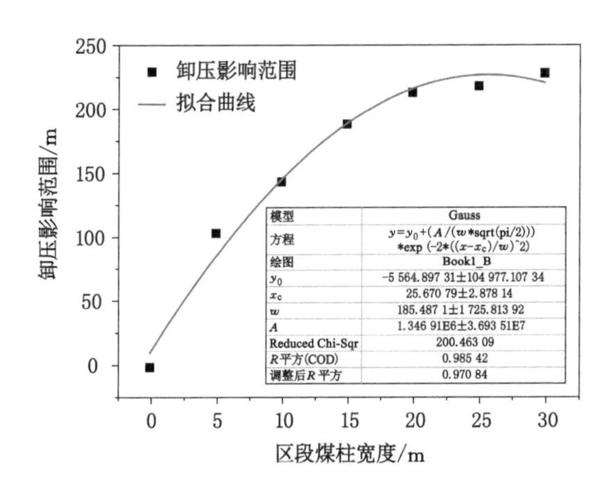

图 4-37　被保护层煤柱位置的卸压影响范围

第四节　影响卸压效果的地质采矿因素权重分析

本次地质采矿因素权重分析主要考虑保护层采高、工作面面长、层间岩性、层间距离 4 个影响因素，每个影响因素设置 5 个水平，具体见表 4-3。

表 4-3　影响因素模拟计算方案

类别	一	二	三	四	五
采高/m	2	4	6	8	10
工作面面长/m	100	150	200	300	400
层间岩性	砂质泥岩	砂质页岩	粉砂岩	细粒砂岩	中粒砂岩
层间距离/m	10	20	30	40	50

本次模型共 4 因素 5 水平，若采用单一因素法则需要建立 1 024 个模型方案，而采用正交试验设计只需要 25 个模型方案，极大地减少了模型计算工作量。正交试验法是研究多因素多水平的一种设计方法，它是根据正交性从全面试验中挑选出部分有代表性的点进行试验，这些代表性的点具备了“均匀分散，齐整可比”的特点，正交试验法是一种高效率、快速、经济的试验设计方法。通过正交试验法共设计了 25 组数值模拟方案，运用 $FLAC^{3D}$ 数值模拟软件进行模拟分析，具体结果如表 4-4 所列。除了以上 4 个因素外，另设一个空白列来检查方案设计的合理性。

表 4-4　卸压效果正交试验方案

试验序号	采高/m	工作面长度/m	层间距离/m	层间岩性	空白列	卸压系数
1	2	100	10	1		56.35
2	2	150	20	2		28.47
3	2	200	30	3		40.29
4	2	300	40	4		81.16
5	2	400	50	5		98.33
6	4	150	30	4		41.35
7	4	200	40	5		58.94
8	4	300	50	1		80.44
9	4	400	10	2		8.58
10	4	100	20	3		89.34
11	6	200	50	2		72.48
12	6	300	10	3		14.85
13	6	400	20	4		35.47
14	6	100	30	5		72.55
15	6	150	40	1		85.42
16	8	200	20	5		30.62
17	8	400	30	1		39.87
18	8	100	40	2		69.89
19	8	150	50	3		90.52
20	8	200	10	4		7.35
21	10	400	40	3		51.32
22	10	100	50	4		77.48
23	10	150	10	5		42.53
24	10	200	20	1		9.64
25	10	300	30	2		22.15

注：砂质泥岩、砂质页岩、粉砂岩、细粒砂岩、中粒砂岩分别用 1、2、3、4、5 代替。

方差分析是数理统计的基本方法之一，它被广泛应用于工农生产和科研试验数据分析。方差分析(analysis of variance，ANOVA)，又称“变异数分析”，是 R. A. Fisher 发明的，用于两个及两个以上样本均数差别的显著性检验。方差分析包括提出假设、确定检验的统计量、决策分析等步骤。

根据多因素方差检验原理，利用 SPSS(statistical product and service solutions)软件对正交试验结果进行主体间效应检验，得出采高、层间距等固定因子的显著性水平，并在显著性水平 $\alpha=0.975$ 下进行检验，以判定各个自变量对因变量的影响是否达到显著性水平差异的标准，检验结果见表 4-5。

表 4-5　主体间效应检验表

固定因子	Ⅲ类平方和	自由度	均方	F	显著性	检验水平	敏感性
修正模型	17 627.654	16	1 101.728	4.990	0.013		
截 距	67 933.874	1	67 933.874	307.720	0.000		
工作面面长	1 207.675	4	301.919	1.368	0.326	0.500	较弱
采 高	3 817.436	4	954.359	4.323	0.037	0.500	很强
层间距	10 888.858	4	2 722.215	12.331	0.002	0.500	极强
层间岩性	1 436.354	4	359.089	1.627	0.258	0.500	强
误 差	1 766.123	8	220.765				
总 计	87 555.498	25					
修正后总计	19 393.776	24					

$R^2=0.909$(调整后 $R^2=0.727$),使用 $\alpha=0.975$ 进行计算

由表 4-5 可以看出,采高、层间距等固定因子显著性水平均小于 0.975,即采高、工作面长度、层间距、层间岩性对卸压效果的影响是显著的。其中,层间距离对卸压效果影响高度显著,采高对卸压效果影响显著,层间岩性和工作面面长对卸压效果有一定影响。在该检验水平下以层间距显著性水平为基准归一化处理,层间距影响效应分别为采高、层间岩性、工作面长度的 18.5、129、163 倍。因此,可得出各个地质采矿因素对保护层卸压效果的影响权重顺序为:层间距>采高>层间岩性>工作面面长。

第五节　本章小结

本章通过 FLAC^{3D}数值计算分析了采高、工作面面长、层间距离、层间岩性、区段煤柱等因素对保护层卸压效果的影响,研究了各个因素对保护层开采卸压效果的影响权重。主要得到以下结论:

(1) 根据理论公式计算得到葫芦素煤矿冲击地压发生临界深度为 656.4 m,冲击地压发生临界深度的垂直于煤层层理方向的应力为 16.44 MPa。建立保护层卸压效果应力评价指标,引入采动应力卸压系数 C',即保护层采动卸压后被保护应力与临界应力的比值,以采动应力卸压系数 $C'=0.5$ 作为保护层充分卸压指标。

(2) 运用单因素分析法对保护层卸压效果的地质采矿因素进行数值计算分析,保护层开采,随着采高的增加,底板临界卸压最大深度增大,但采高大于 6 m 后增加幅度逐渐减弱;随着层间距的增大,临界卸压最大深度先增大后减小而后基本稳定不变,层间距 20～30 m 范围为拐点位置;随着工作面面长、岩性强度的增大,临界卸压最大深度减小。

(3) 保护层层间距、岩性强度、工作面面长增大,被保护层卸压程度降低;保护层采高增大,被保护层卸压程度升高;保护层工作面区段煤柱越大,被保护层的卸压范围和卸压深度受影响越大。

(4) 根据多因素正交试验原理建立了 25 组数值模拟计算方案,利用 SPSS 软件对正交试验结果进行主体间效应检验。结果表明,采高、工作面长度、层间距、层间岩性对卸压效果

产生不同程度的影响，其中，层间距离对卸压效果影响高度显著，采高对卸压效果影响显著，层间岩性和工作面面长对卸压效果有一定影响。在该检验水平下以层间距显著性水平为基准归一化处理，层间距影响效应分别为采高、层间岩性、工作面长度的 18.5、129、163 倍。因此，可得出各个地质采矿因素对保护层卸压效果的影响权重顺序为：层间距离＞采高＞层间岩性＞工作面面长。

第五章　保护层开采下伏煤岩变形规律物理模型试验研究

近距离煤层群上保护层开采后，由于上覆岩层的空间结构和应力状态发生改变，使下伏煤岩中产生不同的应力-应变场，进而对下伏煤岩产生不同的变形破坏。在这过程中也伴随着应力状态的一系列变化，从而在下伏煤岩中形成采动卸压区域，其演化及分布规律与保护层开采卸压效果密切相关。为了进一步研究保护层开采过程中下伏煤岩变形破坏及采动应力演化规律，本章通过实验室相似材料模拟试验和数值模拟试验对近距离煤层群采动下伏煤岩的应力场、应变场及位移场时空演化规律进行系统研究，分析保护层采动过程中下伏煤岩的变形破坏特征以及应力分布变化规律，分析被保护层应力、应变、位移的演化规律及分布特征，探究被保护层的卸压效果和卸压机理，确定上保护层开采的卸压深度、卸压范围以及卸压角度等参数，为近距离煤层群保护层卸压开采最佳设计方案提供试验依据。

第一节　物理相似材料模型设计

目前用于采矿工程中的相似模拟试验有平面应力和平面应变两种模型。本书主要研究采场下伏煤岩的移动变形特征，采场下伏煤岩的底鼓、移动、变形是在采动矿压影响下，采场内各种地应力综合作用的结果，在进行模型试验时必须考虑模拟岩层前、后两侧的受力情况，平面应力模型无法满足要求，因此必须选择平面应变模型进行采场下伏煤岩的相似材料模拟试验。平面应变模型的 6 个面全部受到约束，能更真实地反映采场下伏煤岩的移动变形和受力情况。受试验条件限制，本次试验需在二维平面应力模型基础上进行改装完成。首先在平面应力模型前、后面加装 20 mm 厚度的有机玻璃板（有机玻璃板在煤层位置预留方形开口槽，便于后期煤层开采），用螺丝拧紧固定；再用 14# 槽钢对有机玻璃板进行纵向和横向加筋固定约束；然后在模型顶部放置铁砖，一方面起加载作用，另一方面起到顶部固定约束作用。这样普通的二维平面应力模型就变成平面应变模型。

一、模型的建立

试验以葫芦素煤矿 21104 综采工作面为研究对象，主要可采煤层为 2^{-1}煤，平均倾角为 0°～3°，平均埋深约 635 m，平均厚度为 2.63 m，属中厚煤层，煤层结构简单，起伏较小。顶、底板岩性主要为砂质泥岩、粉砂岩、中粒砂岩及细粒砂岩为主，整体上砂质泥岩单层厚度较厚，砂岩单层厚度较薄。开采方式为走向长壁综放开采，采用全部垮落法管理顶板。以上述综采工作面采矿地质条件为原型，根据试验原型地质条件及试验目的，搭建长×宽×高为 3 000 mm×200 mm×1 350 mm 的平面应力模型。根据相似理论，模型试验必须在几何、运动学和动力学上与原型系统相似，因此确定几何相似比、重力密度相似比等相似参数如表 5-1 所列。

表 5-1 模型相似常数

相似名称	参数	相似名称	参数
几何相似比	1∶150	重力密度相似比	1∶1.56
位移相似比	1∶150	时间相似比	1∶12.25
应力相似比	1∶234	速度相似比	1∶12.25
应变相似比	1∶234	弹性模量相似比	1∶234
强度相似比	1∶234	重力加速度相似比	1∶1

本次试验各岩(煤)层采用河砂、粉煤灰、黏土为骨料，石膏、大白粉(碳酸钙)为胶结材料，云母粉为分层材料，水为拌和物。根据原型的岩层物理力学参数，选取合适的配比号，然后按照确定的地层顺序和配比将各种相似材料搅拌均匀、铺装平整、夯实，自下而上逐层铺装模型，如图 5-1 所示。模型铺装主要流程为：(a) 相似材料配比称重；(b) 相似材料按比例搅拌均匀；(c) 分层填装与压实(层间均匀铺撒云母粉)；(d) 光纤预拉与埋设；(e) 模板固定。

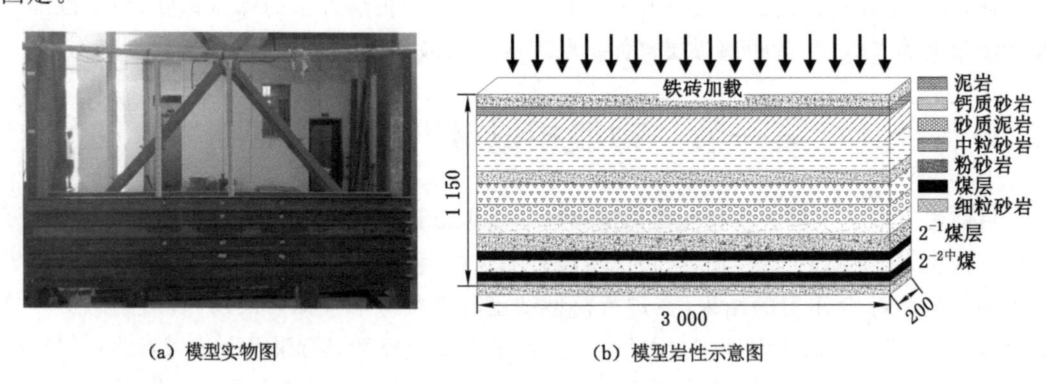

(a) 模型实物图 (b) 模型岩性示意图

图 5-1 模型铺装示意图

因模型高度受限，采矿模型 2.83 m 上覆岩层没有铺装，需通过加载来实现。本试验采用铁砖加载方式，因几何相似比为 150，模型顶部需加载铁砖质量为 2 717 kg，单块铁砖质量为 5 kg，因此模型顶部需加载约 543 块铁砖。

二、试验主要监测手段

试验监测系统分为 6 种，分别为 BOTDA 分布式光纤应变监测系统、光纤光栅应变监测系统、全站仪测点位移监测系统、底板压力传感器监测系统、三维数字散斑应变测量分析系统及钻孔窥视裂隙监测系统。形成对模型表面和内部位移、应变、应力多方位多场监测，具体布设参数如图 5-2 所示。

(一) BOTDA 分布式光纤应变监测系统

根据模型试验岩层变形监测需求，模型中铺设直径为 2 mm 的聚氨酯紧套传感光纤，其弹性模量为 0.35 GPa，最大拉断力为 200 N，与相似材料耦合性好，应变传递性能高；传感光纤沿模型垂直方向布设 4 根，分别为 V1、V2、V3、V4；沿模型水平方向布设 3 根，分别为

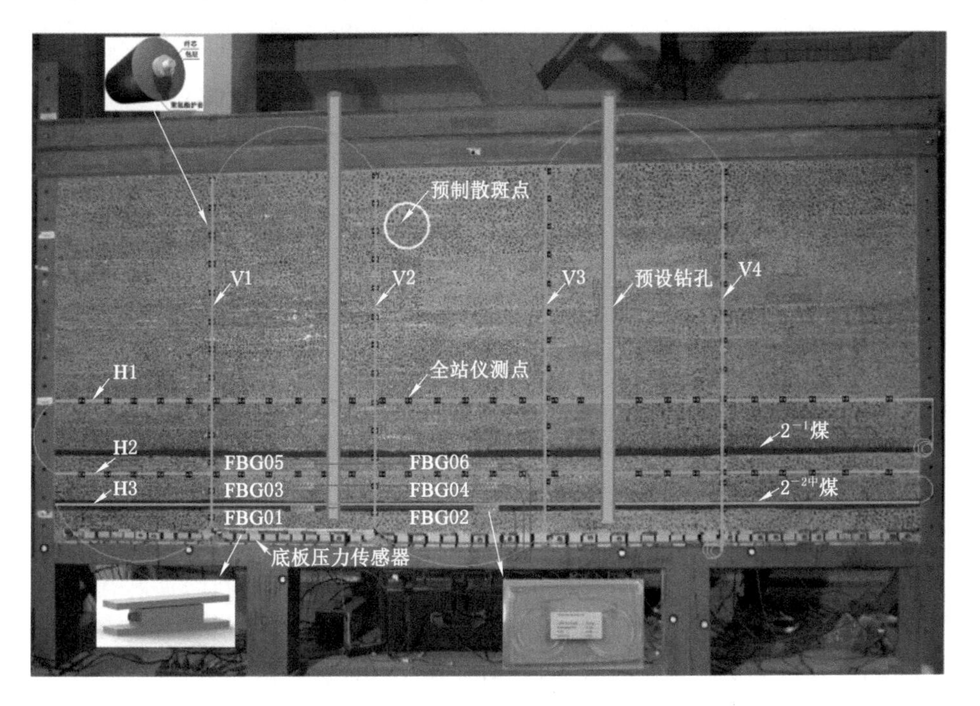

图 5-2　模型试验监测系统

H1、H2、H3，均采用预埋方式布设。传感光纤感知信号选用日本 Neubrex 公司 NBX-6055 光纳仪采集，基本设置为采样间隔 1 cm，空间分辨率 5 cm，扫频范围 10.65～10.95 GHz，平均化次数 2^{13}，脉冲宽度 1 ns。

（二）光纤光栅应变监测系统

模型中共布设了 6 个光纤 Bragg 光栅传感器，在垂直方向分三组设于 2^{-1}煤底板煤岩体中，每组 2 个，设定编号为 FBG01～FBG06，且均竖直埋设，植入方式采用预埋式。光纤 Bragg 光栅传感器同一层位 2 个串联起来，熔接跳线后接入美国 MOI 公司 Si155 光纤光栅传感解调仪。

（三）底板压力传感器监测系统

将已标定的 CL-YB-114 型压力传感器预埋在 $2^{-2中}$煤层底板中，沿模型水平布设，共布设 120 个传感器，编号分别为 1# ～120#，利用数据采集仪实时监测开采过程中工作面前后支承压力变化规律。在压力传感器上方铺设了约 20 mm 厚的相似材料，以避免煤层开挖过程中对压力传感器产生干扰，影响采集数据的准确性。试验选用汉中精测电器有限责任公司 AD-64/mV 的 32 路数据采集仪。

（四）三维数字散斑应变测量分析系统

本次试验利用数字散斑技术对模型表面位移场和应变场进行监测。首先在模型表面进行散斑预制，为了减小人工散斑对相似模型试验材料物性的影响并确保散斑图案与被测物体表面变形一致，采用毛笔和墨水在模型表面绘制圆形散斑。散斑大小相对均匀，直径在 3 mm 左右，模型表面散斑点位置随机，散斑密度约为 40%。试验选用德国道姆公司 ARAMIS 3D PL Adj 6 M 三维数字散斑应变测量分析系统，主要包括佳能 EOS700D 相机（图像分辨率为 1 800 万像素)、2 组白光 LED 光源、1 台计算机及 1 套 2D-DIC 分析软件。

（五）全站仪测点位移监测系统

在模型上共布置了 6 条全站仪观测线。其中，两条水平测线分别对应于光纤 H1 和 H2 的位置，分别命名为 Q1 和 Q2。与垂直光纤 V1，V2，V3 和 V4 对应的位置布置了 4 条测线，分别命名为 Q3，Q4，Q5，Q6。每条水平观测线上有 30 个观察点(顺序编号为 1～30)，每条纵向观测线上有 13 个观察点(顺序编号为 31～43)，两个检测点之间的距离均为 100 mm。试验选用日本宾得 Pentax R-322NX 光学全站仪。

（六）钻孔窥视裂隙监测系统

模型沿水平方向布设 2 个窥视钻孔，间距 800 mm，从左至右编号依次为 1#、2# 钻孔。模型铺设时预埋 2 根直径 30 mm 的 PVC 管，待模型干燥后将 PVC 管拔出，形成窥视钻孔。试验选用武汉长盛煤安科技有限公司生产的 CXK12(A)矿用本安型钻孔成像仪进行数据采集。

三、模型开挖及数据采集

模拟煤层走向长度为 3 000 mm，模型两侧各留 300 mm 边界煤柱，煤层总推进长度为 2 400 mm，开采步距为 30 mm/刀，每天开挖 20 刀，开采进度为 600 mm/d，历时 4 d 采完。每完成 30 mm/刀的一次采煤循环，首先记录模型开采时间、距离等信息；再进行光纤传感器、光纤光栅传感器、底板压力传感器、散斑成像、钻孔窥视及全站仪测点的监测数据采集；待数据采集完成后方可进入下一次采煤循环，直至 2 400 mm 全部开采结束。整个模型试验详细观察和记录了采动顶底板岩层移动变形的全部过程。

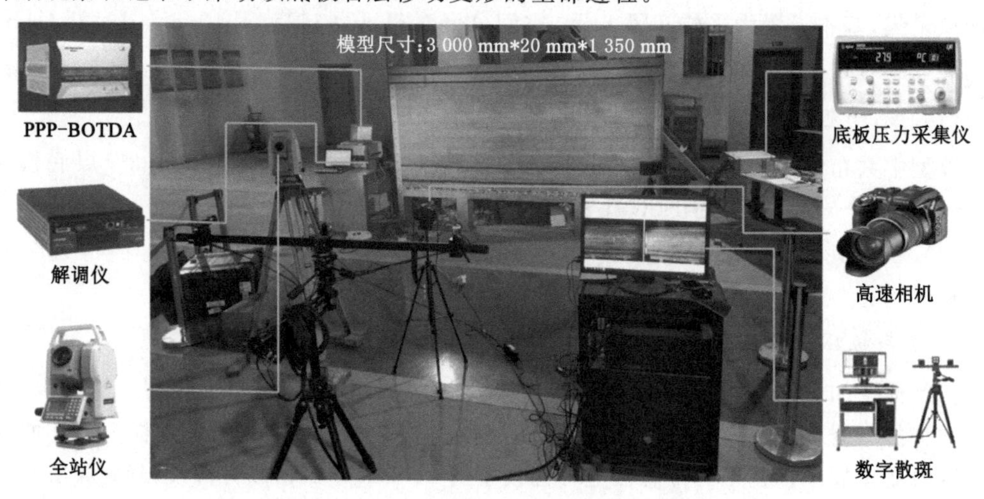

图 5-3　模型试验监测系统

第二节　保护层开采采场围岩运移特征

物理模型左侧预留边界煤柱 300 mm，开切眼宽度 60 mm，保护层 2^{-1}煤自左侧开始推进。当推进至 540 mm 时，基本顶发生初次破断，发生初次来压，垮落高度 115 mm，基本顶上方出现 21 mm 离层，垮落带上层断裂岩块与前方悬臂梁结构形成铰接，此时采空区下方岩层处于卸压状态，采空区下部位移量最大，如图 5-4 所示。当工作面继续推进至 630 mm，基本顶再次破断，工作面第一次周期来压，垮落带高度为 135 mm，垮落范围增大，基本顶上方的离层高度减小，采空区后方位移量较前方位移量大，表明后方采空区矸石逐渐压实，如图 5-5 所示。

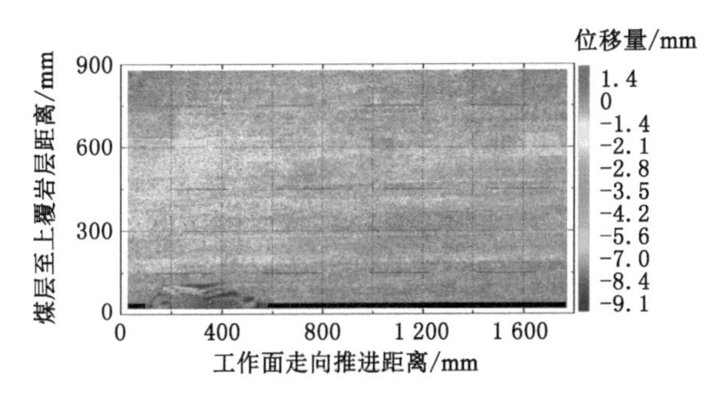

图 5-4　工作面推进至 540 mm

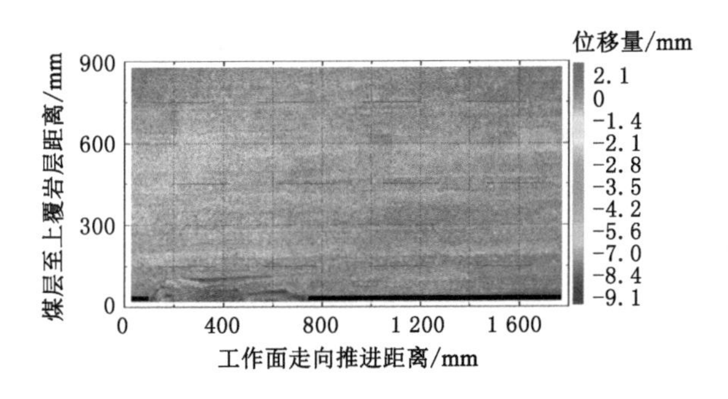

图 5-5　工作面推进至 630 mm

当工作面推进至 720 mm 时，直接顶第二次周期性垮落，垮落带高度达到 150 mm，采空区基本被完全充填，离层高度进一步减小，工作面边界煤柱左侧采空区底板出现膨胀变形，即微小底鼓发生；由于上覆岩层形成砌体梁结构，采空区下部处于卸压状态，如图 5-6 所示。当工作面推进至 840 mm 时，采空区上覆岩层垮落带高度仍为 150 mm，裂隙带高度突增至 430 mm，裂隙带发育明显，采空区上方再次出现较大离层，此时可定义为工作面出现一次强烈的大周期来压，采空区内上覆岩层变形破裂，与采空区下方垮落岩层形成变形分界，如图 5-7 所示。

当工作面推进至 1 160 mm 时，裂隙带高度增加至 510 mm，裂隙带高度进一步发育，采空区离层高度和长度均减小，此时采空区中部明显出现两个较大下沉位移量的区域，表明这两个区域矸石压实较充分，采空区两边界处的下沉位移量明显小于采空区中心区域，随着继续开采，采空区逐渐压实，采空区内的应力场逐渐开始恢复，如图 5-8 所示。当工作面推进至 1 350 mm 时，采空区上方多层岩层同时破断，裂隙带高度突增至 620 mm，工作面出现第二次大周期来压，如图 5-9 所示。

当工作推进至 1 640 mm 时，裂隙带高度不变，离层裂隙也基本闭合，采空区顶板下沉位移也达到最大值 13 mm，如图 5-10 所示。当工作面推进至 1 770 mm 时，采空区垮落带和裂隙带走向空间范围继续增大，发育高度不变，工作面发生第三次大周期来压，如图 5-11 所示。

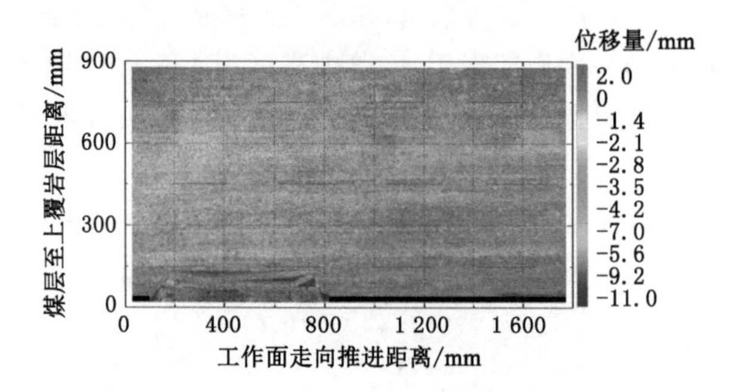

图 5-6　工作面推进至 720 mm

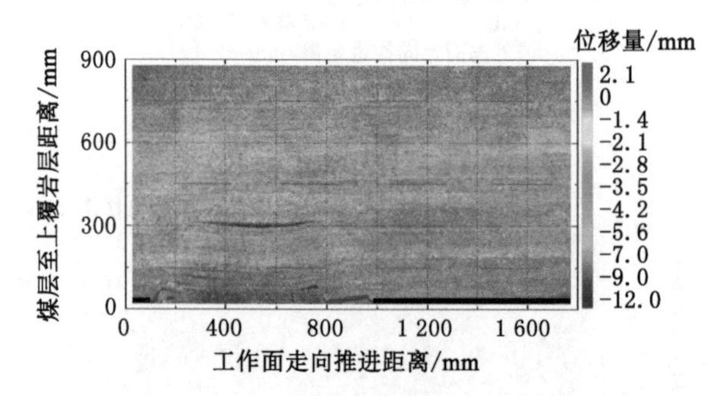

图 5-7　工作面推进至 840 mm

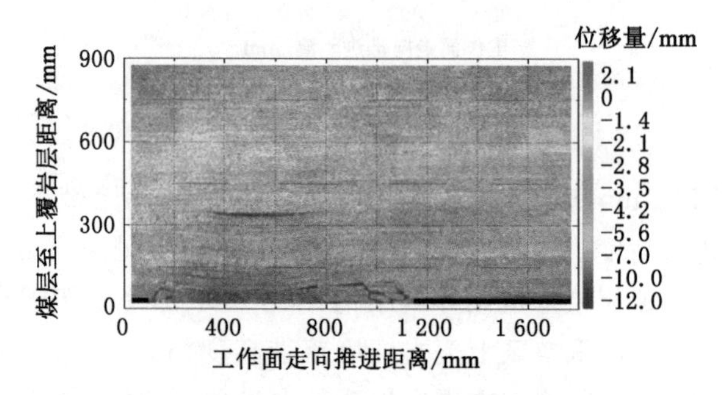

图 5-8　工作面推进至 1 160 mm

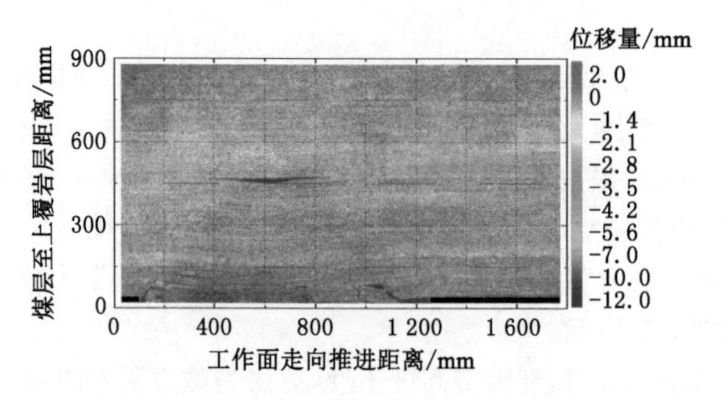

图 5-9　工作面推进至 1 350 mm

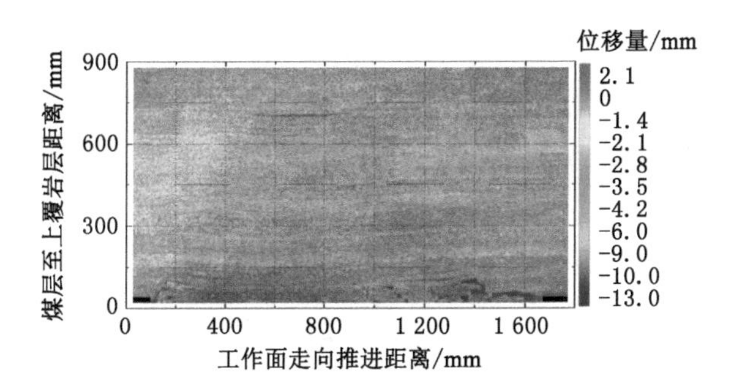

图 5-10　工作面推进至 1 640 mm

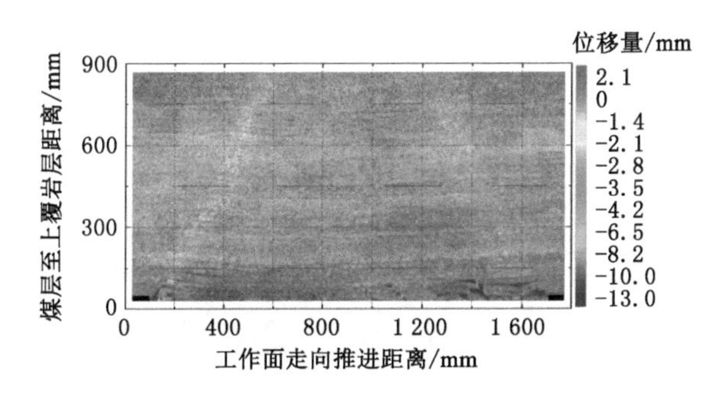

图 5-11　工作面推进至 1 770 mm

保护层 2^{-1} 煤回采完毕，覆岩垮落带发育高度最大值为 150 mm，按照模型几何比例(1∶150)换算，实际垮落带高度为 22.5 m。覆岩导水裂隙带发育高度至 620 mm，即实际裂隙带高度为 93.0 m。覆岩“上三带”形成了松散破碎结构层，该结构层对震动能量具有衰减作用，可充分吸收、消耗顶板动载释放的能量，对降低冲击危险性也有很好的效果。工作面共出现了 15 次来压，其中，大周期来压 3 次，分别发生在开采距离为 840 mm、1 350 mm 和 1 770 mm 位置。工作面的每一次来压都意味着一次覆岩中弹性能量的释放过程，也将改变围岩中应力分布状态；保护层 2^{-1} 煤开采覆岩在高位岩层形成大结构，支撑到地表以上的岩层，采空区内的岩体处于应力降低状态，同理，采空区下部底板岩体和被保护层 $2^{-2中}$ 煤也处于卸压状态；采动过程中上覆岩层大面积垮落，导致上覆岩层结构的整体性遭到破坏，被保护层 $2^{-2中}$ 煤在回采过程中，由于覆岩处于不连续状态，上覆岩层悬顶破断距离会减小，即采动释放的动载能量大大减弱，也在一定程度上削弱矿井动力灾害事故发生的可能性。

为了分析保护层 2^{-1} 煤开采后下伏煤岩及被保护层 $2^{-2中}$ 煤的移动变形情况，利用散斑软件专门对 2^{-1} 煤下伏煤岩进行分析，由于采空区底板较破碎，只能对底板局部区域进行数据处理，得到了不同推进距离下的 2^{-1} 煤下伏煤岩位移变化情况，如图 5-12 所示。通过位移云图对比分析，采空区下部的被保护层区域明显向上鼓起，当工作面推进至 480 mm 时，采空区内下伏煤岩膨胀变形向上移动的最大位移值为 1.8 mm，工作面前方下伏煤岩压缩变形向下移动的最大位移值为 −0.5 mm；当工作面推进至 1 770 mm 时，下伏煤岩向上移动最大位移值为 4.0 mm，向下移动最大位移值为 −1.0 mm。随着工作面不断向前推进，下伏煤岩的膨胀向上的位移值先不断增大，而后稳定，再缓慢减小。底板位移变化过程为初期增长平缓，中期迅速增长，后期趋于稳定 3 个阶段。

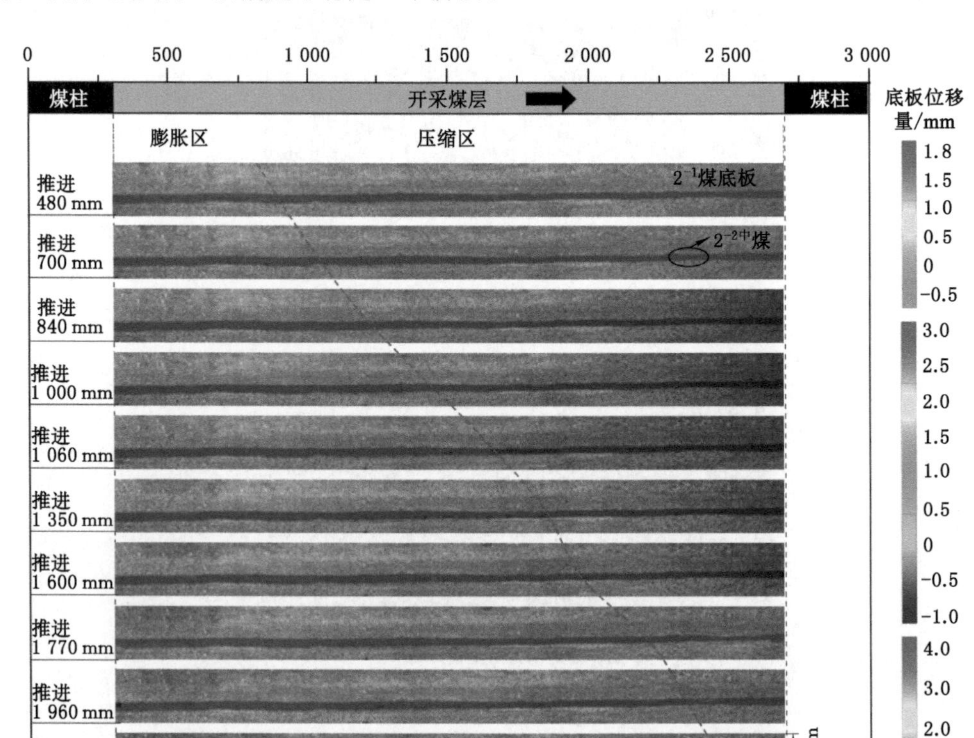

图 5-12　工作面采动底板位移云图

为了定量化描述工作面开采过程中被保护层 $2^{-2中}$煤的位移量变化情况，建立不同推进距离被保护层 $2^{-2中}$煤的最大位移变化量，如图 5-13 所示。随着工作面推进距离的不断增大，被保护层 $2^{-2中}$煤的垂直位移变化量不断增大，推进距离在 0～1 770 mm 时，位移变化量持续增大，最大达到 4.0 mm；推进距离在 1 800～2 600 mm 时，位移量基本保持不变，表明保护层开采达到一定范围后，被保护层的膨胀变形就达到极限量，工作面范围继续增大，仅仅被保护层膨胀变形范围增大，而膨胀变形最大值不发生变化。

随着工作面推进，采空区内下伏煤岩卸压，发生膨胀变形；工作面前方煤壁下伏煤岩受采场超前支承压力的作用，发生压缩变形；在整个开采过程中，下伏煤岩先经历工作面超前支承压力的压缩变形作用，再受采动后采空区卸压的膨胀变形作用，最后受到采空区垮落矸石的压缩变形作用，这是一个压缩—膨胀—压缩的动态过程。保护层 2^{-1}煤和被保护层 $2^{-2中}$煤的层间岩体在这个过程中完整性被保护，尤其是层间砂岩的完整性被保护，会释放大量的弹性能；由于保护层和被保护层层间岩体中存在裂隙，在被保护层开采时，在裂隙处形成拉应力而发生断裂破坏，这也降低了因顶板动载而可能诱发冲击地压的危险性；被保护煤层的裂隙发育明显，裂隙发育的过程也是被保护层 $2^{-2中}$煤积聚弹性能量释放的过程，可减弱冲击危险的发生。

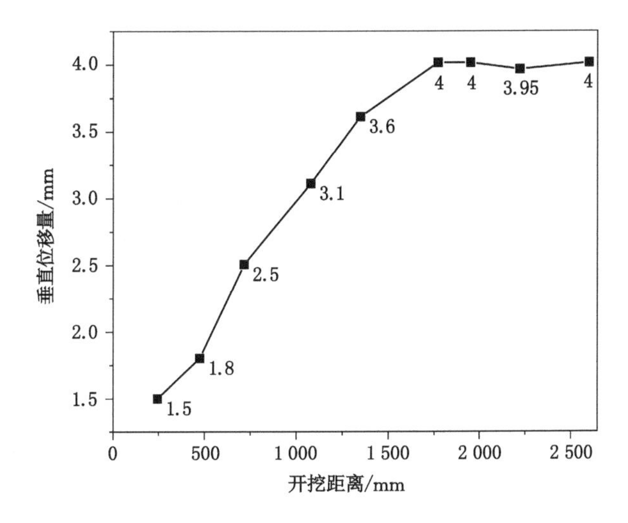

图 5-13　不同推进距离被保护层的底板最大位移变化量

第三节　保护层开采 $2^{-2中}$煤应力-应变场变化规律

一、$2^{-2中}$煤采动应力演化规律

物理模型 $2^{-2中}$煤底板共布设了 60 个压力传感器，用于采集保护层 2^{-1}煤开采过程中 $2^{-2中}$煤相对应力变化情况，即监测系统测得某时刻压力盒的应力变化。模型开挖前先采集原岩应力，默认单位为千克，数据处理需将单位转化为应力值。压力传感器的尺寸长×宽×高为 0.1 m×0.035 m×0.04 m，顶部表面积为 0.003 5 m^2，应力相似常数为 312，将所得模型应力值转化为原型应力值。工作面沿走向推进不同距离下 $2^{-2中}$煤应力分布规律如图 5-14 所示。从图中可知，随着工作面推进，采空区下方 $2^{-2中}$煤应力逐渐释放，应力值不断降低；采空区两侧煤柱下方 $2^{-2中}$煤出现应力集中现象，应力不断升高。当工作面推进至 180 mm 时，$2^{-2中}$煤在采空区下方应力明显降低，但在采空区两侧应力微弱升高；当工作面推进至 480 mm 时，采空区下方的 $2^{-2中}$煤应力快速减小到 2.31 MPa，采空区两侧的 $2^{-2中}$煤应力升高到 19.28 MPa，应力集中系数为 1.26；当工作面推进至 720 mm 时，采空区下方 $2^{-2中}$煤应力开始回升，此时应力值为 7.51 MPa，表明随着采空区垮落矸石堆积，采空区底板应力开始恢复；当工作面继续推进至 2 520 mm 时，采空区下方 $2^{-2中}$煤应力明显恢复，应力恢复区最大值为 11.18 MPa，表明伴随着覆岩垮落带发育，采空区矸石垮落逐渐被压实；采空区两侧煤柱下方 $2^{-2中}$煤应力升高，分别为 23.81 MPa 和 22.23 MPa。随着工作面不断推进，采空区下方 $2^{-2中}$煤应力降低区范围不断增大，采空区两侧煤柱下方 $2^{-2中}$煤应力基本保持不变，但随着工作面推进右侧应力峰值不断前移。

保护层工作面回采期间，被保护层垂直应力曲线整体呈“U”形，口宽底窄，开口位置出现应力集中，应力集中系数可达 1.56，底部位置出现应力降低，围绕一定值波动，其最大可以达到 2.31 MPa。被保护层煤层的垂直应力经历了“采前应力升高、采后应力降低和应力逐渐恢复”3 个阶段，最终被保护层稳定在较初始应力值低的应力状态，被保护层开采卸压效果整体较好；实体煤下方的垂直应力一直处于高应力区，随着工作面推进工作面前方高应

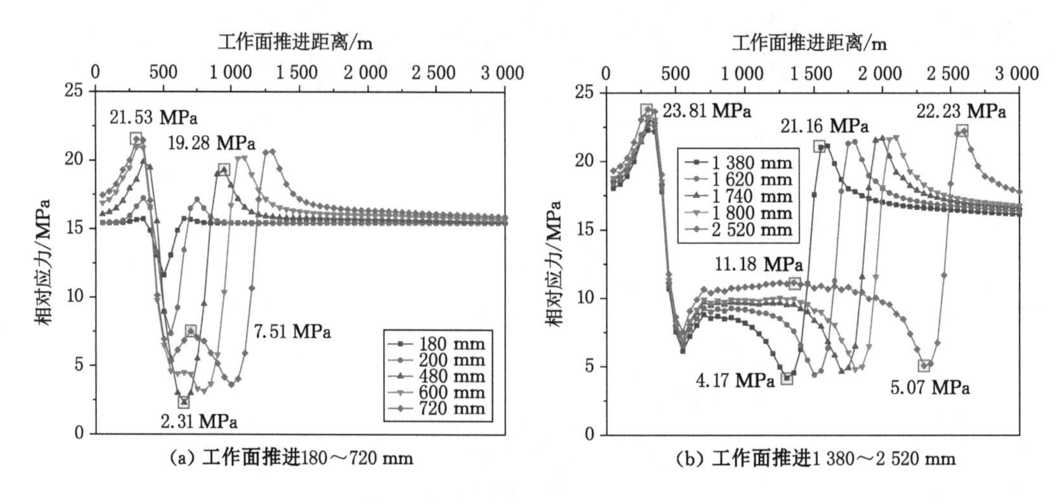

图 5-14　$2^{-2中}$煤采动应力变化规律

力区不断前移，回采结束后，工作面边界煤柱位置一直处于高应力区，具有较高的冲击危险性，被保护层工作面布置时，应合理错位布置。

二、$2^{-2中}$煤采动应变演化规律

基于布里渊散射(BOTDA)的分布式光纤传感技术可以实现光纤沿线应变的分布连续监测，与传统点式测量方式相比，具有较大的优势。

模型试验中利用 BOTDA 采集了保护层 2^{-1}煤采动过程中 $2^{-2中}$煤的分布式光纤 H3 传感监测数据，采用小波阈值法对布里渊散射谱进行二维去噪处理，并对去噪参量进行了最优化设置，获取了 $2^{-2中}$煤采动应变变化情况，如图 5-15 所示。由图 5-15(a)可知，当工作面推进至 210 mm 时，由于采动范围较小，采动区上覆顶板悬而未垮，采空区下伏煤岩完全处于卸压状态，$2^{-2中}$煤预埋的光纤受到膨胀变形，光纤受拉伸作用，光纤应变曲线呈单峰状，位于采空区中部的光纤数值最大，最大数值为 374 $\mu\varepsilon$；随着工作面不断推进，采空区悬顶范围不断扩大，光纤受拉范围不断增大，光纤最大峰值也逐渐增高。当工作面推进至 630 mm 时，光纤受拉范围和峰值都达到了最大值，光纤最大拉应变为 1 390 $\mu\varepsilon$。由图 5-15(b)可知，当工作面推进至 1 350 mm 时，光纤应变曲线呈双峰状，采空区两侧为应变波峰，采空区中部为应变波谷，应变波峰峰值为 1 548 $\mu\varepsilon$，波谷峰值为 664 $\mu\varepsilon$；当工作面推进至 1 770 mm 时，应变影响范围增大，应变波峰峰值为 1 685 $\mu\varepsilon$，波谷峰值为 652 $\mu\varepsilon$。随着工作面继续推进，应变曲线形状和波峰峰值基本稳定不变，但应变曲线的右波峰一直沿工作面推进方向前移，应变曲线波谷峰值不断减小，拉应变影响范围不断扩大。该现象表明采空区两侧一直是最大卸压区域，采空区中部卸压程度比两侧较弱，随着工作面不断推进，采空区覆岩垮落高度不断增大，采空区逐渐被垮落矸石压实，采空区中部的卸压程度会慢慢减弱。

三、保护层开采保护范围的确定

保护层 2^{-1}煤开采结束后，被保护层 $2^{-2中}$煤保护范围及卸压参数如图 5-16 所示。根据 $2^{-2中}$煤应力分布状态，$2^{-2中}$煤应力降低区距离采空区两侧边界煤柱的水平距离分别为 63 mm 和 60 mm，将 2^{-1}煤开采边界与 $2^{-2中}$煤应力降低区边界之间连线，连线与 2^{-1}煤走向方向之间的夹角即为卸压角；2^{-1}煤和 $2^{-2中}$煤的层间距为 235 mm，所以保护层开采的卸压

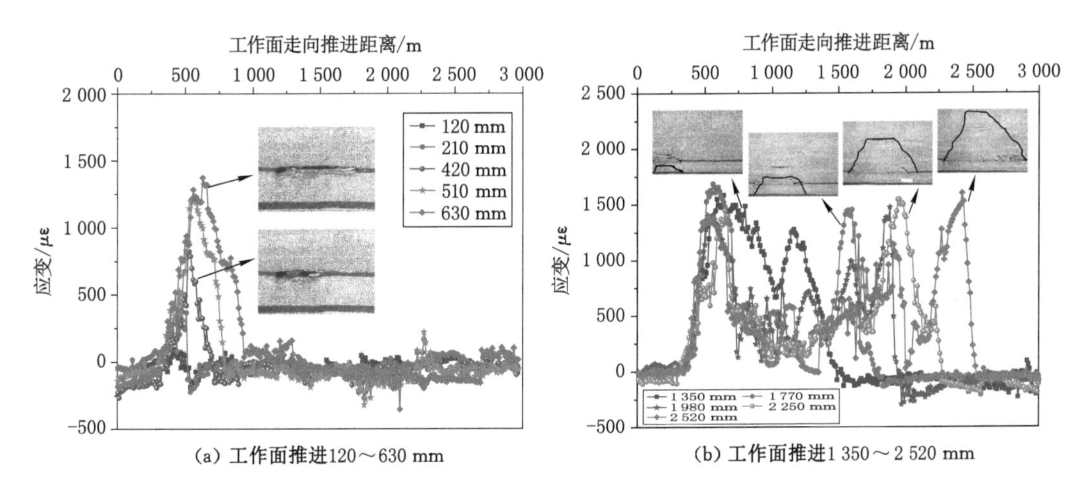

(a) 工作面推进120～630 mm　　(b) 工作面推进1 350～2 520 mm

图 5-15　被保护层 $2^{-2中}$ 煤采动应变变化情况

角度分别 71°和 72°，卸压范围 2 277 mm，卸压区域占开采范围的 87.6%。随着采空区矸石垮落压实作用，采空区中部 $2^{-2中}$ 煤应力开始恢复，模型试验中未能监测到恢复至原岩应力，但应力恢复已非常明显，表明采空区中部应力恢复最显著，以应力恢复到冲击地压临界深度应力的 50%以上作为参照标准，则应力恢复区范围为 987 mm。

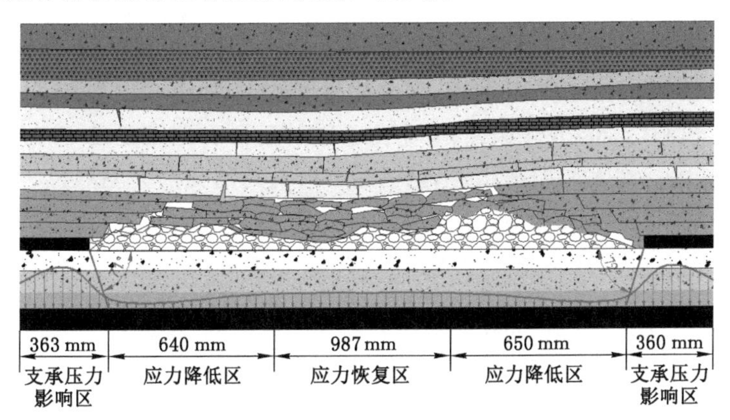

图 5-16　保护层开采保护范围示意图

第四节　被保护层 $2^{-2中}$ 煤开采卸压效果分析

一、被保护层开采采场围岩运移特征

2^{-1} 煤开采结束后，待覆岩垮落稳定，开始准备开采下方 $2^{-2中}$ 煤，边界煤柱留设 300 mm，开切眼宽度 60 mm，与 2^{-1} 煤同方向开始推进开采。$2^{-2中}$ 煤开采时，其顶板主要为 235 mm 厚 2^{-1} 煤底板和 2^{-1} 煤采空区垮落矸石区域，以及上覆结构未失稳岩层，如图 5-17 所示。当工作面推进至 300 mm 时，基本顶发生初次破断，相比 2^{-1} 煤的初次破断距 540 mm 较小，表明 2^{-1} 煤开采对底板岩层结构产生了一定程度的破坏；当工作面推进至 630 mm 时，基本顶再次破断，$2^{-2中}$ 煤采空区与 2^{-1} 煤采空区贯通，垮落带高度急增，工作面

覆岩运动剧烈，工作面出现第一次大周期来压，来压较为强烈，且覆岩上方出现较大离层，如图 5-18 所示。

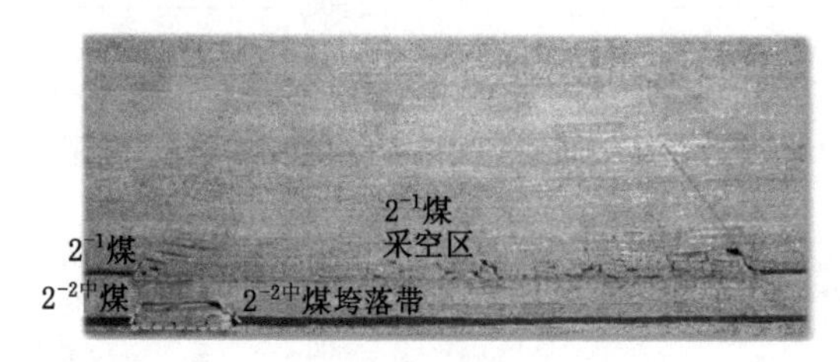

图 5-17　工作面推进至 300 mm

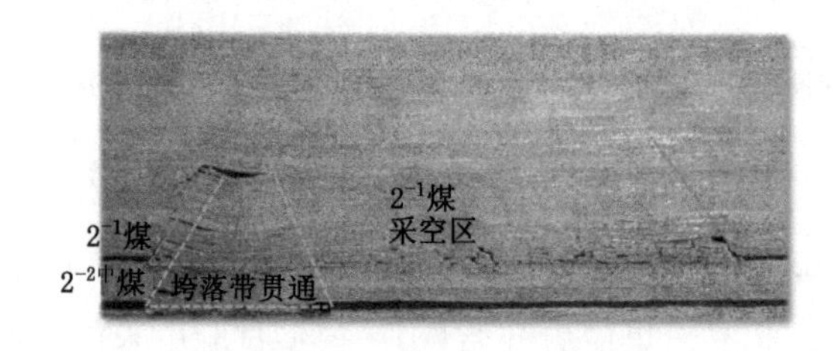

图 5-18　工作面推进至 630 mm

当工作面继续推进至 990 mm 时，$2^{-2中}$煤采空区范围和垮落带高度继续增大，垮落带高度发育至最大值约 520 mm，大离层基本闭合，此时为工作面出现的第二次大周期来压，此时垮落带高度比 2^{-1}煤第二次来压时大，但来压强度较小，如图 5-19 所示。当工作面推进至 1 410 mm 时，上覆高位岩层发生破断，采空区已被垮落矸石压实充满，离层也基本闭合，此时为 $2^{-2中}$煤开采第三次大周期来压，采空区后方矸石垮落比前方剧烈，$2^{-2中}$煤开采覆岩断裂角也比 2^{-1}煤大，如图 5-20 所示。

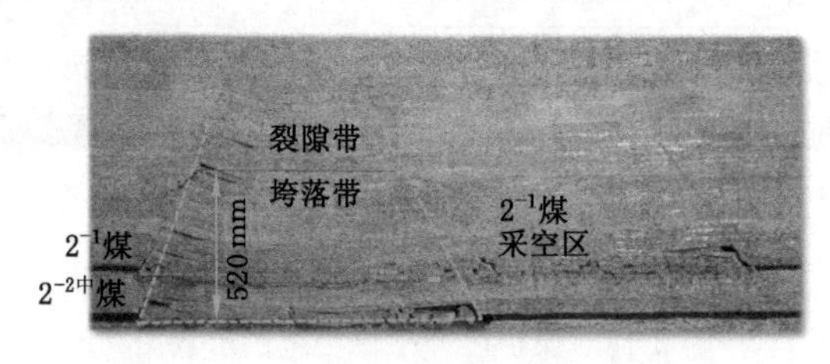

图 5-19　工作面推进至 990 mm

图 5-20　工作面推进至 1 410 mm

当工作面继续推进至 2 190 mm 时，$2^{-2中}$煤开采诱发 2^{-1}煤断裂角增大，即在 2^{-1}煤原断裂角右侧新增一条新的断裂线，表明 $2^{-2中}$煤开采对 2^{-1}煤采空区产生超前影响，如图 5-21

所示。$2^{-2\text{中}}$煤开采结束覆岩运移变化如图 5-22 所示，$2^{-2\text{中}}$煤的采空区垮落带范围完全包含了 2^{-1}煤采空区范围，$2^{-2\text{中}}$煤的断裂角也比 2^{-1}煤的大，$2^{-2\text{中}}$煤的垮落带与 2^{-1}煤的相比发育高度偏低，这是 $2^{-2\text{中}}$煤破碎的顶煤岩层产生的影响。$2^{-2\text{中}}$煤在整个开采过程中共出现来压 18 次，其中，大周期来压 3 次。

图 5-21　工作面推进至 2 190 mm

图 5-22　工作面推进至 2 400 mm

二、保护层和被保护层采动变形特征对比分析

(一) 基于 BOTDA 监测的覆岩变形运移对比

垂直光纤 V2 位于距离工作面开切眼前方 500 mm 位置，光纤长度为 1 300 mm，光纤监测分辨率 5 mm，图 5-23 为 2^{-1}煤和 $2^{-2\text{中}}$煤从开切眼推进至光纤埋设位置阶段的光纤监测覆岩运移应变分布。如图 5-23(a)所示，当 $2^{-2\text{中}}$煤工作面推进至 400 m 时，光纤 V2 在模型高度 0～300 mm 范围内应变为负值，最小压应力值为－403.5 με，表明工作面靠近光纤过程中，光纤受工作面前方超前支承压力作用，处于受压状态；当 2^{-1}煤工作面推进至 400 mm 时，光纤 V2 在模型高度 0～400 mm 范围内应变为负值，最小压应力值为－520.3 με；表明开采至同一位置时，$2^{-2\text{中}}$煤的光纤受压范围和压应力值比 2^{-1}煤的小。如图 5-23(b)所示，当工作面推进至 510 mm 时，工作面推过光纤 V2 位置，光纤由负值转变为正值，即光纤由压应力作用转变为拉应力作用；$2^{-2\text{中}}$煤开采时光纤监测的裂隙带高度为 400 mm，最大拉应力为 497.4 με，2^{-1}煤开采时光纤监测的裂隙带高度为 420 mm，最大拉应力为 866.4 με，同样 $2^{-2\text{中}}$煤开采对光纤的影响均比 2^{-1}煤开采对光纤的影响较小。

如图 5-23(c)、(d)所示，当推进至 840 mm 时，$2^{-2\text{中}}$煤和 2^{-1}煤的应变分布均呈单峰状，应力峰值分别为 1 685.4 με 和 2 040.8 με，$2^{-2\text{中}}$煤的应变曲线波峰影响范围比 2^{-1}煤的小；当推进至 1 350 mm 时，$2^{-2\text{中}}$煤和 2^{-1}煤的应变峰值均上移，表明随着开采覆岩运移不断向上扩展，应变峰值分别为 1 790.8 με 和 3 102.2 με；当工作面推进至 1 770 mm 时，光纤应变峰值位置不变，但峰值增大，表明覆岩高位关键岩层可能再一次发生破坏，破断岩块回转变形，造成光纤受拉应力突增，应力峰值分别为 2 778.3 με 和 5 656.3 με。

综合对比分析了 5 次 $2^{-2\text{中}}$煤和 2^{-1}煤开采相同距离和相同位置光纤监测的应变变形规

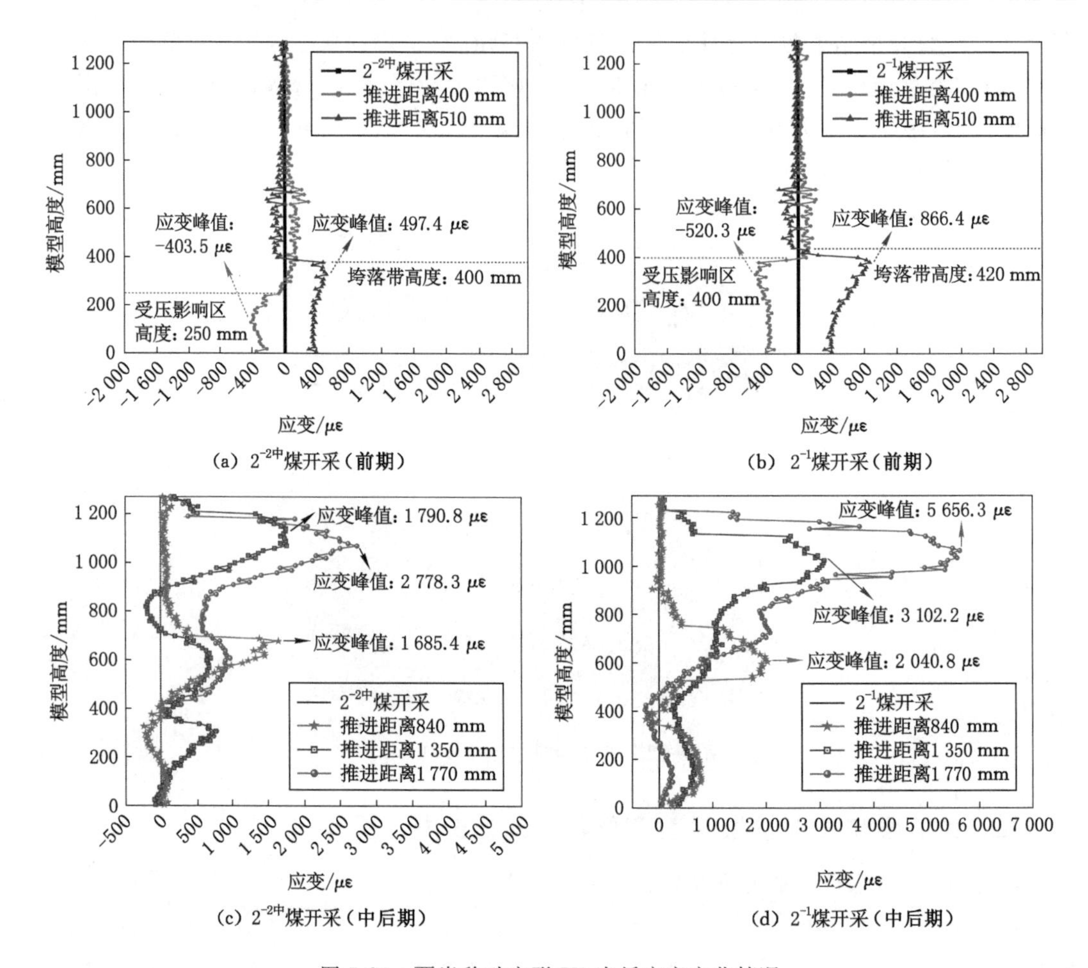

(a) $2^{-2中}$煤开采（前期）　(b) 2^{-1}煤开采（前期）

(c) $2^{-2中}$煤开采（中后期）　(d) 2^{-1}煤开采（中后期）

图 5-23　覆岩移动变形 V2 光纤应变变化情况

律，5 次对比分析揭示了 $2^{-2中}$煤开采时光纤监测覆岩移动变形程度比 2^{-1}煤开采时的低，表明 2^{-1}煤开采对 $2^{-2中}$煤具有一定的卸压作用。

（二）基于 BOTDA 监测的关键厚砂岩层变形对比

传感光纤 H1 位于模型上方关键厚砂岩层中，水平铺设，铺设长度为 3 000 mm，$2^{-2中}$煤和 2^{-1}煤采动过程中光纤监测关键厚砂岩层变形情况如图 5-24 所示。图 5-24(a)为 $2^{-2中}$煤开采过程中关键厚砂岩层的光纤监测应变变化情况，工作面沿走向推进一段距离后，由于传感光纤所在层位距离煤层较远，未受到采动影响，故开采前期光纤应变曲线未产生明显变化。当工作面推进至 420 mm 时，光纤监测到岩层应变值明显变化，此时应变曲线呈单峰状；当推进至 630 mm 时，光纤应变曲线由单峰状转变为双峰状，应变峰值达到最大，左侧应变峰值为 4 797.5 με，右侧应变峰值为 4 674.8 με，表明关键厚砂岩层发生破断，光纤受拉应力影响出现在两侧出现峰值。在工作面推进距离 840～2 400 mm 范围中，应变峰值整体变小，左侧峰值位置保持不变，大小基本在 3 927.1～3 973.5 με 范围内；右侧峰值位置会不断前移，峰值影响范围不断增大，峰值大小基本在 3 536.1～3 817.4 με 范围内。

图 5-24(b)为 2^{-1}煤开采过程中关键厚砂岩层的光纤监测应变变化情况。工作面从开切眼开始推进，应变曲线呈单峰状，应变峰值不断增大。当推进至 840 mm 时，应变峰值达

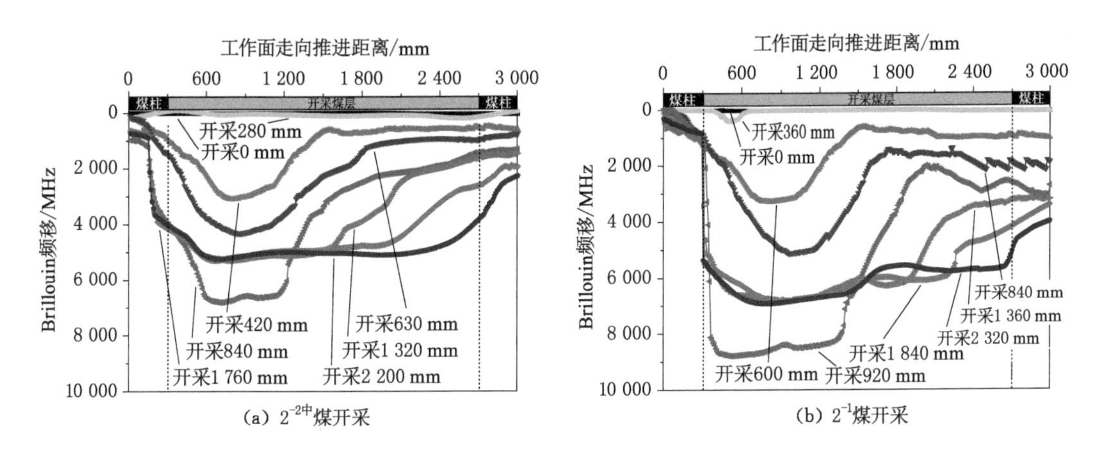

(a) $2^{-2中}$煤开采　　(b) 2^{-1}煤开采

图 5-24　工作面来压 H1 光纤应变变化情况

到最大值，左侧应变峰值为 6 584.7 με，右侧应变峰值为 6 372.9 με，此时应变曲线由单峰状转变为双峰状，表明关键厚砂岩层发生初次破断。在工作面推进距离 920～2 400 mm 范围内，光纤应变峰值整体上变小，右侧应变峰值约为 5 142.6 με，且位置和大小基本不变；左侧应变峰值随开采不断前移，峰值基本在 4 334.6～4 707.8 με 范围内变化。

对比分析 $2^{-2中}$煤和 2^{-1}煤开采过程中覆岩关键层变形破断情况，由于 2^{-1}煤开采后，覆岩关键厚砂岩层已经发生破断变形，且覆岩整体结构松散软弱，待 $2^{-2中}$煤开采时，覆岩垮落变形程度均减弱，覆岩关键厚砂岩层破断距离变小，回转变形较小，光纤监测的应变值降低。

（三）$2^{-2中}$煤和 2^{-1}煤工作面支承压力峰值对比

$2^{-2中}$煤和 2^{-1}煤开采过程中，底板压力传感器监测的工作面支承压力峰值变化情况如图 5-25 所示。$2^{-2中}$煤开采过程中，工作面支承压力峰值范围为 7.84～29.40 MPa，应力集中系数为 0.6～2.1；工作面推进过程中一共出现了 3 次大周期来压，来压时的推进距离分别为 630 mm、990 mm、1 410 mm，支承压力峰值分别为 29.40 MPa、24.20 MPa、25.20 MPa；推进位置在采空区两侧时，工作面支承压力峰值仅为 7.84 MPa、9.64 MPa、8.12 MPa、9.64 MPa，支承压力峰值都小于原岩应力。2^{-1}煤开采过程中，工作面的支承压

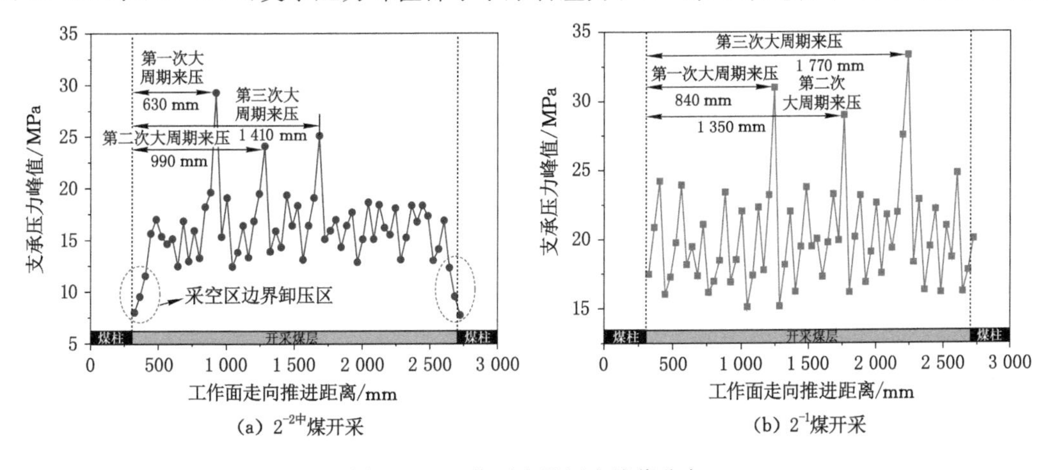

(a) $2^{-2中}$煤开采　　(b) 2^{-1}煤开采

图 5-25　工作面支承压力峰值分布

力峰值范围为 16.20～33.30 MPa，应力集中系数为 1.1～2.4，在推进距离 840 mm、1 350 mm、1 770 mm 位置上也出现了 3 次大周期来压，支承压力峰值分别为 31.20 MPa、29.10 MPa、33.30 MPa。

综合分析得：① $2^{-2中}$煤开采时工作面大周期来压步距小于 2^{-1}煤开采对工作面大周期来压步距，表明 $2^{-2中}$煤工作面开采受工作面 2^{-1}煤卸压影响，覆岩结构已被 2^{-1}煤开采时减弱，关键厚砂岩层悬顶极限跨距变小；② $2^{-2中}$煤开采时工作面大周期来压强度小于 2^{-1}煤开采对工作面大周期来压强度，表明 $2^{-2中}$煤开采时处于采空区下部，采空区易被快速充填，关键厚砂岩层破断回转空间减小，且破断距离变短，所以工作面来压时释放的能量减弱。

第五节 本章小结

本章以葫芦素煤矿近距离煤层群上保护层开采为研究背景，通过物理相似材料模拟试验研究了上保护层开采下伏煤岩的应力场、应变场及位移场时空演化规律，分析了被保护层卸压效果和卸压机理。主要得出以下结论：

(1) 物理相似模拟试验结果表明，保护层 2^{-1}煤回采完，覆岩垮落带发育高度最大值为 150 mm，按照模型几何比例(1∶150)换算，实际垮落带高度为 22.5 m；覆岩导水裂隙带发育高度至 620 mm，即实际裂隙带高度为 93.0 m。采空区“上三带”形成了松散破碎结构层，使被保护层 $2^{-2中}$煤顶板结构破坏，矿压显现减弱，且松散破碎结构层对震动能量具有衰减作用。

(2) 物理模型试验结果表明，保护层 2^{-1}煤开采过程中，采空区下方被保护层 $2^{-2中}$煤应力经历了应力集中、应力释放、应力恢复的动态过程，即被保护层 $2^{-2中}$煤先被加载随后逐渐被卸载的受力过程，且卸载过程是垂直应力减小的过程。被保护层垂直应力分布曲线整体呈“U”形，口宽底窄，开口位置出现应力集中，应力集中系数可达 1.56，底部位置出现应力降低，围绕一定值波动，其最小应力为原岩应力的 0.15 倍。开采结束后，被保护层在采空区下方一定范围内稳定在较低的应力状态下，在采空区边界煤柱下方一直处于高应力区，被保护层工作面布置时应避开高应力区域。保护层开采的卸压角度分别为 71°和 72°，卸压范围 2 277 mm，卸压区域占开采范围的 87.6%。

(3) 通过对比分析 $2^{-2中}$煤和 2^{-1}煤开采过程中应力、应变变化规律：$2^{-2中}$煤开采时工作面大周期来压步距小于 2^{-1}煤开采时工作面大周期来压步距，表明 $2^{-2中}$煤工作面开采受工作面 2^{-1}煤卸压影响，覆岩结构已被 2^{-1}煤开采时减弱，关键厚砂岩层悬顶极限跨距变小；$2^{-2中}$煤开采时工作面大周期来压强度小于 2^{-1}煤开采时工作面大周期来压强度，表明 $2^{-2中}$煤开采时处于采空区下部，采空区易被快速充填，关键厚砂岩层破断回转空间减小，且破断距离变短，所以工作面来压时释放的能量减弱。结果表明，被保护层开采过程中覆岩垮落变形程度减弱，覆岩顶板及关键厚砂岩层悬顶破断距离变小，工作面周期来压步距和强度均降低，即岩层破断释放能量减小。

第六章　保护层开采卸压时空演化规律数值模拟分析

第一节　数值模型建立与开挖

数值模拟 3DEC 为三维离散单元法程序，可模拟采空区围岩非连续离散特征，可实现采空区覆岩相互剪切错动或脱开等现实破坏现象，使采空区垮落矸石对下伏煤岩体在受力上呈现变形的不连续性，更加真实地模拟采空区下伏煤岩体的应力恢复过程。

因此，本书采用岩石力学数值模拟软件 3DEC 解算 21104 工作面采动影响下顶底板煤岩体的应力变化和破坏变形量。根据矿井地层综合柱状图，并考虑边界效应的影响与合理优化模型计算时长，设计模型尺寸长×宽×高为 1 200 m×600 m×325 m，模型四边界各留设 100 m 煤柱，开挖长度 1 000 m，模型共计建立 30 层岩层，累计厚度 325 m。模型按区域划分网格，在模型高度 200 m 范围内岩层划分较小岩块，远离工作面的岩层的岩块逐渐增大，并且考虑现场实际岩层块度。模型左右两边界施加水平约束限制 x 方向的速度和位移，使得边界在 x 方向上速度 $V_x=0$ 和位移 $S_x=0$。模型底部边界施加固定约束，模型上部边界施加等效于未建立岩层的应力，取 $q_s=9.45$ MPa。模型初始最大垂直主应力为 17.58 MPa，测压系数为 1.2，模型初始最大水平主应力为 21.09 MPa。如图 6-1 所示。

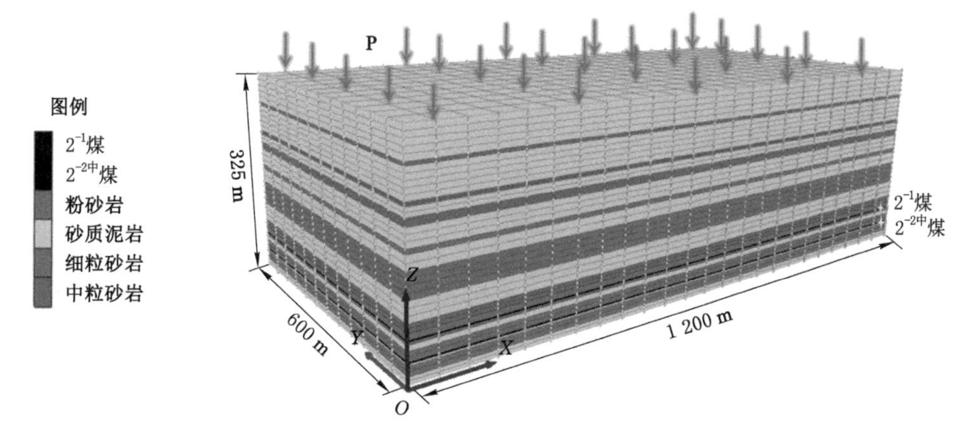

图 6-1　数值分析模型示意图

模型开挖之前，将节点位移全部清零。依据葫芦素煤矿 21104 工作面作业规程，首先在模型中形成长×宽×高为 320 m×7.5 m×2.5 m 的开切眼，自开切眼起煤层分步开挖，每步开挖 5 m，待模型计算稳定后记录分析工作面顶底板煤岩体的变形破坏活动与应力变化情况。在被保护 $2^{-2中}$ 煤中布置 1 条测线记录保护层开采时煤层垂直应力及位移的变化规律。

第二节　保护层开采卸压煤岩体应力动态响应规律

根据模拟结果，在工作面开切眼中部沿走向推进方向做剖面，得到保护层开采过程中沿走向推进方向的顶底板的垂直应力变化云图。工作面推进距离为 10～90 m 的垂直应力变化云图如图 6-2 所示。保护层开采后，采场围岩应力重新分布。在保护层工作面边界煤柱和工作面前方煤体的顶底板区域应力均升高，产生应力集中现象，该区域为应力升高区；在保护层工作面采空区的顶底板区域应力降低，该区域为应力降低区；在距离工作面和采空区较远区域，不受采动影响，该区域为原岩应力区。

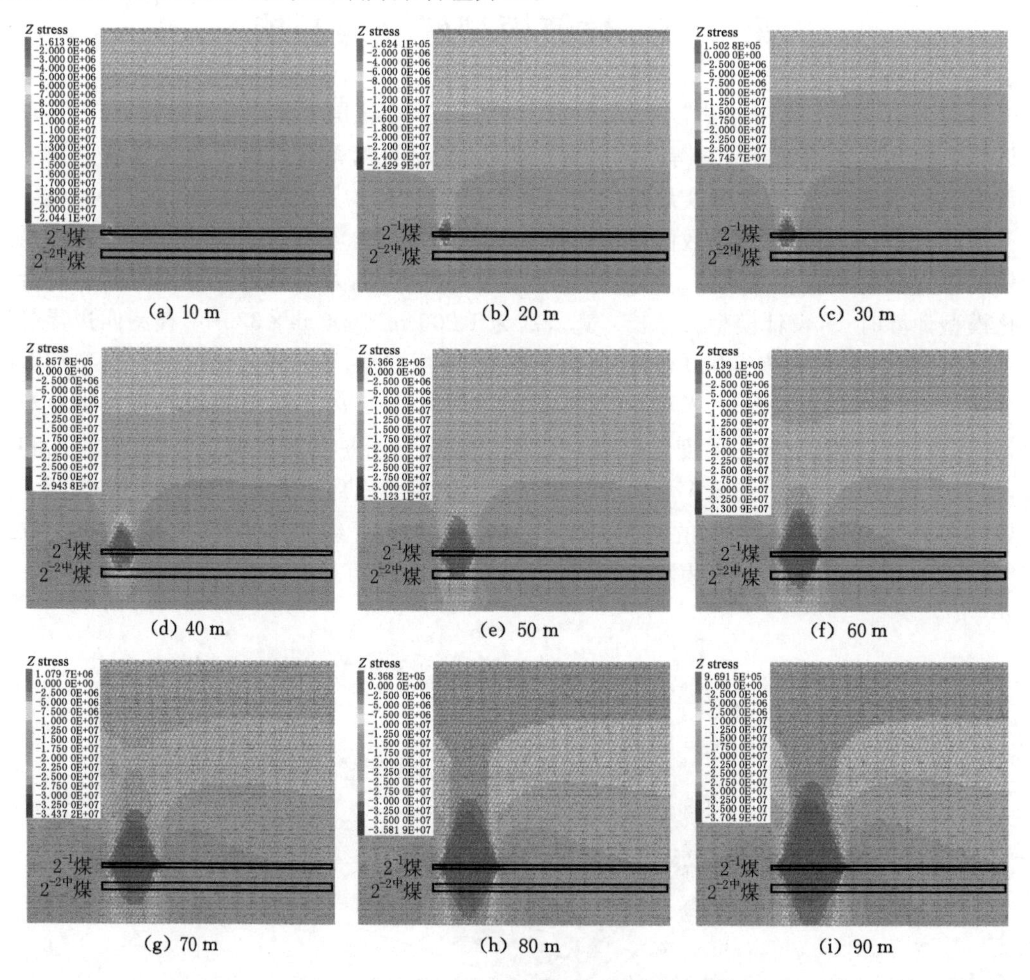

图 6-2　推进距离 10～90 m 的顶底板煤岩体垂直应力变化云图

当工作面推进至 30 m 时，卸压区垂直应力由压应力转变为拉应力，表明卸压区开始出现微小底鼓现象，此时被保护层已明显受到保护层开采卸压影响。随着保护层工作面的推进，卸压区域的垂直应力不断减小，应力降低区的范围不断扩大，卸压向顶底板方向发展，最小应力处于采空区中部，卸压程度在底板方向由上向下逐渐递减，在顶板方向由下向上逐渐递减。

工作面推进距离为100～210 m的垂直应力变化云图如图6-3所示。当工作面推进至130 m时，卸压区垂直应力达到最小峰值，此时顶底板应力得到完全释放；当工作面推进至150 m时，卸压区中部开始出现应力恢复现象，随着工作面继续推进，卸压区中部的应力恢复程度和范围不断增大，卸压区中部由卸压区开始向增压区转变。当工作面推进至210 m时，卸压区域被增压区完全隔开，此时一个卸压区变成两个卸压区，两个卸压区中部有一个增压区，这是由于采空区的不均匀垮落，形成垮落矸石压实区域和非压实区域产生的结果，这也表明了保护层开采卸压具有时效性。

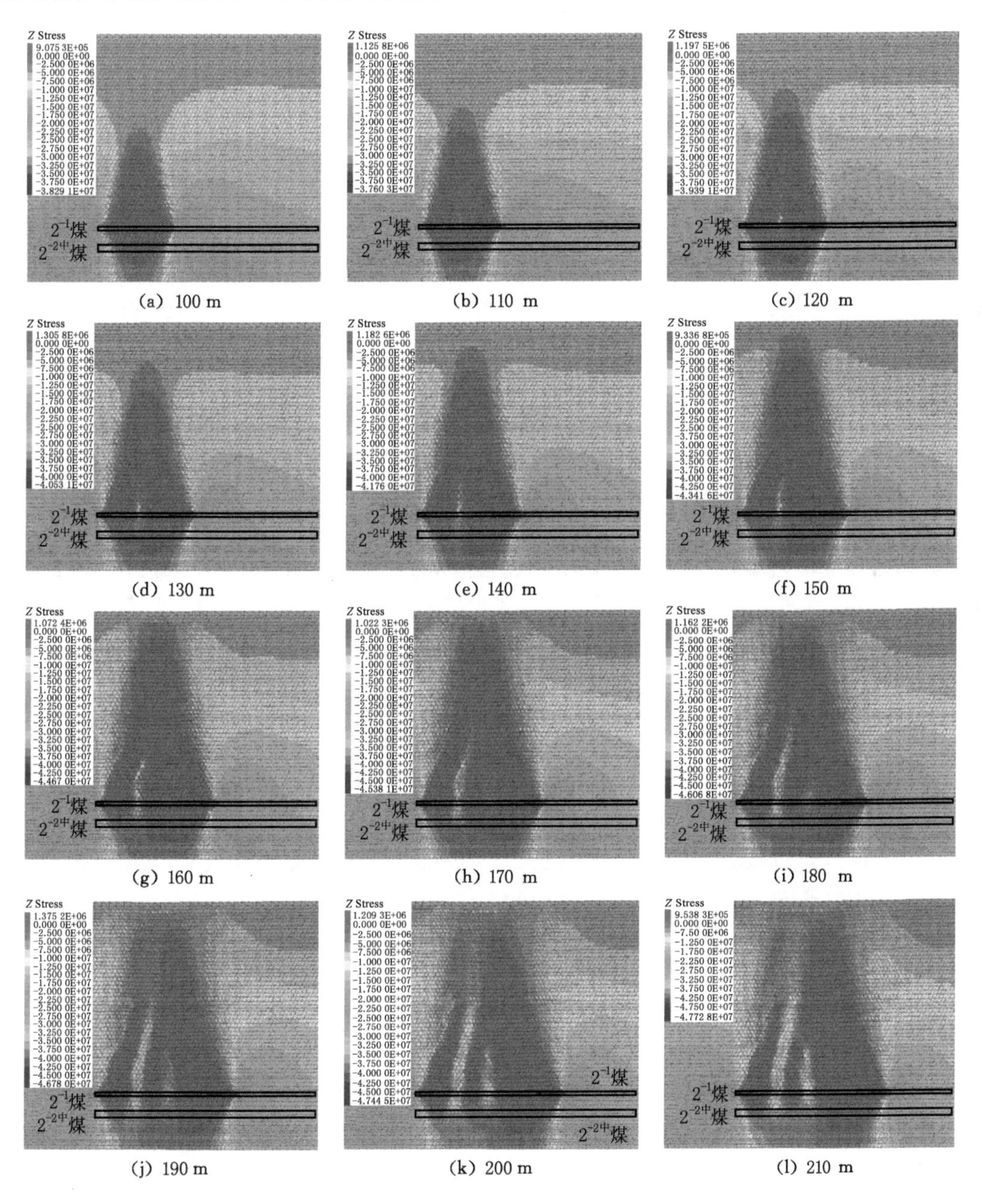

(a) 100 m　(b) 110 m　(c) 120 m
(d) 130 m　(e) 140 m　(f) 150 m
(g) 160 m　(h) 170 m　(i) 180 m
(j) 190 m　(k) 200 m　(l) 210 m

图6-3　推进距离100～210 m的顶底板煤岩体垂直应力变化云图

工作面推进距离为 220～300 m 的垂直应力变化云图如图 6-4 所示。当工作面推进至 240 m 时，开采达到了充分采动状态，此时卸压区域的垂直深度和高度均达到最大值。随着保护层工作面继续推进，卸压区域沿走向方向不断前移，采空区后方的卸压区域开始应力恢复，一部分卸压区域卸压程度降低，而另一部分卸压区域则转变为增压区域。当工作面继续推进至 280 m 时，采空区中一共形成 4 个卸压区和 3 个增压区，且卸压区和增压区交替分布。随着工作面继续沿走向方向推进，采空区卸压和增压呈周期性变化，但由于采空区垮落矸石的随机性，卸压和增压的程度不一致。

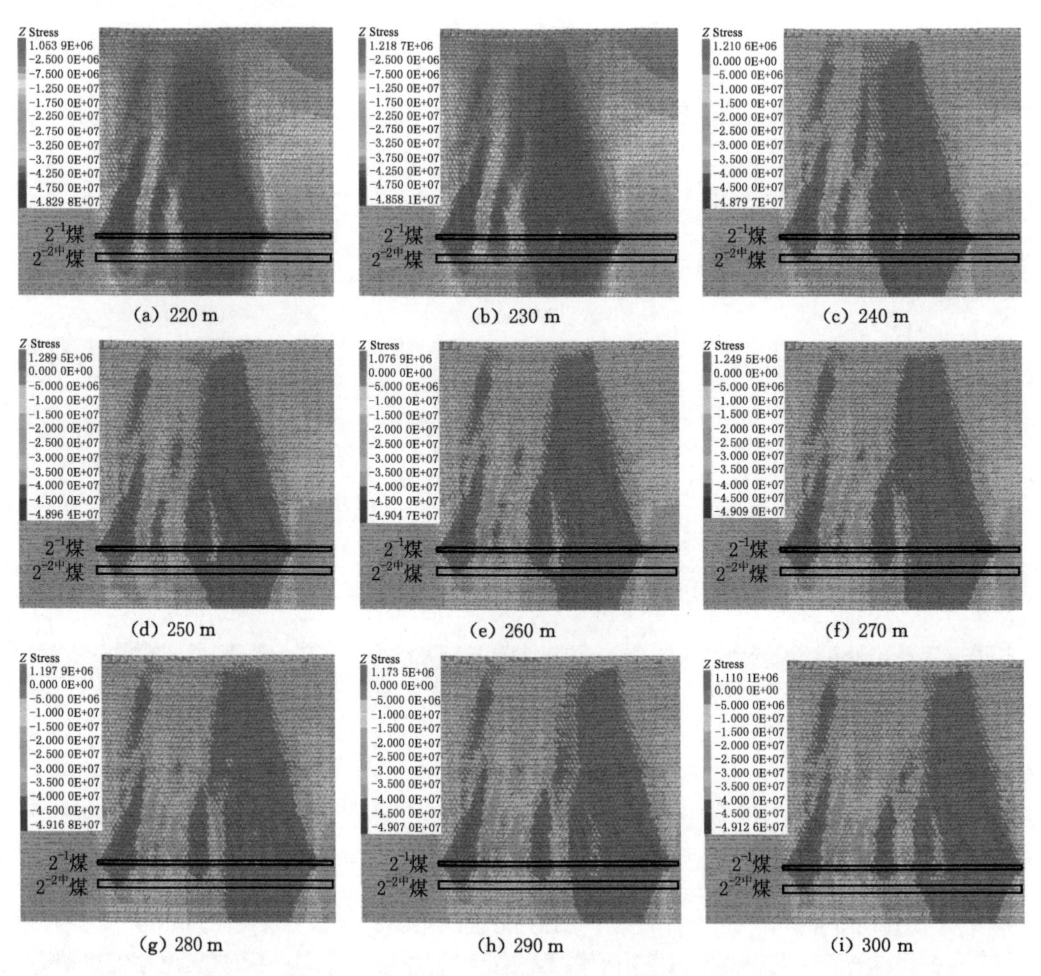

(a) 220 m　(b) 230 m　(c) 240 m

(d) 250 m　(e) 260 m　(f) 270 m

(g) 280 m　(h) 290 m　(i) 300 m

图 6-4　推进距离 220～300 m 的顶底板煤岩体垂直应力变化云图

工作面推进距离为 1 000 m 的垂直应力变化云图如图 6-5 所示。保护层开采后，采场围岩应力场重新分布，采场共形成了 16 个卸压区和 17 个增压区；卸压区范围和程度最大的区域在采空区两侧，卸压区范围和程度最小的区域在采空区中部。顶板岩体卸压范围和程度均比底板岩体的大，卸压效果由采空区向顶底板两个方向逐渐减弱。被保护层 $2^{-2中}$ 煤具有明显卸压效果的区域也分布在采空区两侧，由于采空区中部被压实，被保护层 $2^{-2中}$ 煤在采空区中部的卸压效果较低。

为了观测工作面倾向方向顶底板应力变化，在工作面走向推进方向中部沿倾向做剖面，

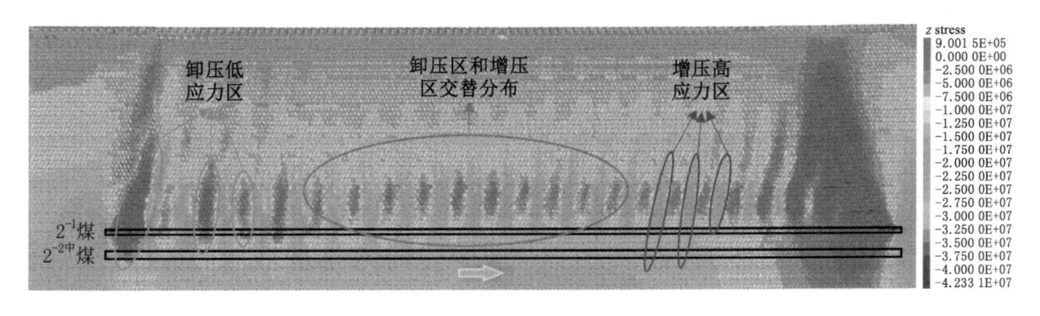

图 6-5　推进距离 1 000 m 的顶底板煤岩体垂直应力变化云图

得到保护层工作面的顶底板的垂直应力变化云图，如图 6-6 所示。21104 工作面开采后顶底板的垂直应力变化如图 6-6(a)所示，工作面倾向方向采空区内卸压区和增压区交替分布，在采场倾向方向共形成 5 个卸压区和 6 个增压区，倾向方向的卸压区和增压区分布规律类似走向方向。被保护层工作布置时，应根据上保护层卸压区分布形态，尽量将回采巷道布置在卸压区范围内。21105 工作面开采后顶底板的垂直应力变化如图 6-6(b)所示，两个工作面卸压区和增压区分布规律大致相同。21105 工作面采动明显影响了 21104 工作面卸压区分布，尤其在 30 m 区段煤柱位置处，区段煤柱侧卸压区开始应力恢复，由 1 个大范围卸压区转变为 2 个小范围卸压区和 1 个增压区。21104 和 21105 工作面间的 30 m 宽区段煤柱，使得在煤柱位置出现最大压应力峰值，应力明显集中，压应力向底板下方传递，导致煤柱下方的被保护层 $2^{-2中}$煤大于 30 m 区域范围为增压区域，且增压效果明显，下方被保护层回采时在该区域发生动力灾害的危险性较高。

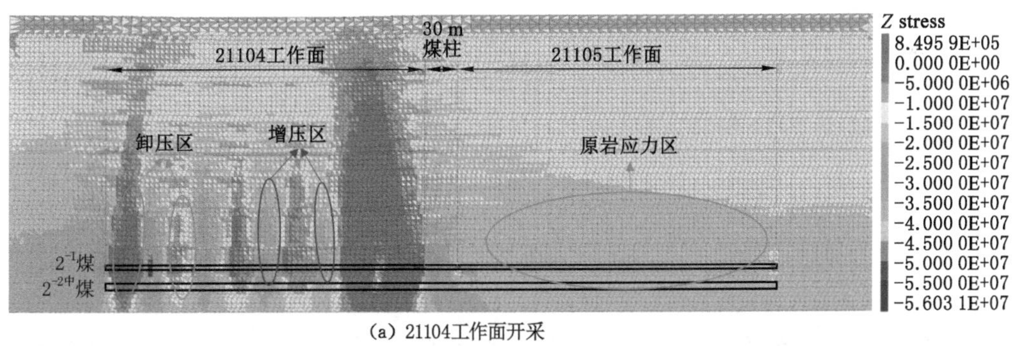

(a) 21104工作面开采

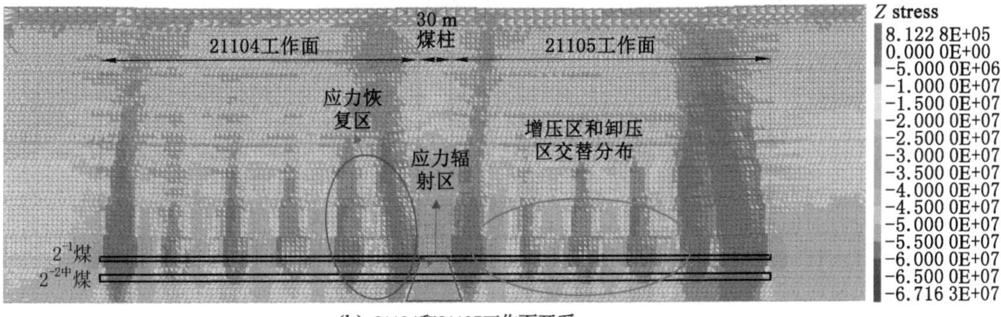

(b) 21104和21105工作面开采

图 6-6　倾向方向的顶底板煤岩体垂直应力变化云图

第三节 保护层开采卸压煤岩体位移场和应变场特征分析

一、位移矢量变化

图 6-7 为保护层工作面开采不同距离时，顶底板煤岩体的位移矢量图，为了更好地展示出顶底板位移矢量变化效果，采用顶板和底板位移矢量拼接的方式组图。位移矢量图反映了煤岩体在不同方向的移动变化情况。

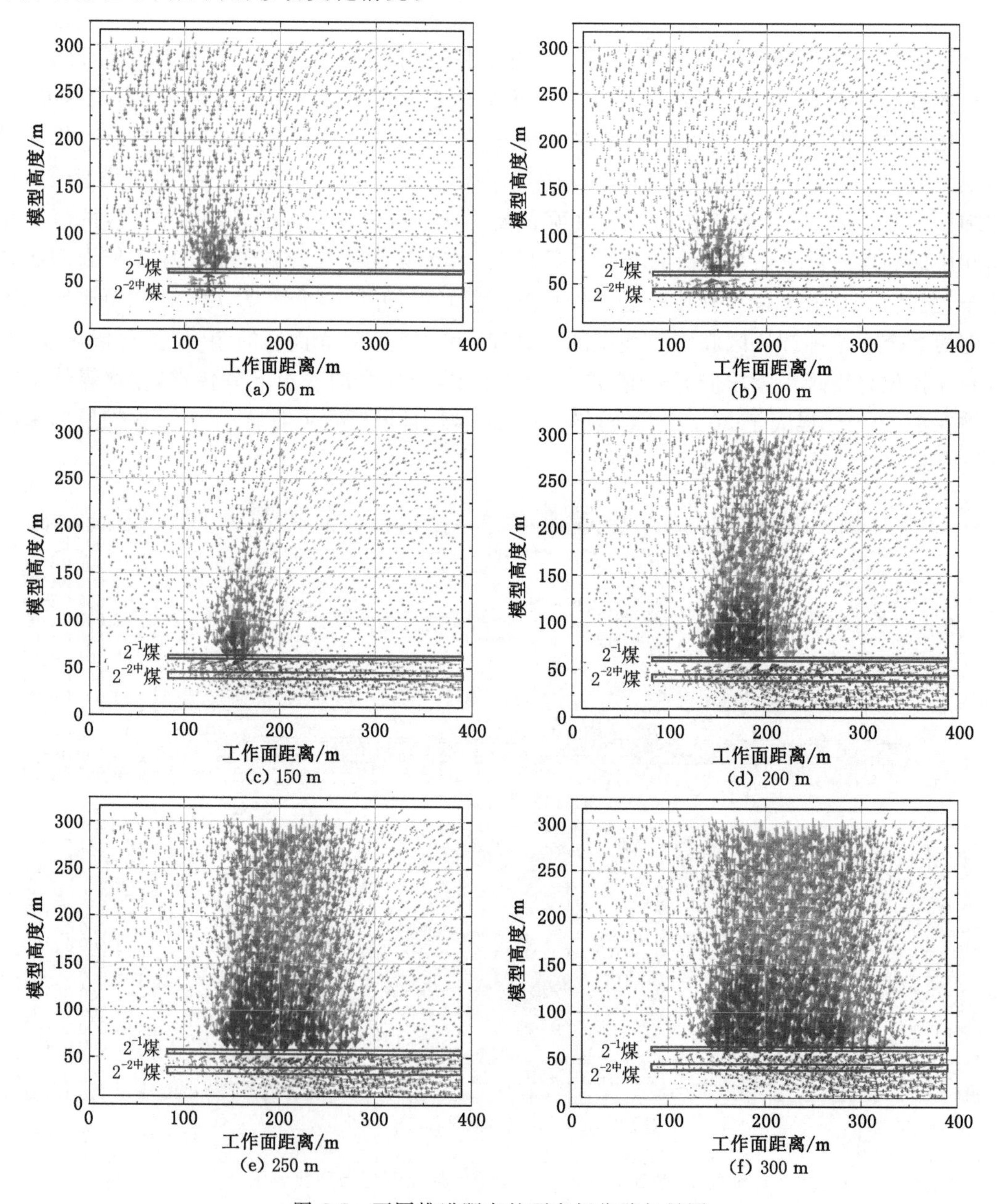

图 6-7 不同推进距离的顶底板位移矢量图

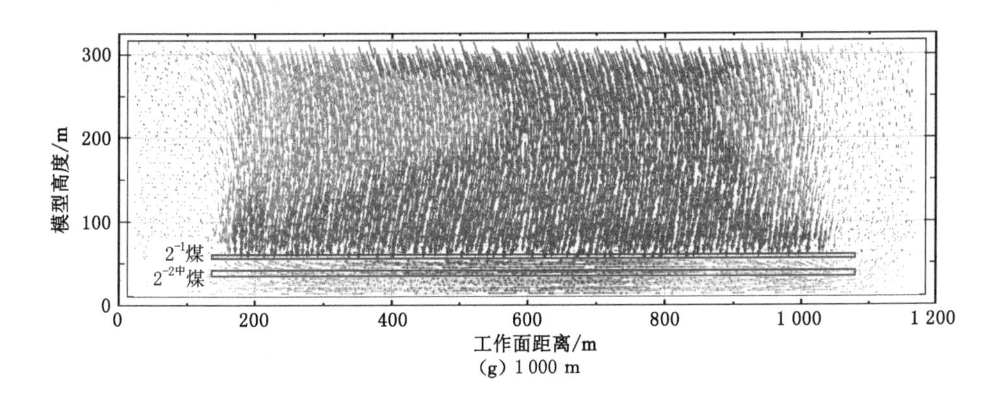

(g) 1 000 m

图 6-7 （续）

如图 6-7(a)所示，当保护层工作面 2^{-1}煤开采至 50 m 时，由于采空区提供了移动卸压空间，采场煤岩体不断发生膨胀变形，采空区顶底板煤岩体不断向采空区方向移动；如图 6-7(c)所示，当开采至 150 m 时，采空区位移范围和程度均发生变化，且开切眼和前方煤壁周围的顶底板煤岩体明显向采空区发生水平移动，底板煤体水平移动更加明显；如图 6-7(g)所示，当工作面开采至 1 000 m 时，采空区矸石垮落压实，底板向上的移动逐渐减弱，主要以水平移动为主。岩层整个移动变形过程中，由于不同煤岩层的挠度不一致，在移动变形过程中，煤岩体内部不断出现损伤，产生采动裂隙，则一定范围内煤岩体结构联结丧失，伴随这种破坏的发生使得煤岩体自身物理力学性质也在一定程度上发生了改变，为能量的释放、转移提供了基础。

二、位移变化规律

根据模拟结果，在工作面开切眼中部沿走向推进方向做剖面，得到工作面推进距离分别为 50 m、100 m、150 m、200 m、250 m、300 m 的沿走向方向的顶底板的垂直位移变化情况，如图 6-8 所示。在保护层工作面采空区边界煤柱和工作面前方煤体的顶底板垂直位移均为负值，即该区域顶底板煤岩体发生压缩变形；采空区下方煤岩体垂直位移量均为负值，即该区域煤岩体发生膨胀变形。当工作面推进距离较小时，位移变化较小，随着保护层工作面的推进，采空区走向范围不断增大，采动影响区域不断扩展，受压煤岩体因具有较大的可移动自由空间之后，位移变化量和移动范围逐渐扩大。当工作面推进至 50 m 时，采空区下伏煤岩体膨胀变形最大值为 0.13 m；随着工作面继续推进，底鼓峰值不断增大，当推进至 200 m 时，底鼓达到最大峰值约为 0.258 m。此后，工作面继续推进，底鼓的峰值大小基本稳定，但随着工作推进而前移，且膨胀变形范围增大。当工作面推进至 250 m 时，采空区顶板垮落产生 2 个明显大小不一的下沉区域，表明采空区内顶板垮落不均匀，会造成垮落矸石对底板的压缩变形作用不同，使底板的变形恢复也出现不一致性。

工作面推进距离为 1 000 m 的垂直位移变化云图如图 6-9 所示。采空区整体上顶板下沉，底板鼓起；采空区两侧的顶板位移下沉量最小，中部顶板位移下沉量最大，顶板下沉整体分布不均匀，部分区域覆岩垮落充分，部分区域覆岩垮落不充分，充分垮落区和非充分垮落区交替分布。充分垮落区底板受压缩变形作用大，采空区中部区域底鼓变形量明显恢复；非充分垮落区底板受压缩变形作用小，采空区两侧区域底鼓变形恢复较弱。

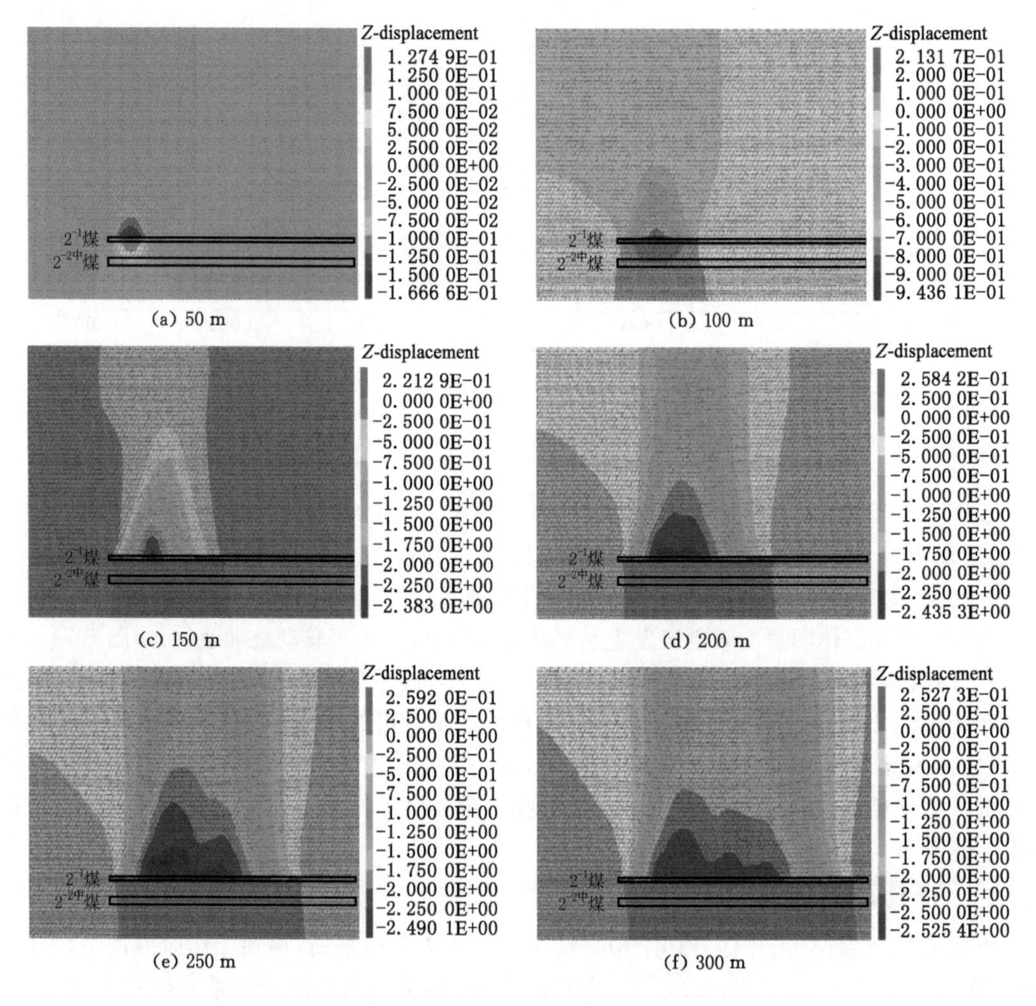

图 6-8　顶底板垂直位移变化云图(50～300 m)

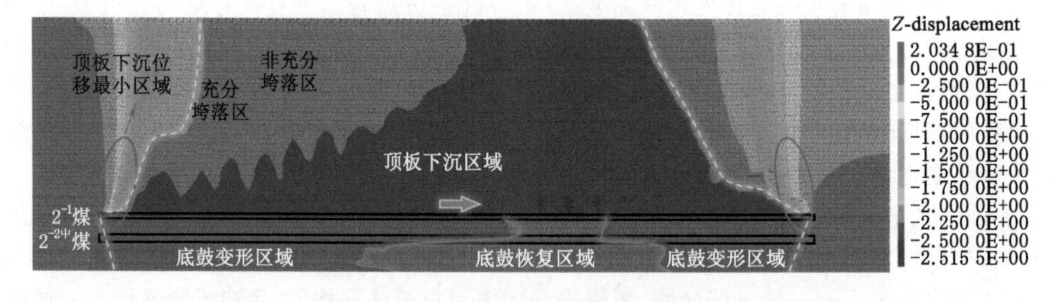

图 6-9　推进距离 1 000 m 的顶底板煤岩体垂直位移变化云图

保护层工作面倾向方向的顶底板的垂直应力变化规律如图 6-10 所示。

21104 工作面开采后顶底板的垂直位移变化如图 6-10(a)所示，采空区位移变化基本呈对称分布，采空区顶板位移整体为负值，位于顶板下沉变形区域，采空区两侧顶板下沉位移量小，采空区中部顶板下沉位移量大；采空区底板位移量整体为正值，位于底鼓变形区域；但采空区中部局部区域位移量接近零或为负值，表明该区域采空区覆岩垮落充分矸石被压实，

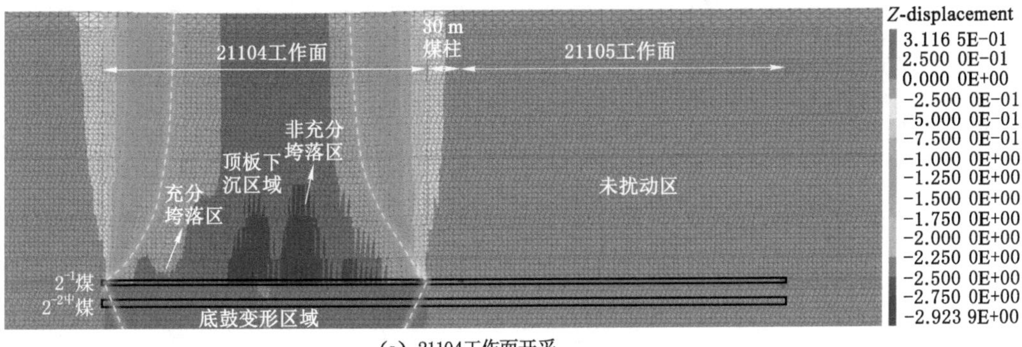

(a) 21104工作面开采

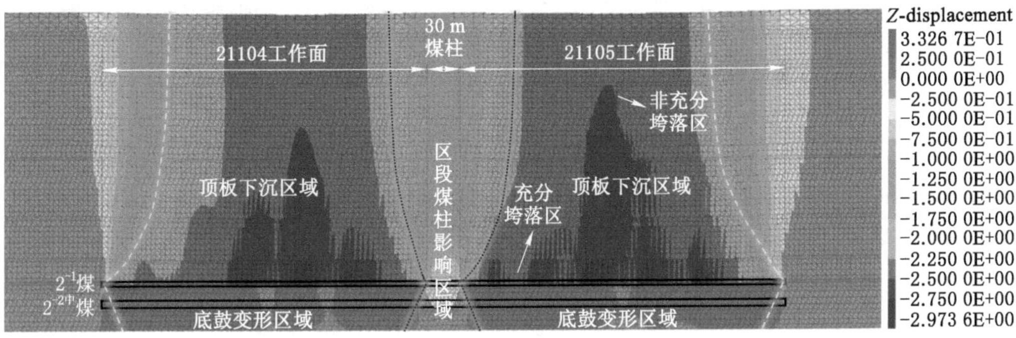

(b) 21104和21105工作面开采

图 6-10　倾向方向的顶底板煤岩体垂直位移变化云图

则该区域可能处于增压区，下方被保护层回采时应注意工作面中部支架的支承压力变化，以防动力灾害发生。21105 工作面开采后顶底板的垂直位移变化如图 6-10(b)所示，21105 工作面开采后顶底板位移量明显比 21104 工作面开采后的大，且由于 21105 工作面开采使得 21104 工作面顶底板进一步移动变形，移动变形量均增大；两个工作面的顶底板位移变化规律基本相同，但两个工作面之间的 30 m 宽煤柱受压缩变形，该区域应力集中，压应力向底板传播，导致煤柱下方的被保护层应力升高。

三、应变变化规律

如图 6-11 所示，随着保护层工作面 2^{-1}煤开采，位于保护层开切眼后方边界煤柱附近的煤岩体发生明显压缩变形，这是该部分煤岩体处于保护层采动影响范围内，导致应力场受到采动影响后增大；位于保护层工作面前面煤体周围的顶底板煤岩体也发生压缩变形，这表明该区域受采动超前应力集中作用影响，导致岩层发生压缩变形。位于保护层工作面采空区的顶底板煤岩体，在推进过程中先发生膨胀变形，且初期膨胀变形变化速度较快；待工作面推过一段距离后，受采空区矸石垮落作用影响，又发生压缩变形作用，由于采空区内矸石垮落不均匀性，部分区域受压缩变形作用明显，部分区域压缩变形作用较弱，其中，采空区中部的矸石压实充分，受压缩作用最显著。下伏煤岩体在压缩变形、膨胀变形、压缩变形等动态变形作用过程中，不仅会改变自身力学性能，还会形成“底鼓裂隙层”，会极大地削弱应力集中和能量传播。

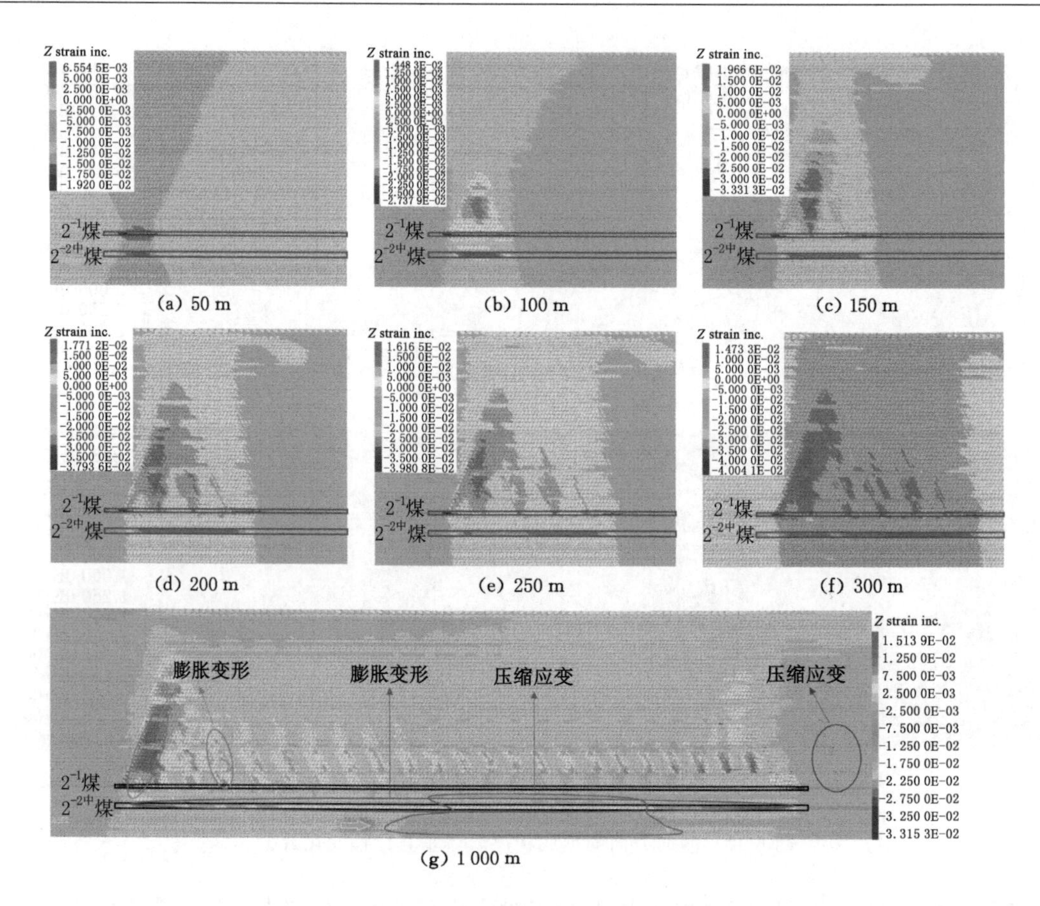

(a) 50 m　(b) 100 m　(c) 150 m

(d) 200 m　(e) 250 m　(f) 300 m

(g) 1 000 m

图 6-11　不同推进距离的顶底板煤岩体应变云图

第四节　被保护层 $2^{-2中}$煤应力-应变场演化规律

一、应力变化规律

冲击地压发生的强度理论认为：冲击地压的发生是煤岩体受载，超过其强度极限时发生的突然破坏。保护层开采使被保护层应力的降低或应力降低到冲击地压发生的临界值以下，即可减弱或消除被保护层开采时冲击地压的发生。

为了定量分析保护层 2^{-1}煤开采后被保护层 $2^{-2中}$煤的应力变化规律，在 $2^{-2中}$煤中沿走向方向布设了 241 个测点，定量化分析采动过程中 $2^{-2中}$煤的应力变化规律。垂直压应力为正，拉应力为负；垂直位移压缩为负，膨胀为正。当 2^{-1}煤综采工作面开采范围为 0～50 m 时，应力变化曲线如图 6-12(a)所示。从图中可知，被保护层 $2^{-2中}$煤原始地应力约为 17.06 MPa。随着保护层 2^{-1}煤工作面持续推进，采空区正下方的 $2^{-2中}$煤处于应力降低区，其范围逐渐增大，应力峰值逐渐降低，即卸压范围和程度随采动逐渐增大；而采空区一侧的边界煤柱和工作面煤壁前方 0～250 m 的实体煤处于应力升高区，其增压范围和程度均随采动逐渐增大；煤壁前方超过 250 m 的实体煤处于原始应力区；表明 $2^{-2中}$煤应力变化曲线可分为应力增高区、应力降低区、原岩应力区三部分。当工作面开采范围为 60～100 m 时，应力变化曲线如图 6-12(b)所示。从图中可知,当工作面推进至 80 m 时,卸压区内应力达到第一次最小峰值为 1.29 MPa,即初次卸压达到卸压最佳效果时,卸压峰值步距为 80 m;当工作面继续推进,卸压区的最小应力峰值略微降低,且随采动沿走向方向前移;但原最小应力峰值位置处的应力开始逐渐增大,这是由于受采空区覆岩垮落矸石影响,卸压区的应力开始逐渐恢复,表明保护层卸压具有时效性。

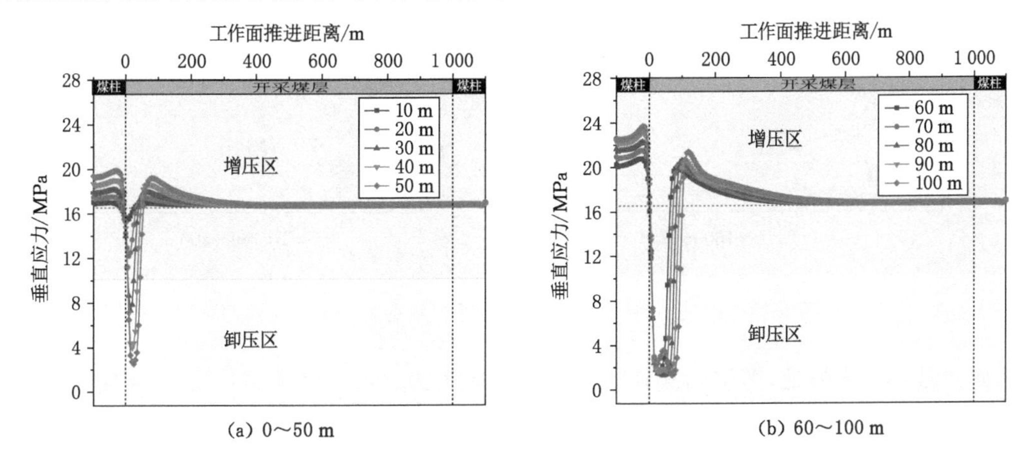

图 6-12　推进距离 0～100 m 被保护层垂直应力变化规律

当工作面开采范围为 110～200 m 时,应力变化曲线如图 6-13 所示。由图 6-13(a)可知,当工作面推进至 140 m 时,第一阶段形成的卸压区有一部分应力已恢复到原岩应力或高应力状态,该部分由卸压区转变为原岩应力区或增压区,表明卸压具有时效性,采空区卸压区转为增压区的初次最小距离为 140 m;与此同时,卸压区内应力达到第二次最小应力峰值,即第二次卸压峰值步距为 60 m,继续推进应力峰值开始增大。由图 6-13(b)可知,当工作面推进至 160 m 时,采空区一侧的边界煤柱和工作面前方煤体应力达到最大峰值,分别为 25.72 MPa 和 22.45 MPa,工作面继续推进,采空区一侧的边界煤柱应力峰值大小和位置都不再变化,工作面前方煤体应力峰值大小不变,位置随采动不断前移。当工作面推进至 200 m 时,卸压区应力达到第三次最小应力峰值,即第三次卸压峰值步距为 60 m,继续推进应力峰值又逐渐增大。

当工作面开采范围为 210～300 m 时,应力变化曲线如图 6-14 所示。由图 6-14(a)可知,当工作面推进至 210 m 时,第二阶段形成的卸压区又有一部分应力已恢复到原岩应力或高应力状态,该部分由卸压区转变为原岩应力区或增压区,采空区第二次由卸压区转为增压区的最小距离为 70 m,根据两次卸压恢复距离分别为 140 m 和 70 m,则近距离煤层群开采卸压合理错距小于 70 m,卸压保护作用最显著。与此同时,第一次和第二次的最小应力峰值逐渐恢复至稳定状态,应力分别为 3.99 MPa 和 0.83 MPa,表明开采达到充分采动,采空区后方顶底板岩层运动基本稳定,此时第一次最小应力峰值所在区域仍然为卸压区域,第二次最小应力峰值所在区域已由卸压区转变为增压区。根据压力拱理论可知,由于采空区不均匀垮落,岩层自然平衡形成的“压力拱”后拱脚支撑在边界煤柱上,前拱脚支撑在采空区已垮落的矸石上,在前、后拱脚之间形成了一个卸压区,引起了采空区卸压不均匀分布,采空区卸压区和增压区交替分布。由图 6-14(b)可知,当工作面推进至 260 m 时,卸压区应力达

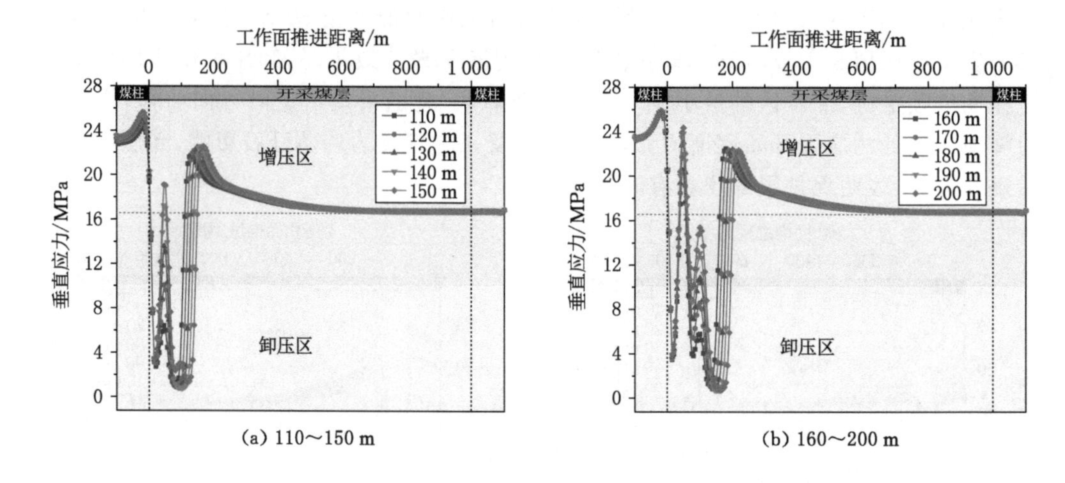

(a) 110～150 m　　(b) 160～200 m

图 6-13　推进距离 110～200 m 被保护层垂直应力变化规律

到第四次最小应力峰值，即第四次到达卸压峰值步距为 60 m，继续推进应力峰值又逐渐增大，据此可推断周期卸压峰值步距为 60 m。

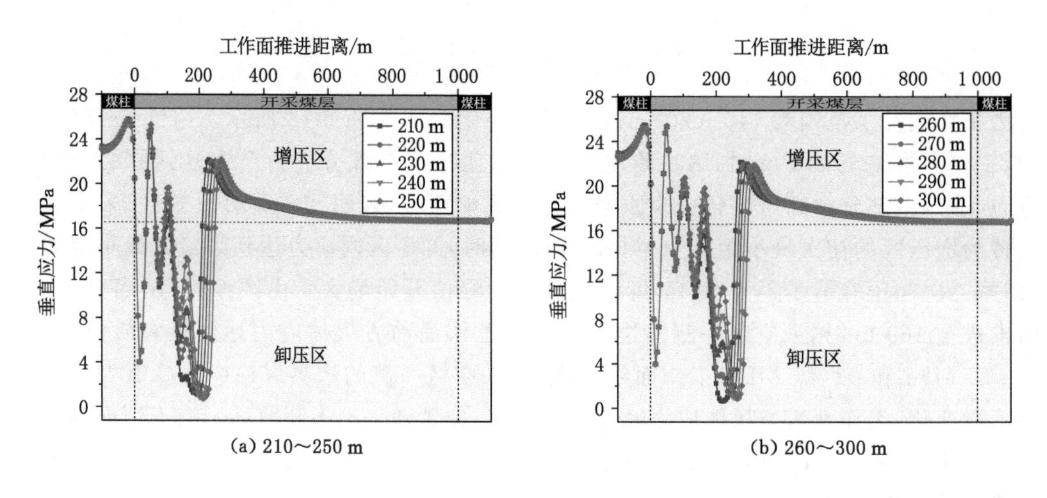

(a) 210～250 m　　(b) 260～300 m

图 6-14　推进距离 210～300 m 被保护层垂直应力变化规律

当工作面开采范围为 310～400 m 时，应力变化曲线如图 6-15 所示。由图 6-15(a)可知，当工作面推进至 310 m 时，第三次和第四次的最小应力峰值逐渐恢复至稳定状态，应力分别为 12.69 MPa 和 20.84 MPa，此时第三次最小应力峰值所在区域仍然为卸压区域，第四次最小应力峰值所在区域已由卸压区转变为增压区；当工作面推进至 320 m 时，卸压区应力达到第五次最小应力峰值。由图 6-15(b)可知，当工作面推进至 380 m 时，卸压区应力达到第六次最小应力峰值。

随着工作面继续推进，被保护层 $2^{-2中}$煤的应力呈周期性变化规律，如图 6-16 所示。随着工作面推进，卸压区沿着走向推进方向不断前移，$2^{-2中}$煤的应力经历了先增高、再降低、再增高恢复等动态过程，该过程也反映了煤体卸压变化规律。纵观整个应力分布曲线变化过程，保护层开采范围较小时，被保护层垂直应力分布曲线呈“U”形；随着保护层开采范围

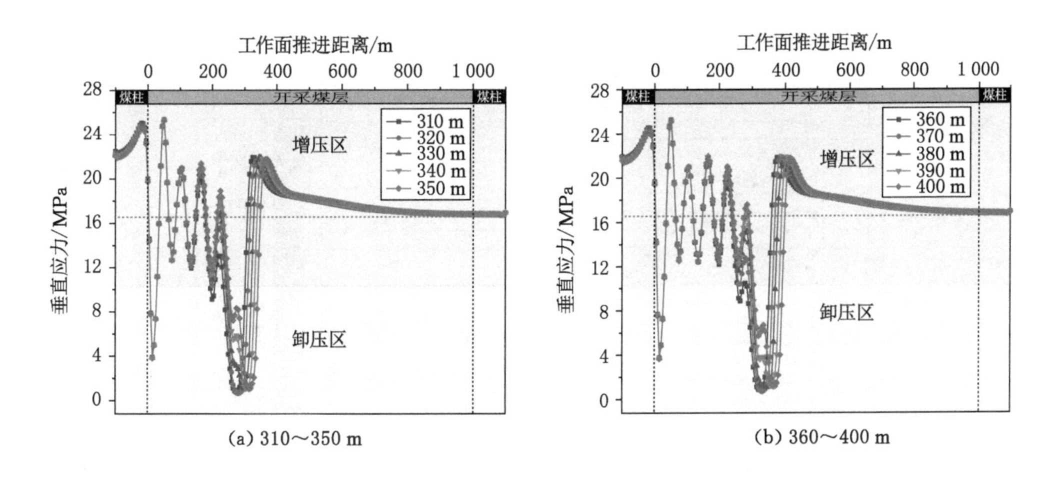

(a) 310～350 m　　(b) 360～400 m

图 6-15　推进距离 310～400 m 被保护层垂直应力变化规律

逐渐增大,垂直应力分布曲线由"U"形逐渐转为"W"形;随着开采空间进一步增大,垂直应力分布曲线由"W"形转变为多个"W"形叠加分布。

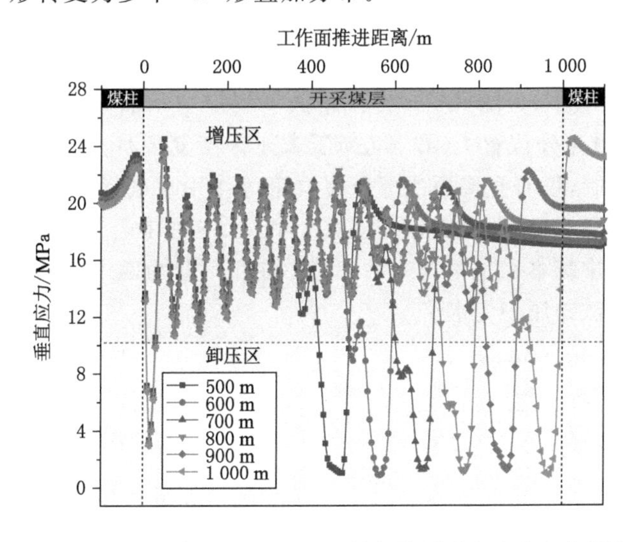

图 6-16　推进距离 500～1 000 m 被保护层垂直应力变化规律

为了观察整个开采过程中 $2^{-2中}$煤应力变化规律,以每次推进距离 50 m 为间隔,绘制了 20 条不同推进距离的应力变化曲线,波谷代表卸压区,波峰代表增压区,如图 6-17 所示。由图可知,采空区内卸压区和增压区交替分布,且卸压区呈不均匀分布的变化规律。随着工作面沿着走向方向推进,卸压区沿着走向方向不断前移,煤壁前方的增压区逐渐转变为卸压区;工作面继续推进,卸压区一部分转变为增压区,另一部分卸压程度降低;整个采动过程卸压范围不断增大,最大卸压区始终位于采空区靠近煤壁一侧。

通过对 2^{-1}煤开采过程中 $2^{-2中}$煤垂直应力变化规律深入分析,可以将 $2^{-2中}$煤中任一点的垂直应力变化规律分成两种类型,如图 6-18 所示。图 6-18(a)为距离开切眼相对较近区域下方 $2^{-2中}$煤中任一点垂直应力变化规律。*OB* 段(低应力集中区),该段位于 2^{-1}煤工作面前方煤壁下方,由于工作面推进距离短,采空区跨度相对较小,采场应力集中程度相对较

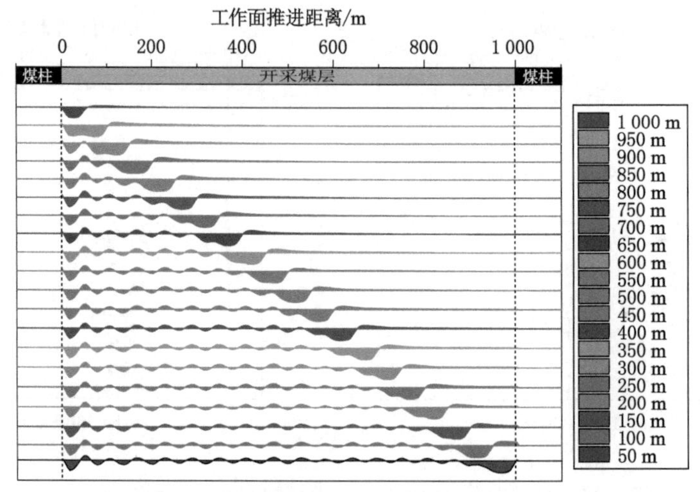

图 6-17　走向方向垂直应力分布动态演化规律

低，传递给下方 $2^{-2中}$ 煤的垂直应力也相对较低，A 点为最大垂直应力峰值。BC 段（卸压区），该点位于 2^{-1} 煤采空区下方，由于采空区上覆岩层垂直应力向采空区两侧转移，采空区下方 $2^{-2中}$ 煤垂直应力减小，且随采空区范围增大垂直应力不断减小，在 C 点达到最小垂直应力，即 C 点为卸压最充分位置。CD 段（卸压未充分恢复区），由于该段距离开切眼较近，受采空区空间位置限制，仅有直接顶或部分覆岩垮落作用在底板上，卸压不能充分恢复，在 D 点垂直应力基本恢复。DE 段（卸压稳定区），由于采空区围岩变形基本稳定，所以该段垂直应力随着工作面推进基本稳定不变。垂直应力变化可分为四个部分：低应力集中区、卸压区、卸压未充分恢复区、卸压稳定区。

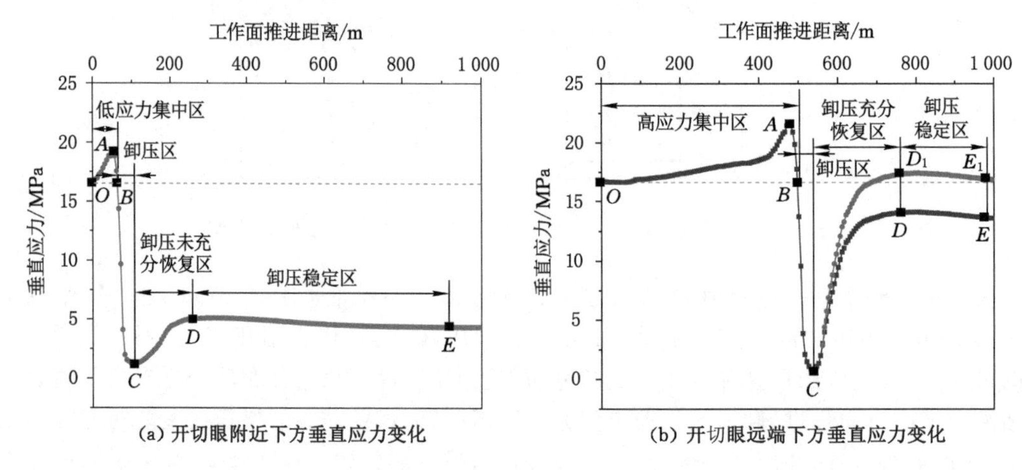

图 6-18　$2^{-2中}$ 煤垂直应力变化规律

图 6-18(b)为距离开切眼相对较远区域下方 $2^{-2中}$ 煤中任一点垂直应力变化规律。OB 段（高应力集中区），该段位于 2^{-1} 煤工作面前方煤壁下方，由于回采范围大，覆岩结构将力作用在工作面前方煤壁，造成应力集中程度较高，高应力传递给下方 $2^{-2中}$ 煤，A 点为最大垂

直应力峰值。*BC* 段(卸压区),该段位于 2^{-1} 煤采空区下方,由于垂直应力向采空区两侧转移,采空区下方 $2^{-2中}$ 煤垂直应力迅速减小,且随工作面推进不断减小,直至达到最充分卸压 *C* 点位置。*CD* 段(卸压充分恢复区),由于回采空间范围大,覆岩垮落充分,采空区被矸石逐渐充满压实,且基本顶回转变形触矸,将覆岩自重应力作用在底板岩层上,被保护层应力充分恢复,在 *D* 点垂直应力基本快恢复至原岩应力水平,或在 D_1 点垂直应力超过原岩应力。*DE* 段(卸压稳定区),随着工作面推进,距离越来越远,该区域覆岩变形基本稳定,卸压进入稳定阶段。垂直应力变化可分为四个部分:高应力集中区、卸压区、卸压充分恢复区、卸压稳定区。

根据被保护层 $2^{-2中}$ 煤应力变化规律,可得到保护层开采达到最大卸压效果时,初次卸压峰值步距、周期性卸压峰值步距、卸压恢复步距等参数,详见表 6-1。

表 6-1　保护层卸压相关参数

类　别	参数/m
初次卸压峰值步距	80
周期性卸压峰值步距	60～80
初次卸压恢复步距	140
周期性卸压恢复步距	70～80

为了定量化研究 $2^{-2中}$ 煤卸压区和增压区的分布规律,对推进距离为 1 000 m 的采空区下方 $2^{-2中}$ 煤应力进行量化分析,如图 6-19 所示。图中上半部分深色区域代表增压区,中间浅色区域代表卸压区,下半部分深色区域代表充分卸压区。

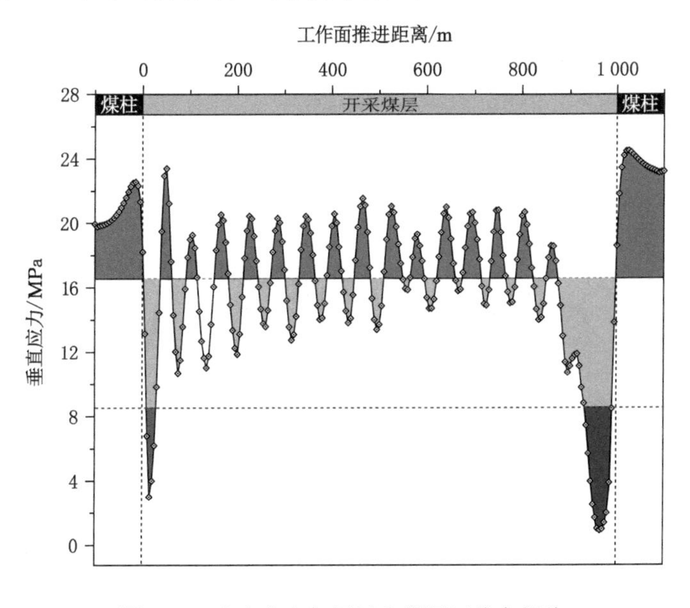

图 6-19　走向方向卸压区和增压区分布规律

由图 6-19 可知,被保护层受保护层采动影响,形成了 16 个卸压区和 17 个增压区;采空区两侧边界煤柱为增压区,采空区内为卸压区和增压区交替分布,采空区两侧卸压区域的范围和程度均比采空区中部大，这表明采空区中心区域垮落矸石压实程度比两侧要大。由于边界煤柱的存在，采空区两侧出现充分卸压区。若被保护层应力小于原岩应力即为卸压，则被保护层卸压，走向方向的卸压角为 79.2°和 80.1°。被保护层卸压区范围分别为 4.8～37.5 m、61.7～92.6 m、111.3～152.1 m、176.8～212.6 m、242.5～273.1 m、300.6～332.8 m、367.9～392.3 m、420.5～448.6 m、483.2～512.8 m、549.6～565.8 m、592.8～622.4 m、658.5～677.3 m、712.2～737.6 m、764.1～788.2 m、821.8～853.6 m、873.6～995.6 m，卸压区范围累计为 554.7 m，占采空区范围的 55.47％。若被保护层应力小于原岩应力的一半，则被保护层充分卸压，走向方向的充分卸压角分别为 68.6°和 70.6°，被保护层充分卸压区范围分为 9.8～27.8 m、930.6～991.2 m，采空区充分卸压范围累计为 79.3 m，占采空区范围的 7.93％。

为了定量化研究 $2^{-2\text{中}}$ 煤倾向方向的卸压区和增压区分布规律，对充分采动后采空区下方 $2^{-2\text{中}}$ 煤的应力进行量化分析，如图 6-20 所示。图中上半部分深色区域代表增压区，下半部分浅色区域代表卸压区，最下面深色区域代表充分卸压区。从图中可知，21104 工作面开采后被保护层 $2^{-2\text{中}}$ 煤共形成 6 个卸压区和 7 个增压区，21105 工作面开采后被保护层 $2^{-2\text{中}}$ 煤共形成 5 个卸压区和 6 个增压区；从整体卸压效果上，21105 工作面开采后被保护层 $2^{-2\text{中}}$ 煤的卸压效果比 21104 工作面开采后的卸压效果好，21104 工作面卸压区的范围和程度均比 21105 工作面的小，这是 21105 工作面开采对 21104 工作面产生二次采动影响，且两个工作面之间 30 m 宽煤柱高应力区辐射导致的结果。倾向方向 $2^{-2\text{中}}$ 煤在区段煤柱下方形成高应力区，最大应力约为 38.47 MPa，表明工作面开采在区段煤柱处产生应力集中，高应力向底板传递，导致 $2^{-2\text{中}}$ 煤在该位置出现应力升高的现象。

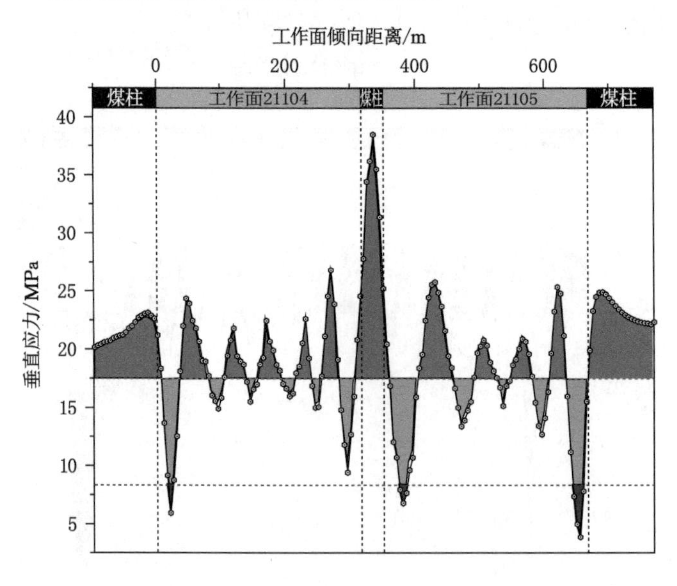

图 6-20　倾向方向卸压区和增压区分布规律

由图 6-20 可知，21104 工作面开采后被保护层 $2^{-2\text{中}}$ 煤在倾向方向卸压角为 59.6°和 70.4°，被保护层 $2^{-2\text{中}}$ 煤卸压区范围分别为 14.7～37.5 m、66.8～82.5 m、108.7～125.2 m、165.5～179.1 m、215.8～237.6 m、288.6～311.1 m，卸压区范围累计为 112.9 m，占采空区

范围的 35.28%。保护层开采倾向方向的充分卸压角为 56.8°，被保护层充分卸压区范围为 296.5～303.6 m，充分卸压区范围累计为 7.1 m，占采空区范围的 2.22%。21105 工作面开采后被保护层 $2^{-2中}$ 煤在倾向方向卸压角为 73.7°和 69.6°，被保护层 $2^{-2中}$ 煤卸压区范围分别为 7.3～38.1 m、63.9～88.7 m、126.8～147.1 m、183.5～213.2 m、268.4～310.7 m，采空区卸压范围累计为 147.9 m，占采空区范围的 46.22%。保护层开采倾向方向的充分卸压角为 67.3°和 47.7°，被保护层充分卸压区范围分为 10.5～27.6 m、287.4～297.2 m，采空区充分卸压范围累计为 26.9 m，占采空区范围的 8.41%。

根据被保护层 $2^{-2中}$ 煤的卸压区范围的计算，保护层走向和倾向的卸压角、卸压范围比例等卸压参数见表 6-2。

表 6-2　保护层卸压有效范围

类　别	卸压角/(°)	卸压比例/%	充分卸压角/(°)	充分卸压比例/%
走向方向	79.2～80.1	55.47	68.6～70.6	7.93
倾向方向	59.6～73.7	35.28～46.22	47.7～67.3	2.22～8.41

二、位移变化规律

被保护煤层的位移量变化可在一定程度上反映煤体的变形破坏程度，被保护煤层位移量越大，变形破坏程度越高，其塑性区范围越广，对被保护煤层的卸压保护程度越大。上保护层 2^{-1} 煤开采过程中，被保护层 $2^{-2中}$ 煤沿走向方向垂直位移的变化规律如图 6-21 所示。

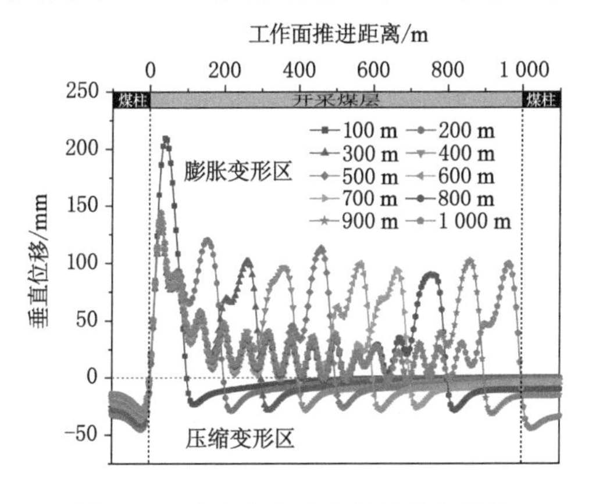

图 6-21　走向方向垂直位移变化规律

由图 6-21 中可知，被保护层 $2^{-2中}$ 煤垂直位移沿走向方向可分为三个区：① 压缩变形区，垂直位移为负值，主要位于采空区边界煤柱和工作面煤壁前方煤体正下方，被保护层受到采空区边界煤柱和工作面煤壁前方煤体的高支承压力作用影响，被保护层增压。② 膨胀变形区，垂直位移为正值，主要位于采空区垮落矸石正下方，此时被保护层位于采空区应力降低区域，被保护层卸压。但随着工作面继续推进，采空区覆岩垮落，应力逐渐恢复，整体上膨胀变形得到减小，部分区域由于采空区矸石充分压实，该区域由卸压区转变为增压区，但被保护层从位移量角度上仍为膨胀变形。③ 未扰动区，垂直位移几乎为零，主要位于距离工作面较远的未受采动扰动区域。由于采空区覆岩垮落和矸石压实程度的不均匀性，采空区内的膨胀变形状态恢复就会出现不一致性。

数值模型中 21104 工作面和 21105 工作面开采结束后，在模型走向中部沿倾向做剖面，提取被保护层 $2^{-2中}$煤沿倾向的位移测点，如图 6-22 所示。21104 工作面和 21105 工作面被保护层垂直位移变化规律基本相似，采空区正下方被保护层为正值，为膨胀变形区；采空区两侧边界煤柱和中部区段煤柱正下方为负值，为压缩变形区。21105 工作面的下伏底板岩层位移量比 21104 工作面的大，表明 21105 工作面开采对 21104 工作面产生了二次采动影响，进一步使被保护层膨胀变形恢复减弱。另外，两个工作面间 30 m 宽煤柱下方被保护层位移量最小，受到的压缩变形最大，该区域应力集中现象明显，压应力向底板传播，导致煤柱下方的被保护层压应力升高，被保护层开采时该区域易发生动力灾害。

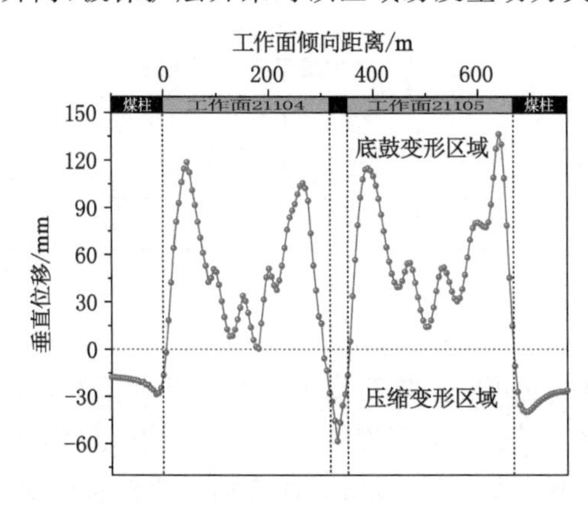

图 6-22　倾向方向垂直位移变化规律

上保护层开采过程中被保护层的应力场和位移场变化具有一定内在联系，走向方向垂直位移与垂直应力的关系如图 6-23 所示。位移曲线的波峰点位置对应的是应力曲线的波谷点，位移曲线的波谷点位置对应的是应力曲线的波峰点，两者刚好呈一一对应的关系，表明被保护层位移量越大，膨胀变形越剧烈，卸压效果越好；被保护层位移量越小，膨胀变形越平缓，卸压效果越差。倾向方向垂直位移与垂直应力的关系如图 6-24 所示，位移场和应力场变化关系同走向方向基本一致，在区段煤柱处的位移为最小峰值，应力为最大峰值，且在区段煤柱影响区域内应力场和位移场变化幅度最大。

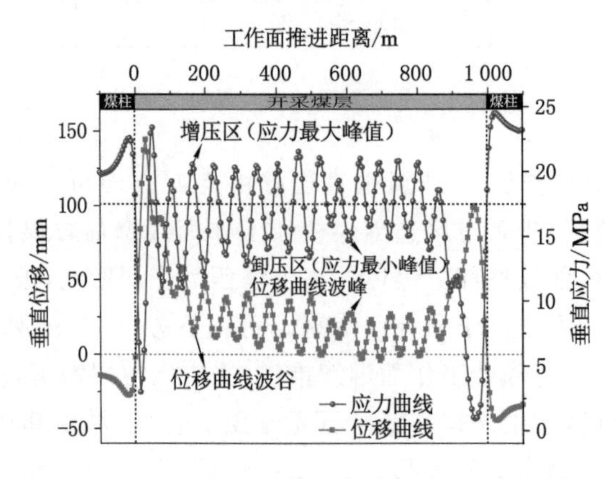

图 6-23　走向方向垂直位移与垂直应力的关系

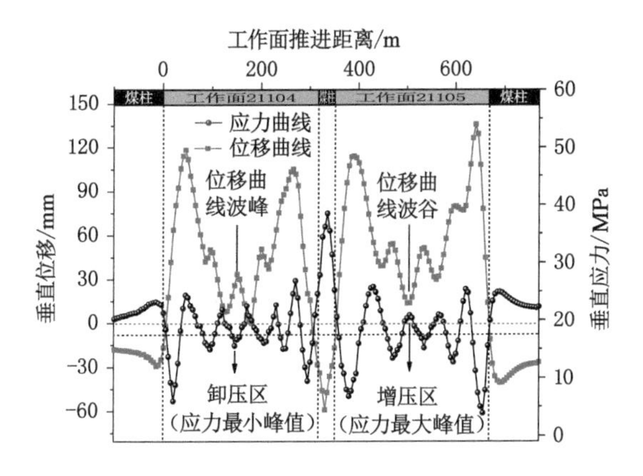

图 6-24　倾向方向垂直位移与垂直应力的关系

第五节　本章小结

本章以葫芦素煤矿近距离煤层群上保护层开采为研究背景，通过数值计算从不同尺度上研究了上保护层开采下伏煤岩的应力场、应变场及位移场时空演化规律，确定上保护层开采的卸压深度、卸压范围以及卸压角度等参数。主要获得以下结论：

(1) 采用离散元数值模拟计算，保护层开采后采空区内矸石垮落具有不均匀性，充分垮落区和非充分垮落区交替分布，造成采空区内应变恢复也出现不一致性，引起采空区下伏煤岩卸压不均匀分布，采空区内卸压区、应力恢复区、增压区交替分布。被保护层 $2^{-2中}$ 煤应力分布曲线呈动态变化过程，保护层开采范围较小时，被保护层垂直应力分布曲线呈“U”形；随着保护层开采范围逐渐增大，垂直应力分布曲线由“U”形逐渐转为“W”形；随着开采空间进一步增大，垂直应力分布曲线由“W”形转变为多个“W”形叠加分布。

(2) 3DEC 离散单元法程序计算得到保护层开采初次卸压峰值步距为 80 m，周期性卸压峰值步距为 60 m，初次卸压恢复步距为 140 m，周期性卸压恢复步距为 70 m，走向卸压角为 79.2°～80.1°，倾向卸压角为 59.6°～73.7°，采空区内走向卸压比例为 55.47%，倾向范围内卸压比例为 35.28%～46.22%。

第七章 保护层开采下伏煤岩卸压效果的光纤感测工业试验

通过前几章的相关研究，初步阐明了保护层开采对下伏煤岩实体具有卸压作用，分析了保护层开采的卸压机理和影响因素，开展了保护层开采卸压力学试验和模型试验，建立了保护层开采卸压指标判别准则及评价体系。本章将进一步通过现场工业试验进行实际验证，针对葫芦素煤矿保护层 2^{-1}煤 21104 工作面，利用光纤传感技术监测保护层开采下伏煤岩变形及卸压规律，探讨保护层开采的实际效用，并验证研究成果的科学性与合理性。

针对葫芦素煤矿特殊工程条件及监测目的，本次设计采用光纤钻孔植入方式进行监测。设计在 21104 工作面主运输巷向底板钻设 1#、2#、3# 三个钻孔，在钻孔中植入光纤，利用 FBG-BOTDA 联合监测保护层 2^{-1}煤开采过程中下伏煤岩变形规律，监测保护层开采下伏煤岩破裂深度及范围，揭示保护层开采卸压空间与时间关系，最终确定保护层开采的卸压角度、保护范围、卸压程度及时效性，这对矿井 $2^{-2中}$煤冲击地压防治措施的制定、安全开采的时间和范围提供技术支持。

第一节 光纤感测岩体变形演化基础理论

一、BOTDA 布里渊光时域分析技术

布里渊光时域分析技术（BOTDA）由 T. Horiguchi 和 M. Tateda 于 1989 年提出，其传感原理如图 7-1 所示。基于布里渊散射原理，BOTDA 光纤传感技术从光纤两端分别注入连续探测光信号和泵浦脉冲光信号，当连续光和脉冲光的频率差与光纤中某个区域的布里渊频移相等时，该区域会产生受激布里渊放大效应，根据布里渊频移与温度和应变关系，对两激光的频率进行连续调节，监测从光纤一端耦合出来的连续光功率，可确定光纤各小区间上能量转移到最大时的频率。光纤中温度、应变和布里渊频移的关系如下式所示：

$$\begin{cases} \delta_{\nu B} = C_{\nu\varepsilon} + C_{\nu T}\delta_T \\ \dfrac{\delta_{PB}}{P_B} = C_{P\varepsilon}\delta_\varepsilon + C_{PT}\delta_T \end{cases} \tag{7-1}$$

式中 $\delta_{\nu B}$——布里渊频移变化量；

δ_{PB}——布里渊功率相对变化量；

δ_ε，δ_T——应变和温度变化量；

$C_{\nu\varepsilon}$，$C_{\nu T}$——频移应变系数和频移温度系数；

$C_{P\varepsilon}$，C_{PT}——布里渊功率应变系数和功率温度系数。

二、光纤 Bragg 光栅传感技术

1978 年，K. O. Hill 等首先在掺锗光纤中采用驻波写入法制成第一个光纤光栅。根据

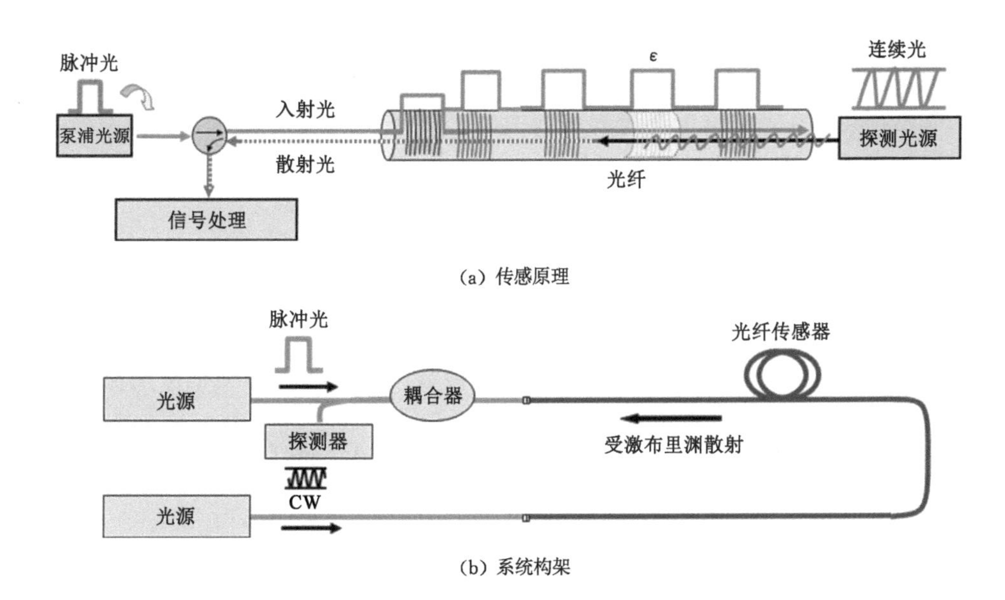

图 7-1　BOTDA 技术传感原理及系统构架

耦合模理论，当宽带光在光纤中传播时，满足布拉格条件的光会被反射，其余的光将成为透射光继续向前传播，如图 7-2 所示。

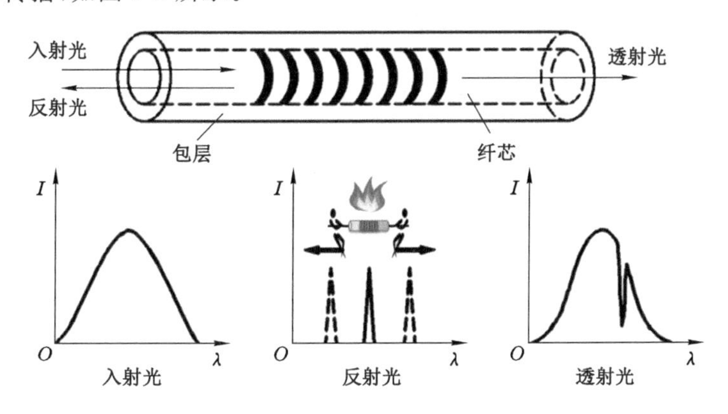

图 7-2　光纤布拉格光栅传感原理

当光栅周围的温度或应力发生变化时，会导致光栅栅距周期及纤芯有效折射率的变化，从而使中心波长发生偏移。假设应变和温度分别引起 Bragg 中心波长的变化是相互独立，对于单模石英光纤，光纤的中心波长、应变和温度之间呈线性关系：

$$\frac{\Delta\lambda_B}{\lambda_B} = K_\varepsilon \Delta\varepsilon + K_T \Delta T \tag{7-2}$$

式中　$\Delta\lambda_B$——Bragg 中心波长的漂移量，pm；

$\Delta\varepsilon, \Delta T$——光栅所受的应变、温度变化量；

K_ε, K_T——光纤光栅的应变、温度标定系数。

工程监测中通常多个光纤光栅串联在一起，即若干 FBG 可以通过拓扑结构或传感阵列，构建出适用各层次需求的传感网络系统，实现大面积、广覆盖、多维度的实时智能监测。

当光纤光栅串接形成传感阵列进行准分布监测时,为使解调系统获取每一个反射中心波长信息,需保证能够“搜寻”到每一个光栅,要求阵列中各个光栅中心波长及其变化范围不能重叠交叉、互不扰动。在光栅准分布感知阵列中,两个相邻的光栅中心波长需要有一定的间隔,相邻两个光栅感知信号互不串扰必须满足:

$$\lambda_i + \Delta\lambda_{i+} < \lambda_j - \Delta\lambda_{j+} (1 \leqslant i \leqslant j, \text{且 } i = j - 1) \tag{7-3}$$

式中 i,j——阵列中相邻的两 FBG;

λ_i,λ_j——任意相邻两个光栅的中心波长;

$\Delta\lambda_{i+},\Delta\lambda_{j+}$——最大正向波长漂移量。

因此,使用光栅串联测试时,必须对光栅波长参数进行设定,以满足其波动范围。

第二节 采动岩体与光纤传感应变传递分析

光纤传感技术应用于岩土工程结构体变形监测已成为重要研究课题,实际应用中发现传感光纤与岩体结构的变形协调性对监测结果有着直接影响。光纤传感器植入岩体中固结后,光纤与岩体结合紧密可视为一体同步变形。但光纤在应变传递过程中与封装材料、基体变形之间存在力学传递界面效应,造成光纤的应变与被测基体的实际应变不相同,尤其当岩体变形尺度变大后,光纤感知的岩体变形传递误差就会更大。因此,有必要研究光纤植入被测基体后的力学状态、应变传感的界面传递特性。

在岩体的自重应力与水平构造应力共同作用下,围岩向光纤挤压,岩体与光纤接触面上产生沿光纤轴向的剪应力。岩体中的变形应力通过封装材料传递至纤芯从而实现光纤感知岩体变形[213]。建立光纤-岩体界面力学关系,如图 7-3 所示。图 7-3(a)为应力从岩体传递至光纤的过程示意图,由于光纤纤芯、封装材料之间存在应力传递,在岩体变形过程中纤芯、封装材料均受到不同程度的拉伸作用,纤芯被拉伸后改变了光信号的传递路径,通过分析光信号变化即可感测岩体内部变形信息。图 7-3(b)为光纤、封装材料、岩体的应变传递模型,以光纤的中心位置为坐标原点,设光纤轴向为 x 坐标轴,垂直钻孔方向为 y 坐标轴。并作如下假设:① 材料均为线性,基体材料仅沿光纤轴线方向承受均匀拉伸应变,不直接受外力作用;② 光纤与封装材料、被测基体完全耦合,无滑移。

光纤轴向合力为零的力学平衡条件,得出:

$$\mathrm{d}\sigma_{\mathrm{q}} = -\frac{2\tau_{\mathrm{q}}(x, r_{\mathrm{q}})}{r_{\mathrm{q}}} \tag{7-4}$$

式中 σ_{q}——光纤光栅传感器的轴向应力,MPa;

τ_{q}——沿光纤光栅传感器的表面剪切力,MPa;

r_{q}——传感器半宽,m。

对于光纤光栅传感器的封装材料,若任一截面沿轴向合力为零,由式(7-4)可得:

$$\tau_{\mathrm{c}}(x, r) = -\frac{r_{\mathrm{q}}^2}{2r}\frac{\mathrm{d}\sigma_{\mathrm{q}}}{\mathrm{d}x} - \frac{r^2 - r_{\mathrm{q}}^2}{2r}\frac{\mathrm{d}\sigma_{\mathrm{r}}}{\mathrm{d}x} \tag{7-5}$$

式中 τ_{c}——光纤光栅传感器封装材料表面的剪应力,MPa;

σ_{r}——光纤光栅传感器封装材料轴向应力,MPa。

假定光纤光栅传感器各层的应力梯度相等,忽略 Poisson 效应可得:

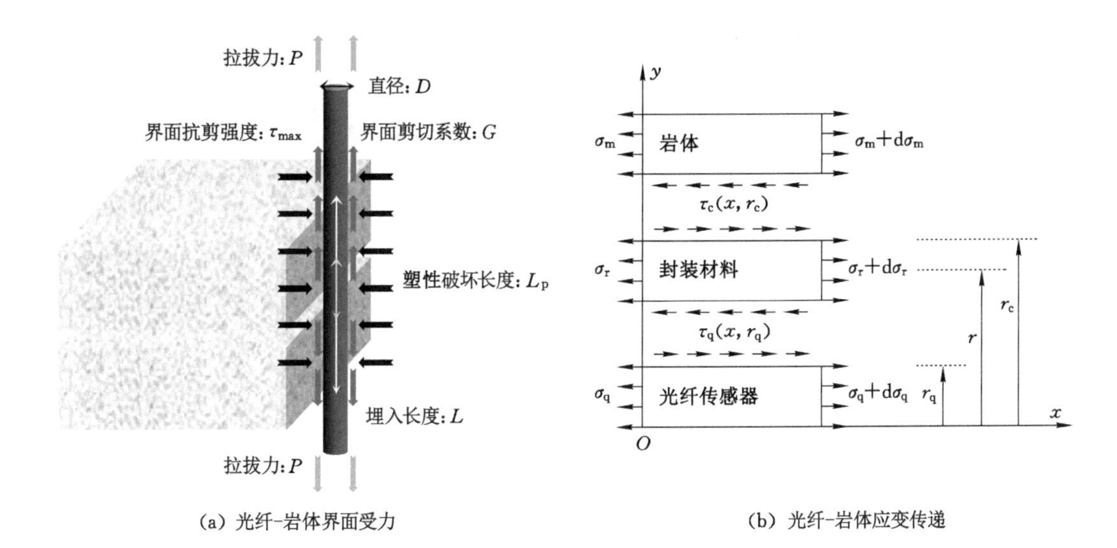

(a) 光纤-岩体界面受力　　(b) 光纤-岩体应变传递

图 7-3　光纤-岩体界面力学关系

$$\tau_c(x,r)=-\left(\frac{r_q^2}{2r}E_q+\frac{r^2-r_q^2}{2r}E_c\right)\frac{d\varepsilon_q}{dx} \tag{7-6}$$

式中　ε_q——轴向应力。

若仅考虑轴向变形，设 μ' 为封装材料沿光纤光栅传感器轴向的剪切位移，则：

$$\tau_c(x,r)=G_c\frac{d\mu'}{dr} \tag{7-7}$$

式中　G_c——光纤光栅传感器封装材料的剪切模量，GPa。

联立式(7-6)和式(7-7)可得：

$$\mu_c-\mu_q=-(1+\mu_c)\left[\frac{1}{2}r_c^2-\frac{1}{2}r_q^2-\left(1-\frac{E_q}{E_c}\right)r_q^2\ln\left(\frac{r_c}{r_q}\right)\right]\frac{d\varepsilon_q}{dx} \tag{7-8}$$

式中　μ_c——封装材料距 x 坐标原点轴向的剪切位移；

μ_q——光纤传感器距 x 坐标原点轴向的剪切位移；

r_c——裸纤半宽，m。

令
$$k_2^2=\frac{1}{(1+\mu_c)\left[\frac{1}{2}r_c^2-\frac{1}{2}r_q^2-\left(1-\frac{E_q}{E_c}\right)r_q^2\ln\left(\frac{r_c}{r_q}\right)\right]}$$

式(7-8)对 x 求导，则光纤光栅传感器在被测基体的应变传递率为：

$$\alpha_2(k_2,x)=1-\frac{\cosh(k_2x)}{\cosh(k_2M)} \tag{7-9}$$

由上式可知，应变传递率的影响因素是传感器的半长 M、封装材料弹性模量 E_c 和泊松比 μ_c。

光纤-岩体变形过程示意图如图 7-4 所示。图 7-4(a)为界面剪应力与剪应变关系，其中 OA 段为弹性变形阶段，光纤与岩体耦合性随变形增大逐步降低；AB 段为塑性变形阶段，此时光纤与岩体脱离，界面剪应力达到最大值并保持不变。图 7-4(b)为光纤从岩体中逐渐脱离过程中光纤轴力与位移关系，该过程可分为纯弹性、弹塑性、纯塑性三个阶段，三个阶段分别对应光纤测试完全有效、部分有效和失效三个过程。在光纤-岩体界面的渐进破坏过程中，其界面力学性可通过理想弹塑性模型进行表示。

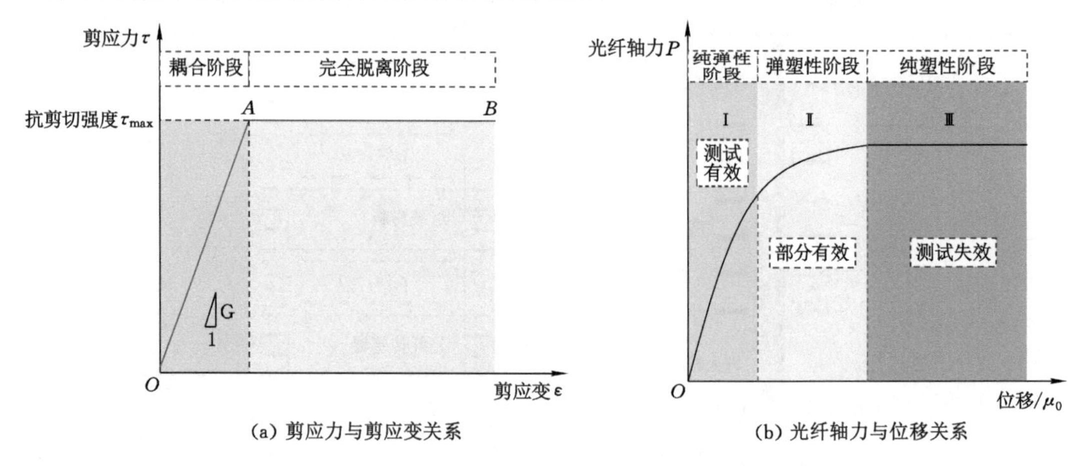

(a) 剪应力与剪应变关系　　(b) 光纤轴力与位移关系

图 7-4　光纤-岩体变形过程

基于学者[214]提出光纤-土体界面渐进破坏拉拔模型，模型基于界面剪应力-剪应变的理想弹-塑性模型，将光纤在土体中的拉拔破坏过程分为纯弹性、弹塑性及纯塑性三个阶段，拉拔力 P 与位移 μ'_0 的关系为：

$$P=\begin{cases}-\dfrac{2DG}{\beta}\tanh(\beta L)\mu'_0 & \text{(纯弹性阶段)}\\ -\dfrac{AE}{L_P}\left(\mu'_0+\dfrac{\tau_{max}}{G}\right)+\dfrac{\pi D}{2}L_p\tau_{max} & \text{(弹塑性阶段)}\\ \pi D\cdot\tau_{max}L & \text{(纯塑性阶段)}\\ \beta=\sqrt{4G/ED}\end{cases}\tag{7-10}$$

式中　D——光缆的直径，mm；

L——埋入长度，m；

E——弹性模量，GPa；

A——光缆截面积，mm^2；

G——光纤-岩体界面剪切系数；

τ_{max}——界面抗剪强度，MPa；

L_P——界面破坏过程中的塑性段长度，m。

各个阶段对应光纤应变表达式为：

$$\varepsilon(x)=\begin{cases}\dfrac{P}{AE}\cdot\dfrac{\sinh[\beta(L-x)]}{\sinh[\beta L]} & \text{(纯弹性阶段)}\\ \dfrac{F_T}{AE}\cdot\dfrac{\sinh[\beta(L-x)]}{\sinh[\beta(L-L_P)]} & \text{(弹塑性阶段之弹性段)}\\ \dfrac{4\tau_{max}}{DE}\cdot(L_P-x)+\dfrac{4F_T}{\pi DE} & \text{(弹塑性阶段之塑性段)}\\ \dfrac{4\tau_{max}}{DE}\cdot(L-x) & \text{(纯塑性阶段)}\end{cases}\tag{7-11}$$

式中　x——取值范围为 $0\sim L$，弹塑性阶段之弹性段取值范围 $L_P\sim L$，塑性段取值范围

$0 \sim L_P$；

F_T——由弹性段到塑性段过渡转折点处轴力，N。

$$F_T = \pi D \tau_{max} / \beta \tanh[\beta(L - L_P)] \tag{7-12}$$

光纤-岩体界面剪应力可通过下面公式计算：

$$\tau = -\frac{ED}{4}\frac{d\varepsilon}{dx} \tag{7-13}$$

式中　$d\varepsilon/dx$——沿光纤的应变梯度；

ε——光纤应变。

若计算光纤-岩体界面剪应力小于界面抗剪强度 τ_{max}，则可认为光纤与岩体未发生脱离；若大于界面抗剪强度 τ_{max} 则认为光纤与岩体发生滑移。上述判别公式仅针对岩体尚未达到强度极限产生破裂，当岩体已发生明显破坏后光纤与岩体接触界面必然同步破坏，无须再通过上述公式检验。

第三节　光纤传感监测系统设计及安装

一、光纤解调设备及传感器选型

（一）光纤解调设备选型

工业试验采用分布式光纤传感监测技术和光纤光栅(FBG)准分布式传感监测技术联合监测方法，实现对煤体及围岩体整体变形和局部高精度变形的联合监测。布里渊时域应力分析仪采用了预泵浦布里渊光时域分析技术，空间分辨率达到 0.05～1 m，空间采样距离达 1 cm，用普通单模光纤即可完成应变和温度的测量，测量精度为 15 $\mu\varepsilon$/0.75 ℃。光纤光栅传感器数据采集利用 16 通道的 Sm225 光纤光栅传感解调仪进行测量，波长测量范围 1 510～1 590 nm，每通道最大传感器数量为 40，波长精度为±5 pm，动态范围 44 dB，扫描频率 1 Hz；该便携式仪器体积较小，监测精度高，尤其适合工程现场定期数据采集。

（二）光纤传感器选型

定点光纤光栅传感器是将中心波长不同的光纤光栅刻写在同一光纤上，然后进行光纤光栅器件封装，直接加工成 4 m、3 m、1 m 定点的光纤光栅光缆，加工成的定点光纤光栅光缆具有密集分布，引线少，一次性同时采集等优点，该光缆通过一根与纤芯直径相当的空管将纤芯与外界进行隔离，其光缆受到压力后，外层护套和内层光纤将会挤压接触，因此即可对空间细微尺度变形进行测量，亦可对一些大变形进行分摊，从而可以达到测量非连续大变形的目的。金属基索状光缆通过多股金属加强筋对光纤进行保护，极大地提高了传感光纤的抗拉强度，传感器表面螺纹结构使得自身与岩体有着良好的耦合性，与岩体变形协调一致，适用于全钻孔地层变形测量，具体技术参数如表 7-1 所列。

表 7-1　性能特点及技术参数

参数类型(光栅)	参数值	参数类型(光纤)	参数值
中心波长/nm	1 510～1 590	光纤类型	单模
波长容差/nm	±0.2	光缆类型	金属基

表 7-1(续)

参数类型(光栅)	参数值	参数类型(光纤)	参数值
栅区长度/mm	1	纤芯数量	1
反射率/%	≥80	光缆截面尺寸/mm	Φ5.0
抗拉强度/kpsi	≥100	光缆质量/(kg/km)	38

注:1 kpsi=6.895 MPa。

二、光纤传感器布设方案

(一) 光纤传感器布设

针对葫芦素煤矿特殊工程条件及监测目的,本次设计采用光纤钻孔植入方式进行监测。根据葫芦素煤矿工程地质条件,为了研究 2^{-1}煤开采卸压时空区域及卸压有效时间,设计在21104 工作面主运输巷向底板钻设 1#、2#、3# 三个钻孔,在钻孔中植入光纤,利用 FBG-BOTDA 联合监测采动煤岩体应力-应变规律,揭示近距离煤层群开采卸压空间与时间关系。为了监测 2^{-1}煤充分采动底板卸压过程,设计钻场位置在距离 21104 工作面开切眼位置1 753.90 m,位于主运输巷的 11# 联络巷巷口处,钻场坐标约为(4 323 050 m,19 371 700 m,678 m)。光纤传感器布设示意图如图 7-5 所示。

(二) 光纤植入钻孔参数

受限于施工现场采矿地质条件、巷道积水、顶板高度及孔底岩粉等多种因素,实际施工过程对设计钻孔参数进行调整,最终光纤钻孔成孔参数为:1# 光纤孔方位角 270°,倾角 15°,孔长 133.00 m,监测倾向方向卸压规律;2# 光纤孔方位角 270°,倾角 45°,孔长 37.00 m,监

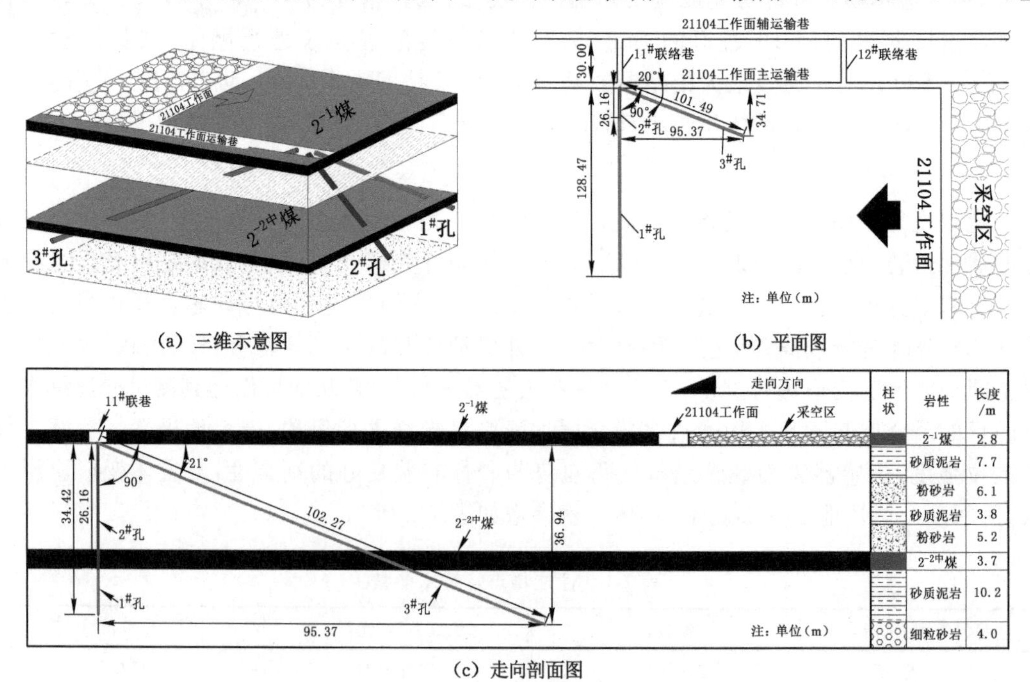

(a) 三维示意图

(b) 平面图

(c) 走向剖面图

图 7-5 光纤传感器布设示意图

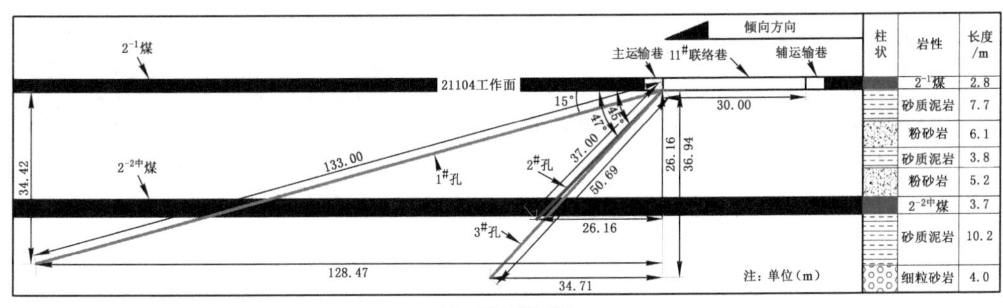

(d) 倾向剖面图

图 7-5 （续）

测倾向方向卸压规律；3# 光纤孔方位角 200°，倾角 20°，孔长 102.27 m，监测走向方向卸压规律；钻孔参数如表 7-2 所列。

表 7-2　光纤钻孔布置参数

钻孔编号	方位角/(°)	倾角/(°)	孔径/mm	钻孔长度/m	垂高/m	倾向平距/m	走向平距/m
1#	270°	15°	110	133	34.42	128.47	0
2#	270°	45°	110	37	26.16	26.16	0
3#	200°	20°	110	102	36.94	34.71	95.37

三、光纤监测系统安装工艺

光纤监测系统安装工艺如下：光纤孔定位及施工、光纤传感器植入钻孔、光纤孔注浆、监测系统连接等。

（一）光纤孔定位及施工

钻孔施工队现场根据度量尺和激光确定钻孔的方位角和倾角，由于施工设备、施工人员及现场条件影响，角度存在一定偏差，偏差约±1°。钻孔施工由矿方施工人员按照技术要求进行施工，钻孔的一般性要求如下：① 一般情况下，钻孔孔径应大于或等于 110 mm；② 钻孔的定焦偏斜不得超过 1°；③ 钻井过程中，防止钻孔坍塌，保证钻井质量；④ 在钻孔成孔后，应对钻孔进行一次扫孔处理，扫除孔壁上的碎石掉块等。钻孔钻进结束后进行测斜定位，获得钻孔轨迹参数后，准备光纤现场安装。

（二）光纤传感器植入钻孔

将金属基索状分布式光缆和定点式光纤光栅光缆分别沿定制金属导头预留的光缆槽布设，两者呈“十字”交叉；再将传感器沿着 PVC 管外侧径向布设，并对光缆施加一定预应力，每间隔一定距离进行固定用于保护；然后光缆开始下放工作，在向钻孔内推入光纤传感器时，推入过程应缓慢匀速，应保持平稳，避免在推入过程中对线缆的破坏；最后光缆全部植入钻孔后，做好孔口保护，防止后续施工破坏。施工流程见图 7-6。

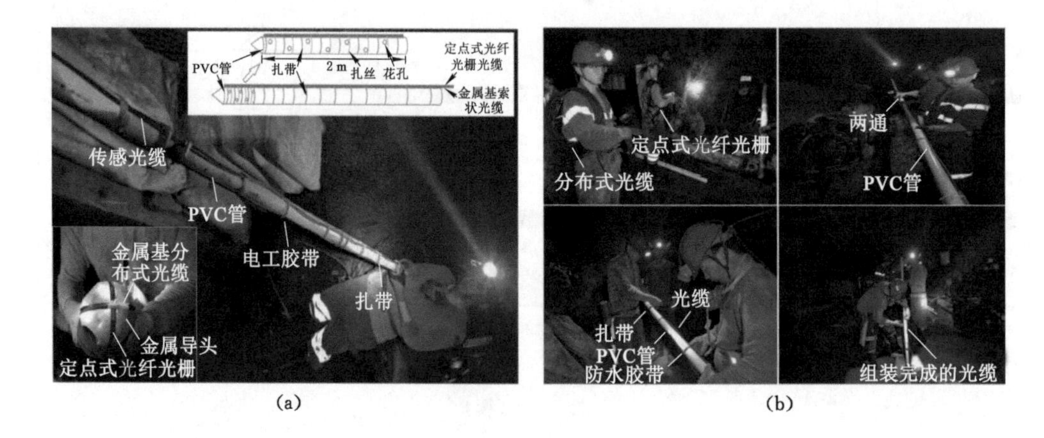

(a)　　(b)

图 7-6　光纤传感器植入钻孔流程

(三) 光纤孔注浆

光纤传感器下放至钻孔底后开始进行注浆,要求水灰比控制在 3∶1～2∶1,再用定制的注浆套管与露在孔外的 PVC 管连接,然后开始带压(0.5～1.0 MPa)注浆,必须连续不间断注浆,以防止水泥凝固,即一次性注满封闭全孔;注浆工艺流程为拌和、搅拌、浆液加压、浆液注入。现场施工见图 7-7。

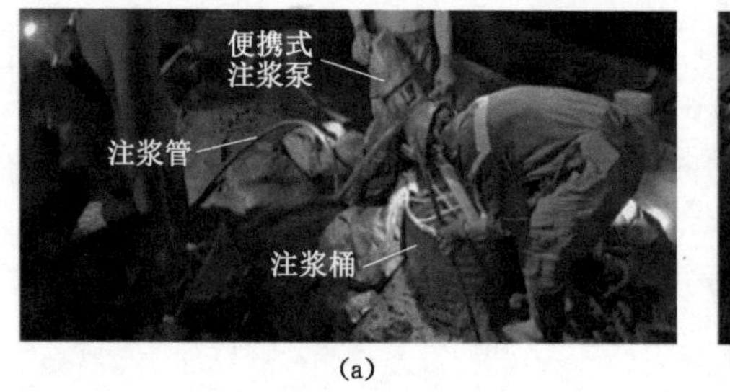

(a)

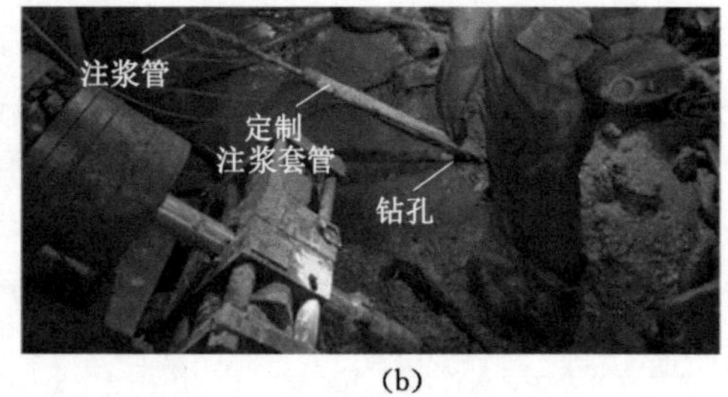

(b)

图 7-7　注浆现场施工图

(四) 监测系统连接

采用光纤熔接机将孔口的 12 根传感光缆全部熔接到矿用 32 芯的传输光缆上。熔接点的光损控制在 0.01 dB 以内,并用套管、接续盒等装置进行保护;再通过将 32 芯矿用传输光缆沿 21104 工作面主运输巷的 11# 联络巷行帮挂设布置,将传感光缆引至 21104 工作面辅运输巷中,用电缆挂钩将 32 芯传输光缆悬挂在 21104 工作面辅运输巷帮部位置,将光缆引至大巷,再经大巷引至井底车场中央变电所,由矿方在中央变电所提供光纤接口并将传感光缆接入井下工业环网,最终实现在矿方副井地面监测监控中心采集光纤传感信号。光纤传输线路及地面监测示意图如图 7-8 所示。

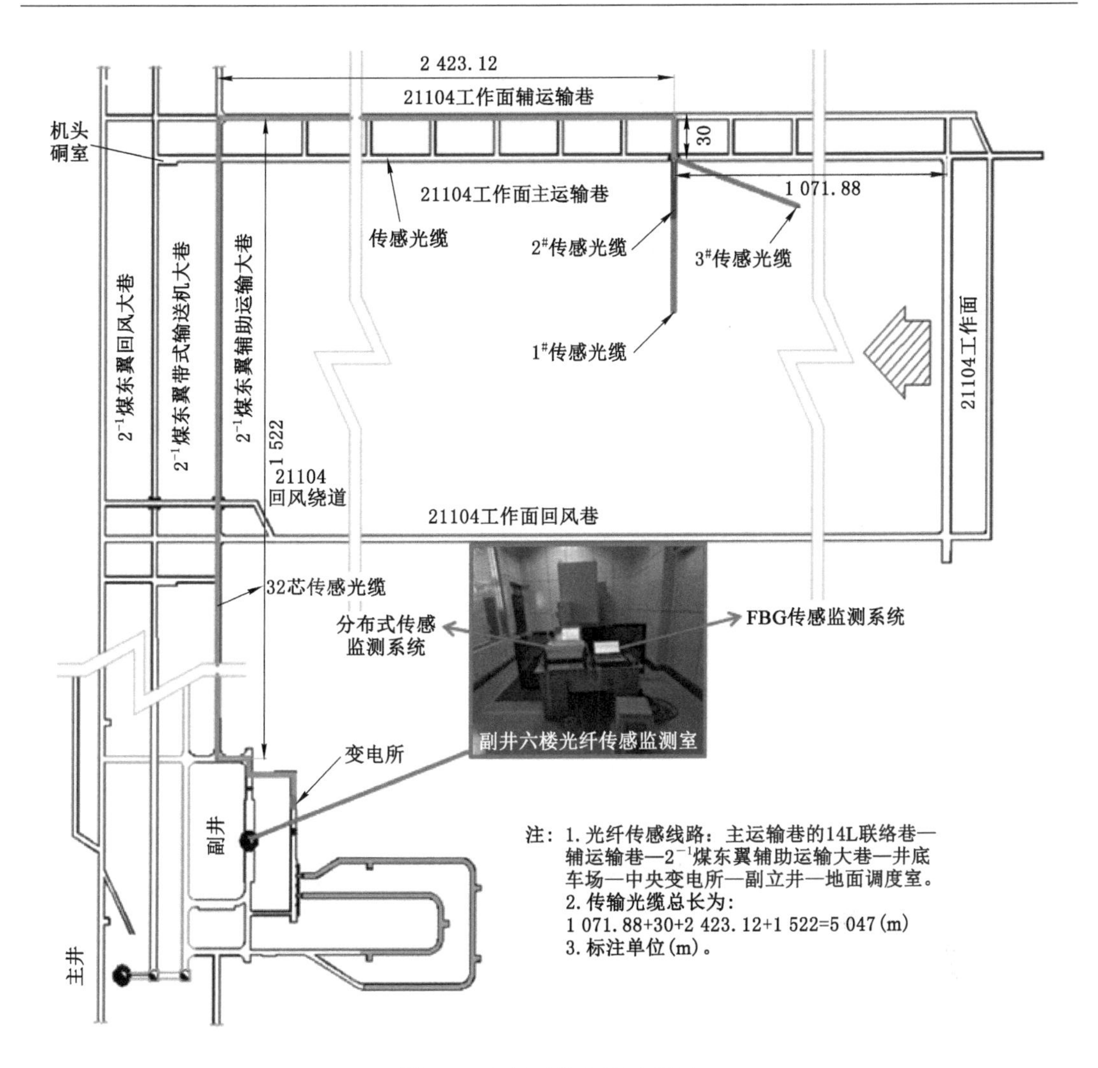

图 7-8　光纤系统布置示意图

第四节　光纤传感监测系统精度分析及空间定位

一、光纤传感监测系统最优化调试

（一）BOTDA 解调仪参数优化及精度分析

为保证 BOTDA 监测系统测量效果和精度，经过多次测量调参优化，最终设置最优测量参数为：测量距离为 10 km，采样间隔为 20 cm，空间分辨率为 50 cm，平均化次数为 2^{13}，输出连续光能量为 1 dBm，输出泵浦光能量为 26 dBm。系统设置好对光纤传感系统进行一次连续性测量，重复测量的误差即视为系统测量误差。对比分析，重复测量中心频移误差在 ±4 MHz，金属基索状光缆应变系数为 0.049 98 MHz/$\mu\varepsilon$，则重复测量光纤传感应变误差在 ±80 $\mu\varepsilon$，如图 7-9 所示。

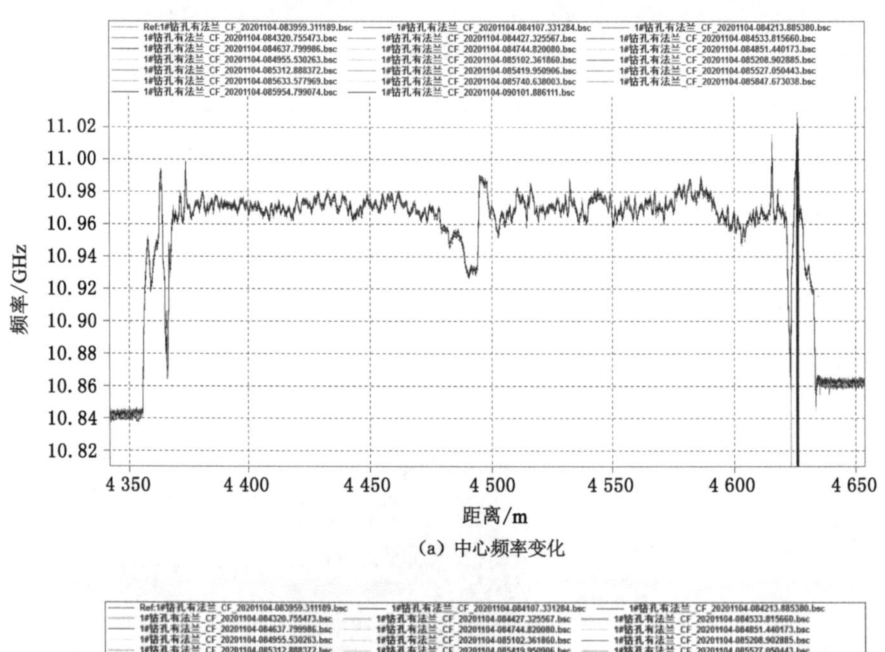

(a) 中心频率变化

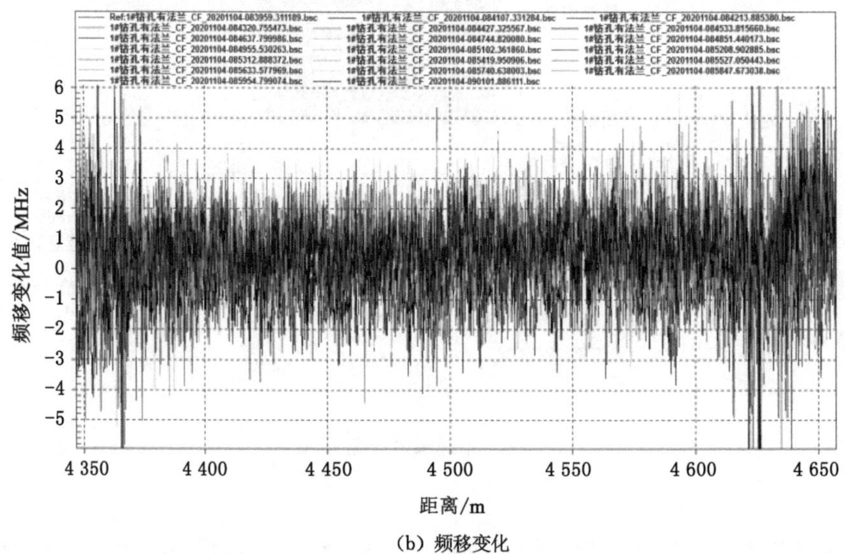

(b) 频移变化

图 7-9　BOTDA 重复测量精度分析

（二）光纤光栅传感解调仪参数优化及精度分析

为保证光纤光栅传感解调仪监测系统的测量效果和精度，针对现场的信号条件优化 Sm225 光纤光栅传感解调仪的监测参数，经过多次测量和调参优化，最终设置参数为：Treshold＝－50.00 dBm、Rel. Treshold＝－15.00 dB、Width＝0.10 nm，Width Level＝3.00 dB。然后对光纤光栅传感系统进行两次连续性测量，数据采集频率为 2 Hz，在两个时间段分别采集 100 组数据；对比分析重复测量的 200 组中心波长数据，得出波长漂移量误差在±3 pm，定点式光纤光栅应变系数为 845 $\mu\varepsilon$/nm，则重复测量光纤光栅传感应变误差在±2.535 $\mu\varepsilon$，如图 7-10 所示。

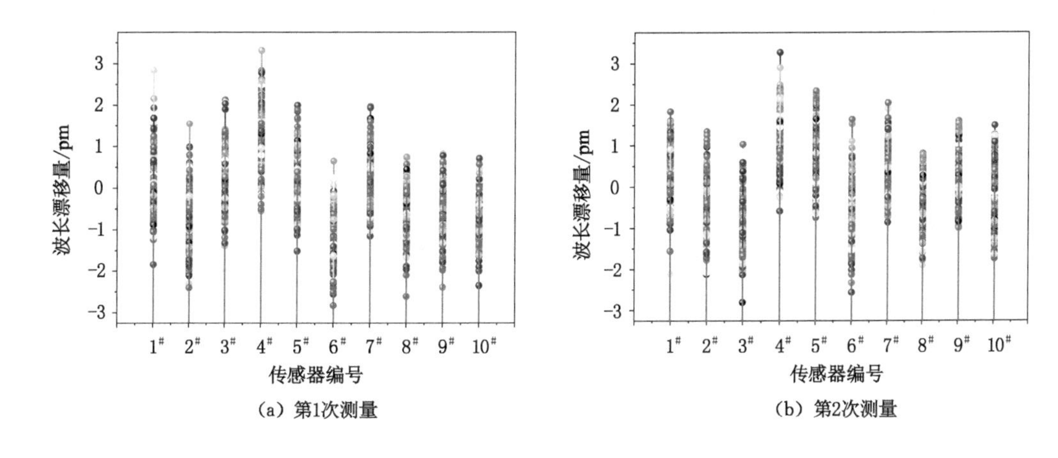

(a) 第1次测量　　(b) 第2次测量

图 7-10　FBG 重复测量精度分析

二、光纤传感器空间定位

系统布设完成后，将仪器采集到的应变数据与实际空间位置进行对应，即空间定位。空间定位精准与否将直接影响到数据分析和事件定位。空间定位的方法可以采用实际距离丈量法、差异应变法、差异纤芯法、微弯事件法等。

(一) 分布式光纤传感器

本试验采用微弯事件法进行空间定位，即在钻孔光纤孔口位置对光缆进行弯折试验，光纤受到拉应变会产生布里渊频率变化，采集信号。其中，3# 光纤孔分布式光纤传感器空间定位结果，监测光缆总长度为 8 948.8 m。其中，钻孔内传感光缆长度为 216.0 m，有效监测范围为 102 m，在系统 4 366.4～4 582.4 m 处；系统传输光缆总长度为 8 732.4 m，副井段的传输光缆为 0～900 m 和 8 048.8～8 948.8 m 之间，辅运巷及主运大巷段的传输光缆为 900～4 366.4 m 和 4 582.4～8 048.8 m 之间。如图 7-11 所示。

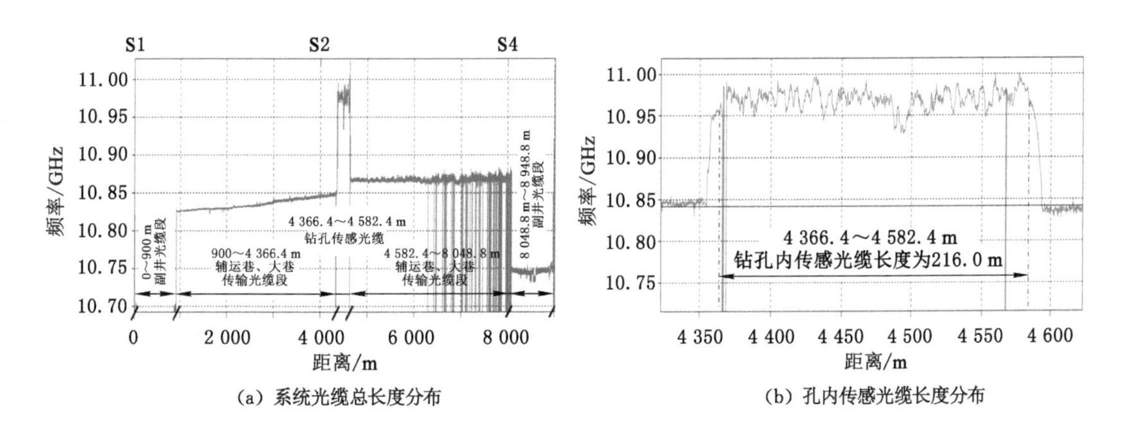

(a) 系统光缆总长度分布　　(b) 孔内传感光缆长度分布

图 7-11　分布式光纤 3# 孔空间定位

根据 BOTDA 空间定位结果，1#、2#、3# 钻孔光纤监测有效范围分别为 133 m、37 m、102 m；3 个钻孔中金属基索状光缆均在孔底形成回路，在孔口一进一回光缆分别接入传输光缆，形成监测系统。3 个钻孔的传感光缆布设垂深不同，分别为 26.16 m、34.42 m、36.94 m，但均可监测到 $2^{-2中}$煤底板以下岩层位置，光纤传感监测的岩性以砂质泥岩、粉砂岩为主，详见图 7-12。

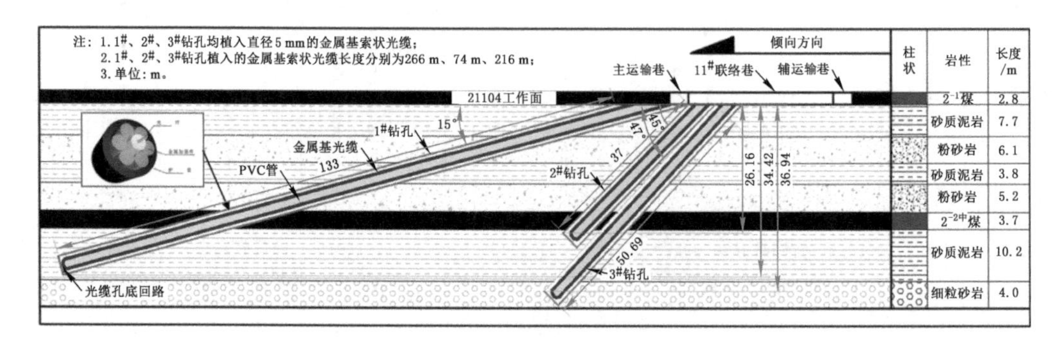

图 7-12　金属基索状光缆分布示意图

（二）定点式光纤光栅传感器

采用 Sm225 光纤光栅传感解调仪进行数据采集初始波长，光纤、光栅传感器在钻孔孔内布置方式见图 7-13。

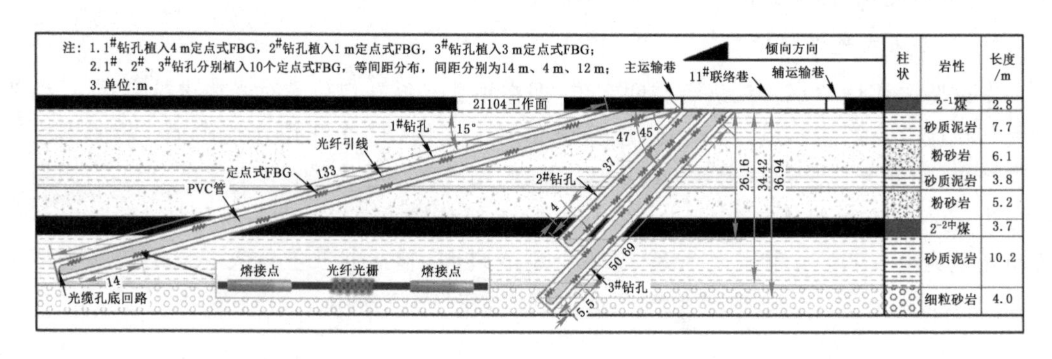

图 7-13　定点式光纤光栅分布示意图

1# 钻孔植入的 10 个 4 m 定点式光纤光栅传感器，等间距分布，间距为 14 m，初始中心波长分别为 1 565.09 nm、1 561.11 nm、1 557.07 nm、1 553.05 nm、1 549.22 nm、1 545.10 nm、1 540.98 nm、1 536.94 nm、1 532.92 nm、1 528.98 nm，从孔口到孔底的 FBG 传感器按照波长值由大到小的顺序依次排列，编号为 FBG-1-01～FBG-1-10；2# 钻孔植入的 10 个 1 m 定点式光纤光栅传感器，间距为 4 m，间距为 12 m，初始中心波长分别为 1 565.20 nm、1 560.95 nm、1 557.11 nm、1 552.96 nm、1 549.13 nm、1 545.09 nm、1 541.00 nm、1 536.93 nm、1 532.98 nm、1 529.04 nm，从孔口到孔底 FBG 传感器按照波长值由大到小的顺序依次排列，编号为 FBG-2-01～FBG-2-10；3# 钻孔植入的 10 个 3 m 定点式光纤光栅传感器，初始中心波长分别为 1 565.24 nm、1 560.94 nm、1 556.93 nm、1 552.95 nm、1 549.09 nm、1 545.04 nm、1 540.88 nm、1 536.87 nm、1 532.97 nm、1 528.99 nm，从孔口到孔底 FBG 传感器按照波长值由大到小的顺序依次排列，编号为 FBG-3-01～FBG-3-10。

第五节 保护层开采下伏煤岩体应变演化规律

采用钻孔植入的方法将光纤和光栅传感器植入煤层底板中，然后通过全钻孔注浆，实现光纤、光栅与被测地层完全耦合，将光纤、光栅传感器接入布里渊光时域分析仪和光纤光栅传感解调仪，形成光纤传感监测系统。由于采动过程中底板会发生移动变形，进而引起光纤传感器轴向受力，影响分布式光纤传感器的频率发生变化，通过频率与应变的传递系数，光纤可捕获采动过程中底板地层的应变变化规律。图 7-14 为 3 个不同方位和角度的光纤感知地层变化的示意图。

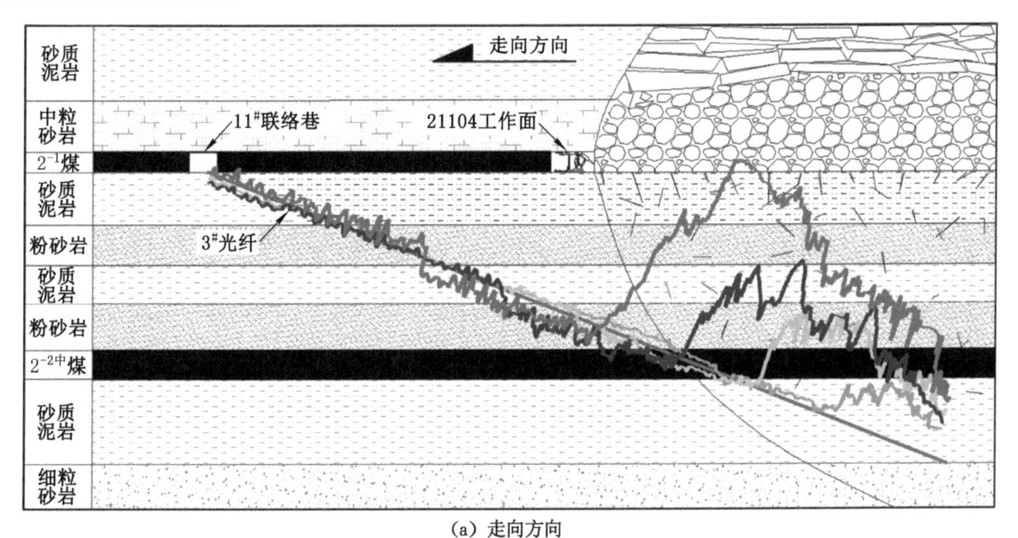

(a) 走向方向

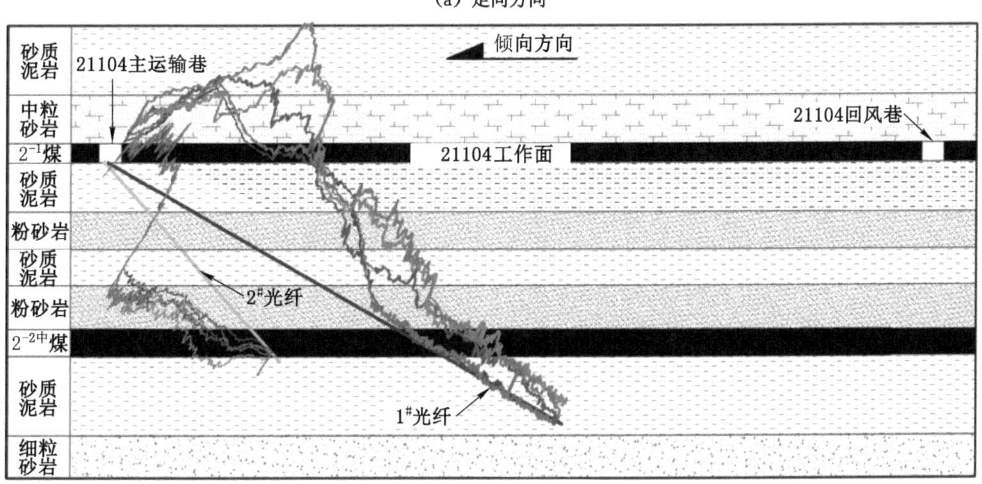

(b) 倾向方向

图 7-14 光纤监测岩体应变变化示意图

一、走向方向煤岩体变形

3# 分布式光纤传感监测孔沿走向朝工作面推进反向方向布设于底板中，光纤与煤层走向夹角为 20°，光纤的长度为 102 m，光纤沿走向方向水平长度为 95.37 m，光纤的垂向高度为 36.94 m。定义以孔底光纤垂直方向与煤层交点位置为零基准，工作面向该位置靠近时，采煤工作面距离光纤走向方向的距离为负值；工作面远离该位置时，采煤工作面距离光纤走向方向的距离为正值。

工作面距离光纤传感器位置较远时，光纤应变值基本在±200 με 范围内变化，该区间变化值为系统误差和温度差所造成的，数据分析时，需剔除这部分误差值。图 7-15 为工作面距离孔底的光纤水平走向范围为－35～0 m 光纤感测的底板煤岩体应变变化曲线。当工作面推进距离光纤传感器约－25 m 时，光纤开始感测到底板煤岩体变形，光纤传感器感知的应变为负值，应变值范围为－45～－123 με，压应变影响范围约为 5.4 m，表明下伏煤岩体受到压应变，这是由于光纤传感器位于工作面超前支承压力范围下方，光纤感知处于压应变的煤岩体位于底板深度约为 36.4 m；当工作面推进距离光纤传感器约－10 m 时，光纤传感器感知煤岩体的应变值增大为－189 με，压应变影响范围约为 34.8 m；随着工作面越来越靠近光纤传感器，光纤传感器受工作面煤壁超前支承压力影响范围越来越大，且随着煤岩体深度变浅，压应变值有所增大，但增大幅度不明显。

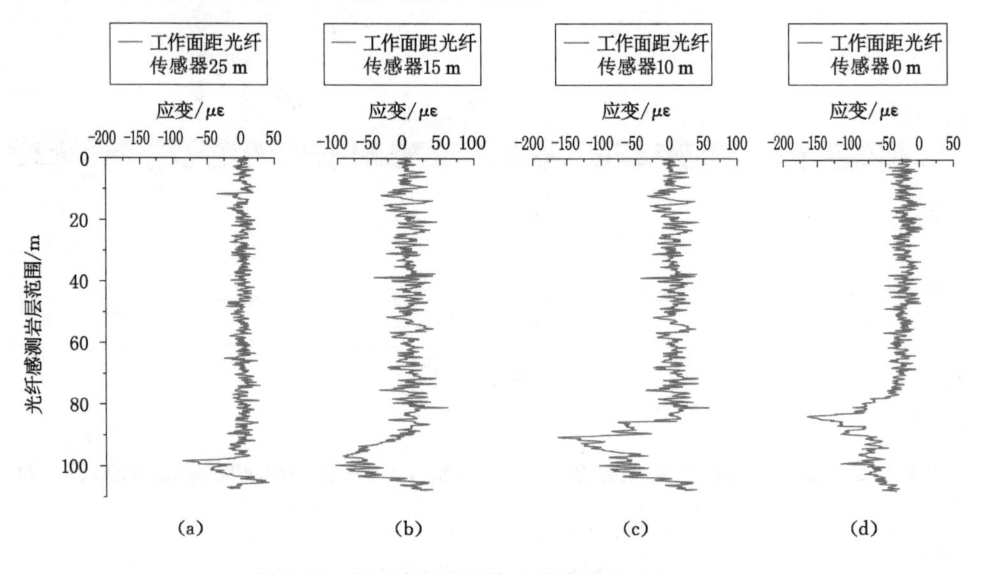

图 7-15 光纤感测煤岩体应变曲线（－35～0 m）

图 7-16 为工作面距离孔底的光纤水平走向范围为 5～35 m 光纤感测的底板煤岩体应变变化曲线。当工作面推进距离光纤传感器约 5 m 时，孔底约 5.6 m 长度范围内的光纤传感器处于采空区下方，其他光纤仍位于工作面前方煤壁下方，此时孔底的光纤传感器压应变值变小；当工作面推进距离光纤传感器约 15 m 时，孔底约 3.4 m 长度范围内的光纤由压应变转为拉应变，应变值约为 487 με，表明该部分光纤所感知的岩体开始向采空区方向膨胀变形；另一部分位于工作面实体煤下方的光纤仍受压应变；当工作面推进距离光纤传感器约 25 m 时，光纤拉应变值增大至 857 με，光纤拉应变影响范围增大，光纤压应变范围不断向浅部转移，即光纤受压范围向工作面推进方向前移；随着工作继续推进，压应变影响区不断上移，拉应变影响范围不断扩大，且拉应变值不断增大。当工作面推进距离光纤传感器约 35 m 时，光纤感知到 $2^{-2中}$ 煤处于拉应变，拉应变值为 326 με，表明受 2^{-1} 煤的采动影响，

$2^{-2中}$煤位于采空区下方开始膨胀变形。

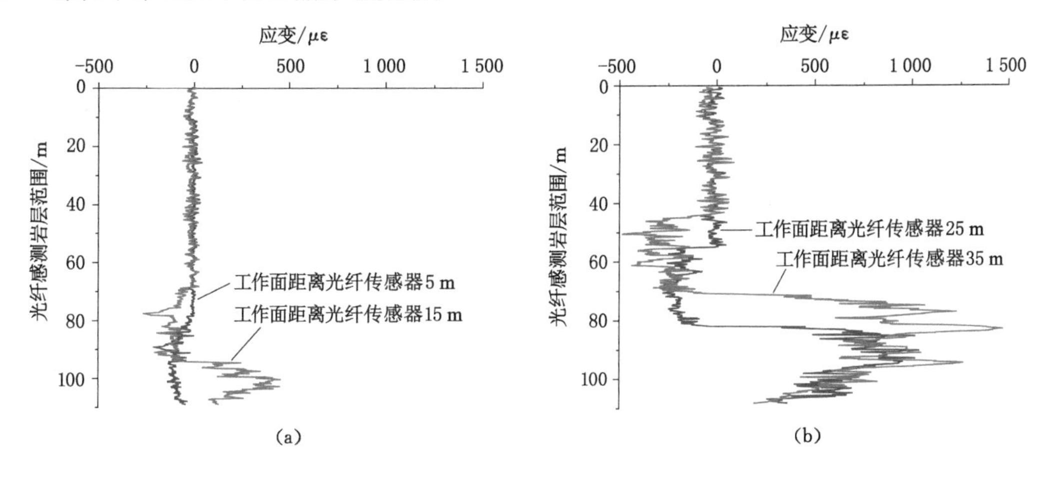

图 7-16 光纤感测煤岩体应变曲线(5～35 m)

图 7-17 为工作面距离孔底的光纤水平走向范围为 40～55 m 光纤感测的底板煤岩体应变变化曲线。当工作面推进距离光纤传感器为 39～40 m 时,光纤传感器最大拉应变值超过 1 600 με 的孔长位置约为 83.1 m。当工作面推进距离光纤传感器约 45 m 时,光纤传感器在 $2^{-2中}$煤中最大拉应变达到了 1 782 με;随着工作面继续推进,光纤受拉区域不断扩大,拉应变值不断增大,表明光纤感测煤岩体随深度减小应变值不断增大。

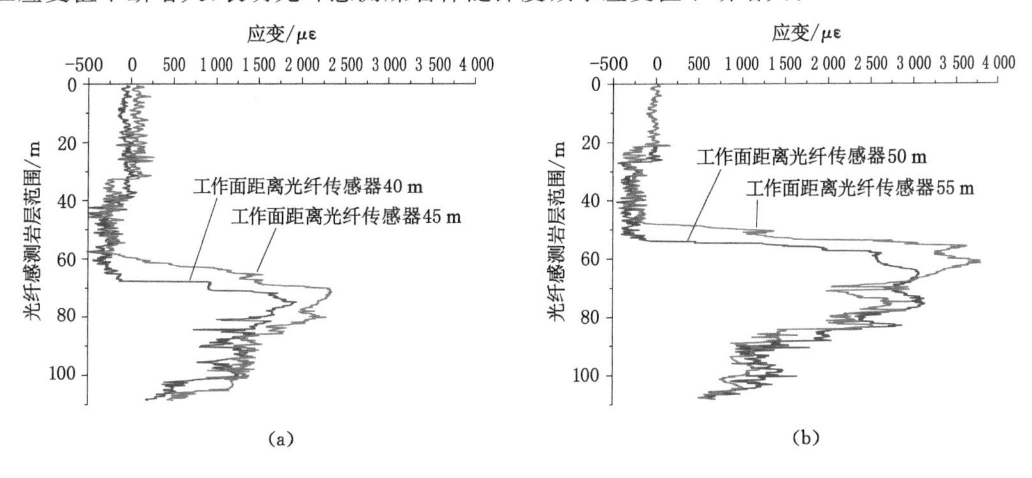

图 7-17 光纤感测煤岩体应变曲线(40～55 m)

一些学者[215]认为原位岩体的破坏强度,即地下工程围岩的启裂强度,可等价于室内单轴压缩试验或现场微震监测确定的岩石裂隙初始的应力,即室内煤岩样的裂隙初始应力可作为现场岩体强度的下限值。根据第三章光纤传感器监测煤岩单轴压缩试验的应变变化,在煤岩的裂隙初始应力相对应的应变为 1 594.5 με,即煤岩出现不可逆塑性变形破坏的最小应变值,以此光纤感测煤岩体的应变值 1 594.5 με 作为光纤感测煤岩体卸压判定基准,即认为光纤感测到煤岩体应变值达到 1 594.5 με 时煤岩体开始卸压。光纤传感器监测到煤岩体最大拉应变值超过 1 600 με 的位置为孔长约 83.1 m 处,孔倾角为 20°,换算成底板深度约为 28.4 m,表明保护层开采最大卸压深度约为 28.4 m,此时 $2^{-2中}$煤已进入卸压范围。

图 7-18 为工作面距离孔底的光纤水平走向范围为 60～80 m 光纤感测的底板煤岩体应变变化曲线。当工作面推进距离光纤传感器约 65 m 时,光纤传感器最大拉应变值突增,最大拉应变值为 5 846 με,不同深度岩体的应变值区别较大,这是由于底板煤岩体岩性不同,且煤岩体为非均质材料,不同强度不同位置的煤岩体在同一大小的拉应力作用下表现的变形也是不同的;当工作面推进距离光纤传感器约 80 m 时,光纤传感器所感知煤岩体的拉应变达到了 7 103 με,产生最大拉应变位置的煤岩体距离底板约 8.5 m;随着工作面继续推进,尤其当工作面推过光纤孔口位置后(工作面推进距离光纤传感器约 115 m),光纤感知的煤岩体应变值突增,应变值越来越大,直至监测结束。

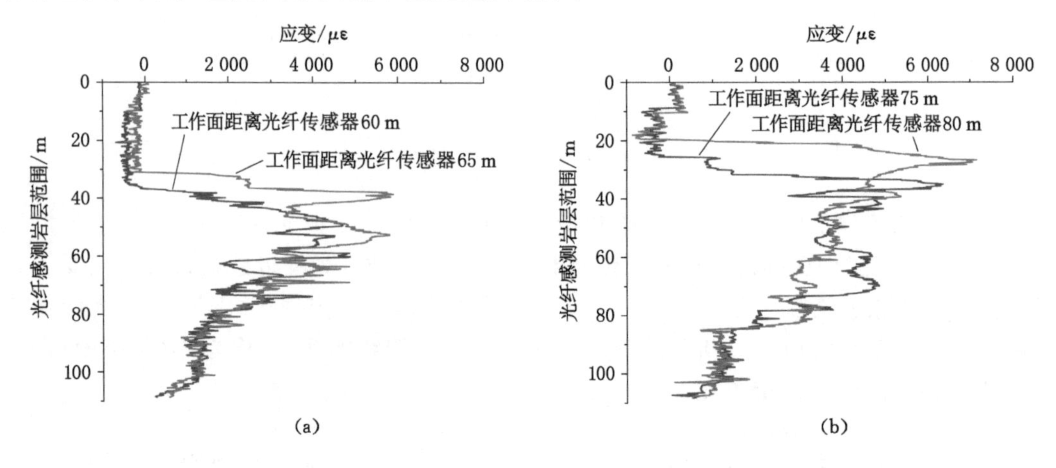

图 7-18　光纤感测煤岩体应变曲线(60～80 m)

二、倾向方向煤岩体变形

1# 分布式光纤传感监测孔沿倾向布设于工作面实体煤底板中,光纤与煤层倾向夹角为 15°,光纤的长度为 133 m,光纤沿倾向方向水平长度为 128.47 m,光纤的垂向高度为 34.42 m。定义光纤与煤层交点位置为零基准,工作面向该位置靠近时,采煤工作面距离光纤走向方向的距离为负值;工作面远离该位置时,采煤工作面距离光纤走向方向的距离为正值。由图 7-19(a)可知,光纤感测煤岩体应变基本为负值,说明煤岩体处于压应变状态。当工作面推进距光纤传感器 －30 m 时,光纤感测煤岩体的压应变值突增,压应变值约为 －216 με,且距离底板浅部位置明显比深部应变值大得多,即在垂向深度 15 m 位置为分界点,小于 15 m 压应变明显,大于 15 m 压应变表现不显著;随着工作面继续推进,压应变值不断增大,且压应变峰值由深部向浅部开始转移;当工作面推进至－10 m 时,光纤感测煤岩体的压应变值达到最大峰值,压应变约为－476 με,说明工作面超前煤壁 10 m 位置为应力集中峰值区;随着工作面继续推进,光纤监测岩体的压应变峰值开始减小,但减小幅度有限。由图 7-19(b)可知,当工作面推进距光纤传感器 10 m 时,光纤感测煤岩体整体受拉应变,底板浅部拉应变变化明显,深部区域拉应变变化不明显,位于浅部区域的拉应变峰值约为 2 563 με;随着工作面继续推进,浅部区域的拉应变峰值不断增大,且拉应变影响区域不断向底板深部扩展;当工作面推进距光纤传感器 40 m 时,光纤感测到底板深部煤岩体应变变化明显增大,深部区域煤岩体的应变峰值可达 2 442 με,浅部区域煤岩体的应变峰值可达

6 155 $\mu\varepsilon$；当工作面推进距光纤传感器 70 m 时，光纤感测煤岩体拉应变达到峰值，约为 8 647 $\mu\varepsilon$，此后工作面继续推进，光纤应变峰值开始逐渐降低，但降低幅度有限，说明受采空区垮落矸石压实影响，采空区下方煤岩体应力逐渐开始恢复，表明工作面从 10～70 m 范围为应变增加区域。

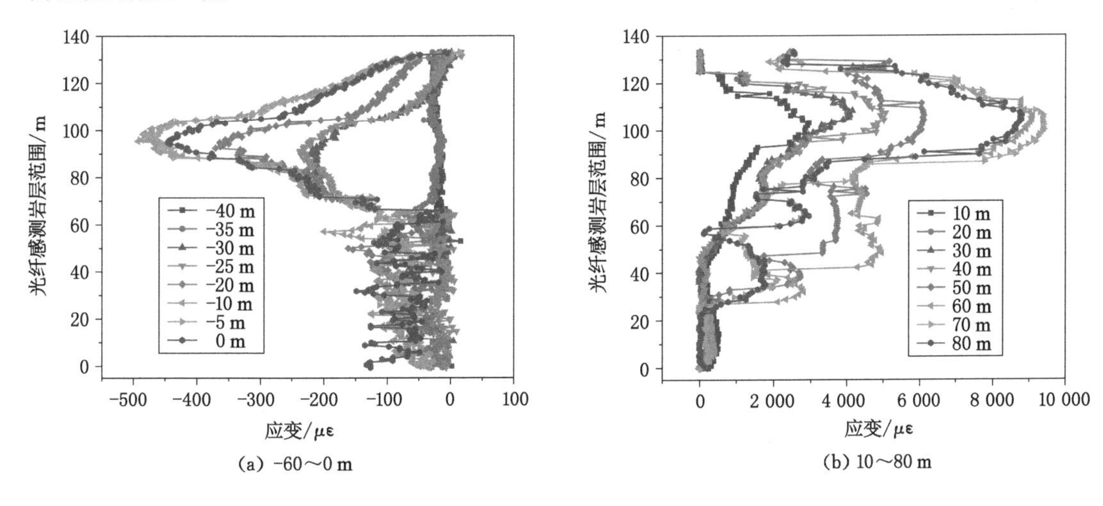

图 7-19　光纤感测煤岩体应变变化规律

第六节　本章小结

针对葫芦素煤矿特殊工程条件及监测目的，本次设计采用光纤钻孔植入方式进行监测。设计在 21104 工作面主运输巷向底板钻设 1#、2#、3# 三个钻孔，在钻孔中植入光纤，利用 FBG-BOTDA 联合监测保护层 2^{-1} 煤开采过程中下伏煤岩移动变形规律，主要获得以下结论：

(1) 通过光纤传感器监测煤岩体变形数据，直观地反映出保护层开采过程中底板煤岩体应力增高、应力降低、应力恢复的整个动态过程，煤岩体应力增高时，压缩变形，应力降低时膨胀变形，不同深度煤岩体膨胀变形尺度不同。为了更加直观清楚地反映煤岩体变形卸压活动剧烈程度引起的光纤应变响应，以光纤光栅应变增量的波动幅度来表示煤岩体变形剧烈程度和卸压效果，将卸压过程分为 3 个阶段：卸压开始阶段、卸压活跃阶段和卸压衰退阶段。

(2) 运用光纤传感技术实现了保护层开采下伏煤岩卸压区域的现场实时监测。采用光纤传感器钻孔植入方式，向下伏煤岩体布设 3 个光纤孔，获得了保护层开采过程中走向 95.37 m、倾向 128.47 m、垂向 36.94 m 范围内下伏煤岩卸压效果及范围的实时监测数据。

第八章　保护层开采煤岩卸压防冲多尺度联合表征

通过光纤传感技术，首次实现保护层开采的大空间范围下伏煤岩体卸压效果的在线实时监测，获得大量现场实测数据，揭示上保护层开采被保护层应力的时空演化规律。本章将对光纤监测的海量数据进一步深入分析，探究保护层开采过程中底板变形破坏特征、下伏煤岩应力释放效果及卸压规律等，最终确定保护层开采卸压范围。光纤传感技术为保护层开采卸压范围监测方法提供了一种新的手段，实现了数据采集、空间维度上对被保护层卸压效应的分布式、连续监测。

第一节　保护层开采底板变形破坏特征

一、扰动阶段

图 8-1(a)为工作面距孔口－288～－64 m 回采过程中 1# 光纤的应变曲线，光纤的 0～5.10 m 位于联络巷，5.10～10.77 m 位于运输平巷内；下部横坐标为沿 1# 光纤长度方向，纵坐标为光纤应变，上部横坐标为对应的埋深。观察曲线可知出现了 6 个非协调挠曲变形峰值特征点，分别位于光纤的 3.77 m(深度 0.98 m)、4.18 m(深度 1.08 m)、5.01 m(深度 1.30 m)、4.39 m(深度 1.14 m)、5.62 m(深度 1.45 m)、6.03 m(深度 1.56 m)处，应变峰值分别为＋625.534 με、－1 710.635 με、＋415.403 με、－2 133.696 με、＋401.563 με、－996.186 με，最大应变速率为－9.525 με/m，多集中于联络巷与运输平巷交叉附近，说明该区域的底板受扰动剧烈。联络巷区域内，光纤 0.34～0.76 m、1.31～2.95 m 的范围内呈破碎特征，应变峰值 830.361 με，速率 3.475 με/m。运输平巷区域内，2.41～2.79 m、9.32～10.77 m 的范围内呈破碎特征，应变峰值 616.946 με，速率 5.017 με/m。这两个位置处于工作面实体煤侧，可认为是岩梁固定端，与 K. 哈拉米(K. Haramy)认为固定端首先发生破坏的结论相符。相对比，破碎区的应变速率均较小，表明此时破碎岩块之间的挤压程度较小，巷道水平应力集中程度不高。

图 8-1(b)为工作面从－188～－92 m 推进过程中 2# 光纤应变曲线，2# 光纤布设角度大，光纤的 0～1.30 m 位于联络巷，1.30～9.70 m 位于运输平巷内。在光纤的 3.00 m(深度 2.12 m)位置有一个离层峰值特征点，应变峰值为 1 464.861 με，速率 15.922 με/m。该位置与 1# 光纤 2.4～2.8 m 的固定端的破碎特征区基本处于同一层位，表明该层位岩层正处于两端破坏，中部压曲状态。

图 8-1(c)为工作面从－276～－54 m 推进过程中 3# 光纤应变曲线，钻孔的 0～6.40 m 位于区段煤柱下方，6.40～23.00 m 位于运输平巷内。在 0～9.35 m 的范围内呈破碎特征，

应变峰值为 840.520 με，速率 3.786 με/m，该位置处于区段煤柱下方，同为岩梁固定端。与 1#、2# 光纤在该层位监测到的岩层变形破坏特征对应。在光纤的 13.86 m（深度 3.59 m）位置有一个离层峰值特征点，应变峰值为 731.19 με，增速 3.294 με/m。

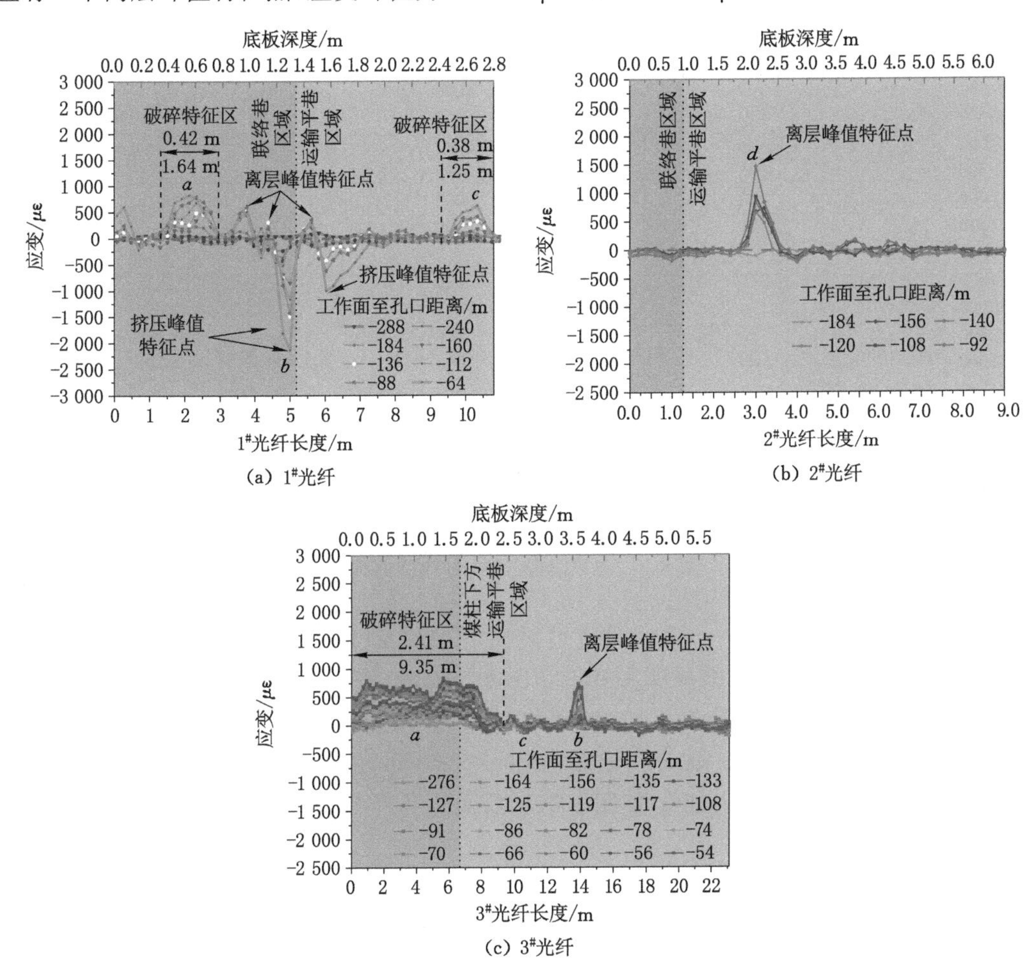

(a) 1#光纤

(b) 2#光纤

(c) 3#光纤

图 8-1　扰动阶段光纤应变曲线

该阶段，岩层以岩梁固定端的破碎、挤压和局部的非协调挠曲变形为主要特征，底板岩层仍保持较完整的层、板结构，认为是巷道底鼓的扰动阶段。同时，岩梁固定端即巷道底角位置首先发生破坏，是回采巷道底板岩层破坏空间性的一个重要体现。

二、破坏阶段

图 8-2 为工作面从－64～0 m 推进过程中 1# 光纤应变曲线，对比图 8-1(a)，破碎区域进一步扩大，而挤压峰值特征点消失，可认为其上覆岩层已发生破断。在图 8-2(a)中，联络巷区域内的破碎区范围发展至 0～3.36 m，应变值增大至 1 768.182 με，速率 35.293 με/m，是扰动阶段的 9.29 倍；固定端破碎区应变增大至 1 374.290 με，速率 23.667 με/m，是扰动阶段的 4.72 倍，表明此时破碎岩块挤压膨胀严重，水平应力集中程度较高。在光纤 5.01 m（深度 1.30 m）、6.03 m（深度 1.56 m）处的挤压峰值特征点消失。在图 8-2(b)中，底板岩层破坏的破碎区域进一步扩大，范围增大至 0～7.06 m，最大应变值为 2 306.996 με，速率

17.318 με/m，该区域的破碎底板受水平挤压向巷道空间内部膨胀挤出，主要表现为垂直方向的运动；固定端破碎区范围增大至 2.89 m，应变值降低至 784.625 με，该区域破碎岩体受上方实体煤约束，垂直方向压缩，水平方向膨胀。

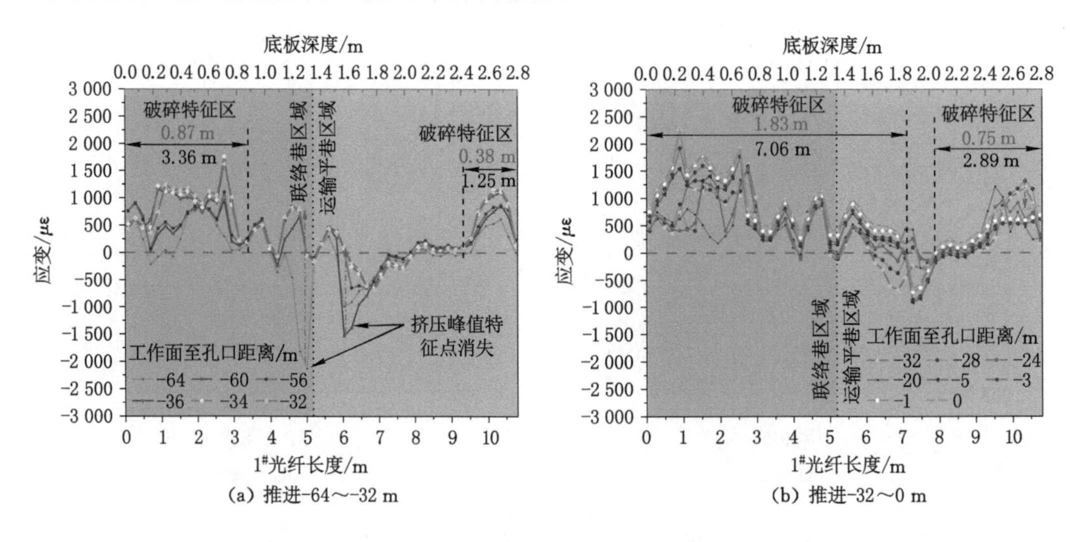

(a) 推进-64～-32 m　　(b) 推进-32～0 m

图 8-2　破坏阶段 1# 光纤应变曲线

图 8-3 为工作面从－92～－4 m 推进过程中 2# 光纤应变曲线，底板变形由局部的非协调挠曲变形逐步变为破碎和挤压膨胀变形。图 8-3(a)中，在钻孔的 3.00 m(深度 2.12 m)位置处的离层峰值特征点逐渐消失，继而出现一个挤压峰值特征点，峰值应变减小至－639.425 με，速率－27.688 με/m。之后，在 0～5.80 m 范围岩体出现破碎特征，应变值 1 059.724 με，速率 104.170 με/m，如图 8-3(b)所示。

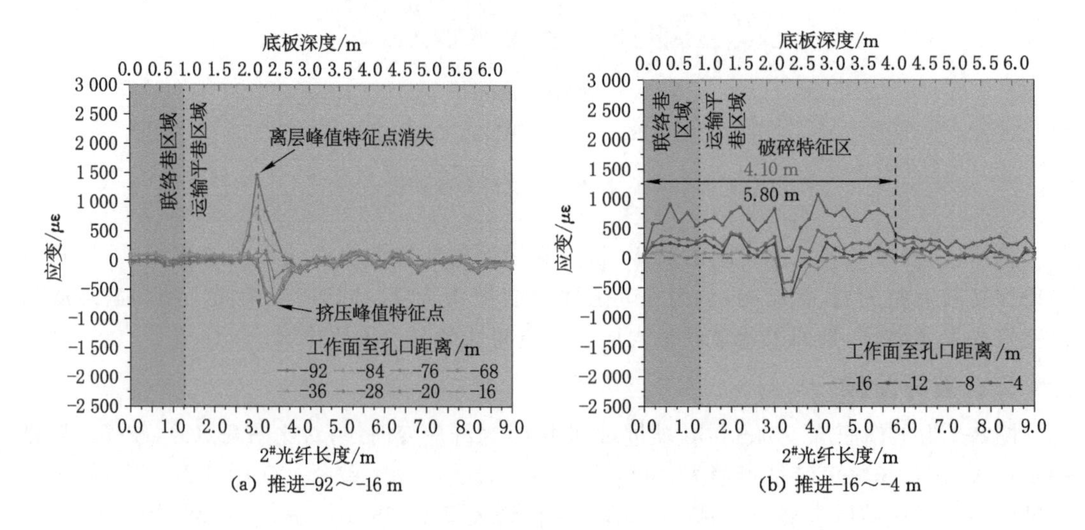

(a) 推进-92～-16 m　　(b) 推进-16～-4 m

图 8-3　破坏阶段 2# 光纤应变曲线

图 8-4 为工作面从－54～－20 m 推进过程中 3# 光纤应变曲线，底板局部的非协调挠曲变形和碎胀挤压膨胀变形同时出现。图 8-4(a)中，破碎区范围增大至 0～11.81 m，应变增

大至 1 182.910 με，速率 15.482 με/m；在钻孔的 13.86 m(深度 3.59 m)位置有一个离层峰值特征点，应变增大至 961.060 με，速率 18.656 με/m。图 8-4(b)中，破碎区范围进一步增大至 0～15.51 m，应变增大至 1 327.710 με，速率 37.032 με/m；煤柱下方区域的应变值降低至 451.600 με，小于运输平巷区域的应变值。与 $1^{\#}$ 光纤出现同样的垂直方向压缩，水平方向膨胀现象；16.74 m(深度 4.3 m)位置在工作面距孔口－24 m 时出现挤压应变特征值，随后消失，应变峰值－550.230 με，速率－43.743 με/m；在 17.35 m(深度 4.49 m)位置出现一个离层峰值特征点，应变峰值 657.25με，速率 45.588 με/m。此时工作面即将推过光纤，可知 21104 运输平巷超前段底板破坏深度约 4.01 m，扰动深度 4.49 m。

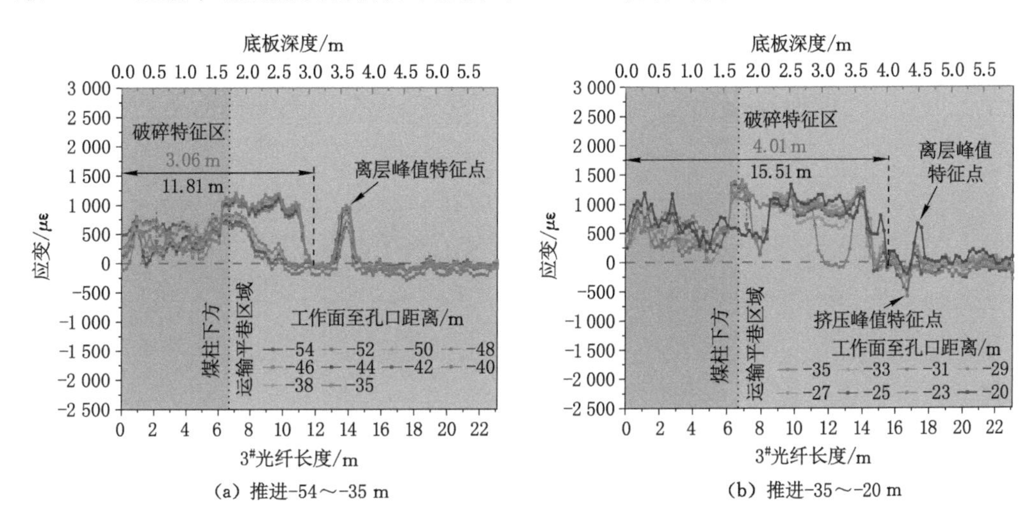

(a) 推进-54～-35 m　　(b) 推进-35～-20 m

图 8-4　破坏阶段 $3^{\#}$ 钻孔底板应变曲线

该阶段，受煤柱应力集中程度扩大的影响，底板破坏范围进一步扩大。底板的变形破坏形式以峰值特征点的突变、岩层破碎和挤压膨胀为主，破碎区光纤应变量、应变增速大，水平应力集中程度高，认为是巷道底鼓的破坏阶段。因此，在巷道底鼓的治理方法中，开槽卸压是高应力、大变形巷道底板治理的一种有效方式，主要在这一阶段实施为好，不仅可以为破碎岩体提供挤压膨胀空间，也可以在一定程度上切断水平挤压力的传递。

三、卸压隆起阶段

图 8-5 为工作面从－20～10 m 推进过程中光纤应变曲线，对比破坏阶段的光纤应变曲线，底板的破碎区域进一步扩大，不存在峰值特征点，破碎岩块向采出空间的挤压膨胀剧烈，可认为所监测的巷道底板深度 5.95 m 内的岩层全部呈破碎和挤压膨胀状态。$1^{\#}$ 钻孔的光纤最大应变值达到 2 946.849 με，速率 246.102 με/m，如图 8-5(a)所示。$2^{\#}$ 同 $1^{\#}$ 光纤应变特征相同，最大应变值为 2 560.733 με，速率 174.349 με/m，如图 8-5(b)所示。$3^{\#}$ 应变变化曲线整体上与 $1^{\#}$、$2^{\#}$ 钻孔应变特征相同，应变值迅速增大，最大应变值达到 2 700.206 με，速率 174.348 με/m，如图 8-5(c)所示。从孔口向采空区，光纤应变值逐渐增大，说明最大破坏深度滞后于工作面一定距离，处于采空区内。可见，对于常规沿空留巷巷道，工作面回采后，滞后其一定距离内的巷道底板易出现大变形、巷旁支护体失效等问题，应及时采取以卸压为主的治理方法。

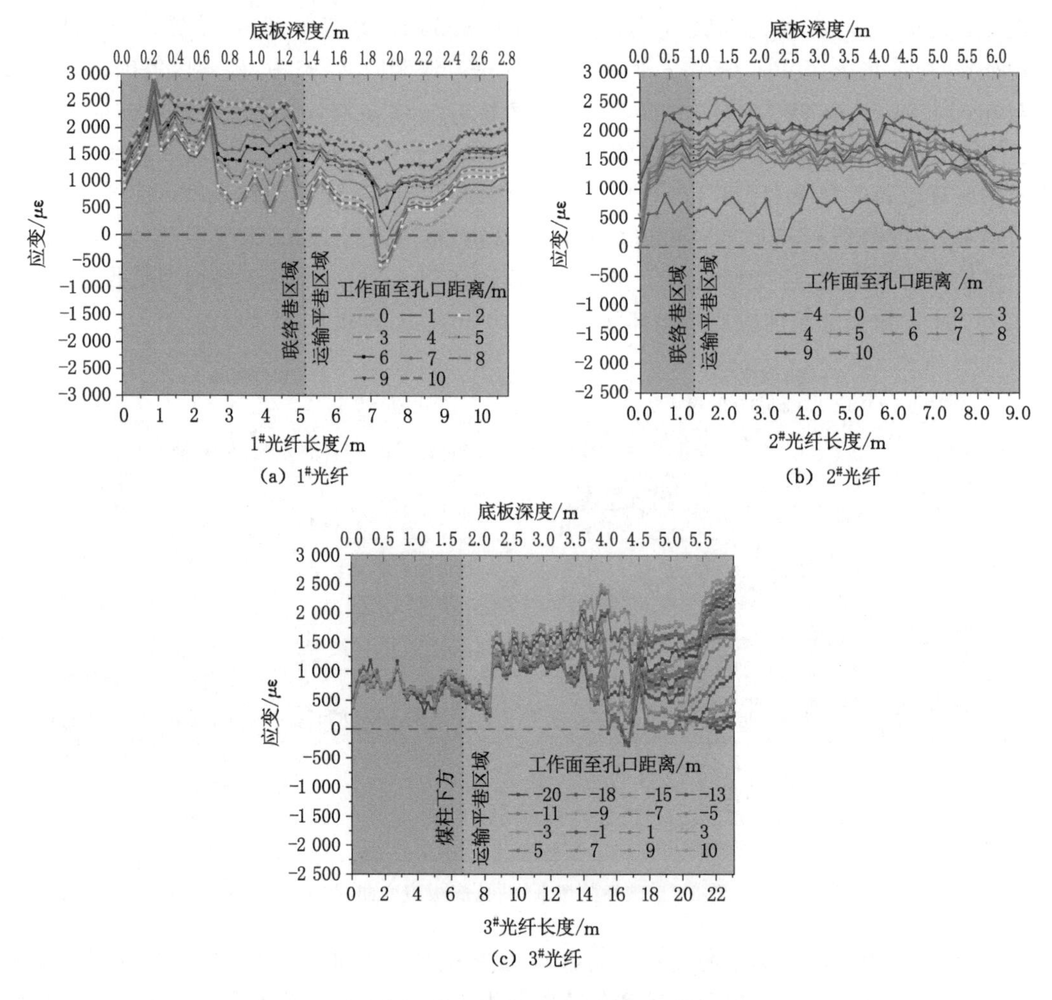

图 8-5 卸压隆起阶段光纤应变曲线

第二节 保护层开采下伏煤岩应力释放与卸压规律

一、保护层开采下伏煤岩体应力释放规律

根据提取 1#、2# 及 3# 钻孔中光纤光栅随工作面推进过程中底板不同深度的应力值，求得出底板应力释放率，以底板不同深度监测点在水平方向投影表示坐标原点，负值表示采煤工作面靠近监测点，正值表示采煤工作面远离监测点。

在底板深度 0～10 m 范围内，岩体应力释放率分布如图 8-6 所示。工作面推进至钻孔前方约－60 m 时，应力释放率变化不明显；随工作面的推进，应力释放率开始负增长，表明受采动影响发生应力集中现象，处于应力的集中区且存在应力释放的峰值点，此时底板深度 4.95 m、6 m 及 10 m 处监测到的应力释放率峰值分别为－3.35%、－2.26%及－2.01%。工作面推过钻孔，底板不同深度的应力释放率逐渐正增长，表明底板应力逐渐释放并进入卸压的活跃期。在工作面距钻孔约 50 m 时，此时底板不同深度的应力释放达到峰值，在底板深度 4.95 m、6 m 及 10 m 处的应力释放率分别为 72.35%、66.21%及 56.47%，发现随底板深度增加应力释放率值减小，即卸压程度也在逐渐减弱。随着工作面持续推进，底板的应力释放率逐渐减小，表明在采空区上覆垮落岩石压实及底板岩层应力的逐渐恢复下，底板的应力释放效果在逐渐降低并趋于稳定。

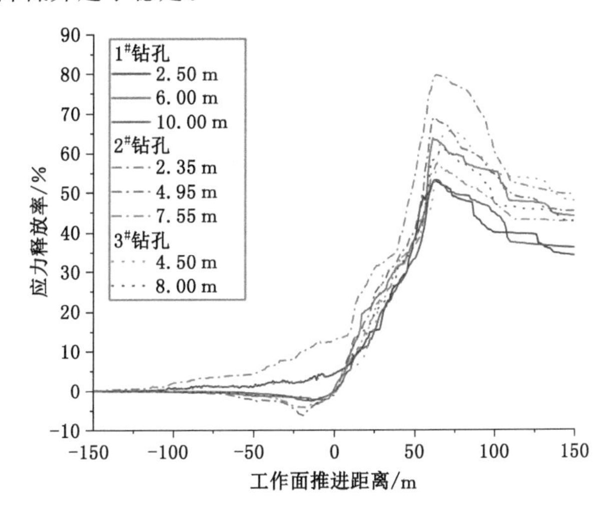

图 8-6　底板岩体应力释放率分布曲线(0～10 m)

图 8-7 为底板深度 10～20 m 范围内的应力释放率监测值。同样，随工作面推进底板首先受采动影响出现应力集中区域，在应力释放率的峰值点处，底板深度 13 m、16.5 m 及 20 m 处的应力释放率分别为−3.89%、−2.91%及−1.49%。工作面推过钻孔约 50 m 处，达到应力释放的峰值点，此时底板深度 13 m、16.5 m 及 20 m 处的应力释放率峰值分别为 54.87%、44.36%及 36.71%。此后应力释放率逐渐减小，最终达到卸压的平稳期，此时底板 13 m、16.5 m 及 20 m 处的应力释放率值分别为 39.26%、33.45%及 28.74%。

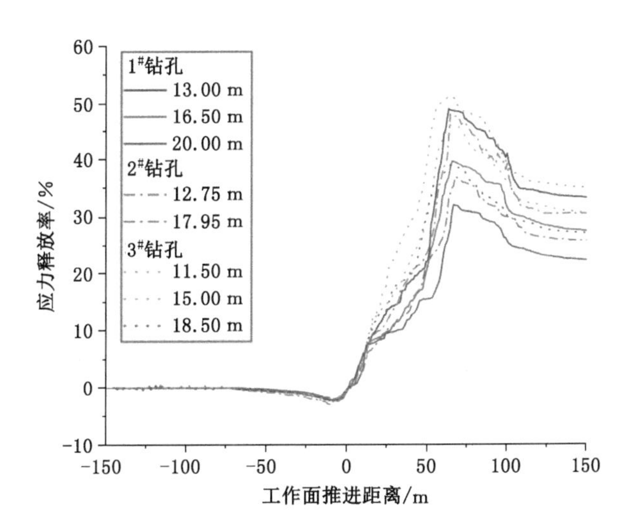

图 8-7　底板岩体应力释放率分布曲线(10～20 m)

图 8-8 为底板深度 20～36 m 范围内的应力释放率分布曲线。在应力集中区，底板深度 23.15 m、27 m、30 m 及 34 m 处的应力释放率峰值分别为－2.44%、－1.77%、－1.33%及－0.88%。在应力释放的峰值点，底板深度 23.15 m、27 m、30 m 及 34 m 处的应力释放率值分别为 23.45%、22.16%、16.33%及 9.12%；而在卸压平稳区，此时底板不同深度的应力释放率分别为 16.24%、13.73%、12.11%及 7.43%。

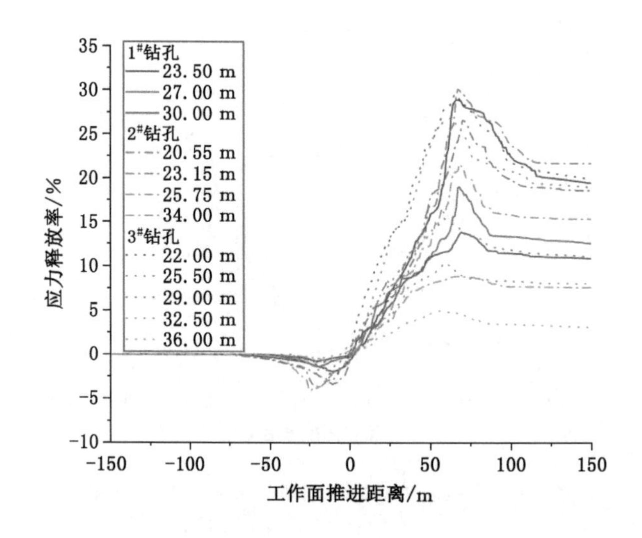

图 8-8　底板岩体应力释放率分布曲线(20～36 m)

综合 3 个钻孔中光纤在底板不同深度监测的应力释放率分布规律，发现在工作面推进至钻孔前方约 60 m 范围内，应力释放率表现为负值，表明此处受应力集中影响，处于应力的集中区；在工作面推过钻孔上方，应力释放率逐渐变为正值即 $0<k<1$，表明底板受煤层开采影响产生卸压，而随着应力释放率的逐渐增大，底板的卸压程度也在逐渐增加。此外，在底板 2.35 m、2.5 m 及 4.5 m 处的应力释放率分布曲线具有不规律性，判断为受工作面开采影响使底板破碎程度加剧，发生底鼓所致。因此，在底板 5～10 m、10～20 m、20～30 m 及 30 m 以下的深度范围，应力释放率峰值分别为 69.23%～56.47%、56.47%～36.71%、36.71%～15.33%及 15.33%以下；而当卸压减小到平稳期时，应力释放率值分别为 54.23%～44.87%、44.87%～28.74%、28.74%～12.11%及 12.11%以下，卸压随着深度增加效果减弱。

二、保护层开采下伏煤岩体的卸压规律

根据光纤光栅在底板不同深度监测的应力释放率，发现在工作面推过钻孔后，底板的卸压具有一定的规律性，其特征表现为卸压的前期及后期。卸压前期：底板应力释放率急剧增加，卸压程度不断增强，在工作面推进近 50 m 的距离后，底板不同深度才逐渐达到了卸压的峰值，可见其卸压的活跃周期较长。卸压后期：在采空区上覆垮落岩石的压实及底板应力的逐渐恢复下，底板应力释放率反而逐渐减小，卸压程度相比前期有所恢复，在工作面推过钻孔约 100 m 时，底板应力释放率保持稳定，其卸压程度也逐渐达到了平稳。进一步发现，无论卸压处于前期或是后期，底板均随着深度的增加卸压程度在逐渐减弱。

煤层开采使得底板浅部受底鼓影响，其应力释放具有不规律性，根据光纤光栅的监测

值，分析底板 5 m 以下的卸压程度，以卸压前期卸压程度达到峰值点与卸压后期卸压达到平稳值时，两者做进一步的对比与分析，如图 8-9 所示。发现卸压程度由前期降低到后期的过程中，其之间的卸压量呈“三角形”分布，且卸压量与底板深度之间呈反比例关系，即底板浅部的卸压量较大，而随着深度的增加卸压量在逐渐递减。此外推测底板应力的恢复速率会有所差异，因此分析工作面的推进与底板的卸压程度之间变化规律，如图 8-10 所示。发现在工作面推进至 127 m 时，底板深度 6 m 的应力释放率值出现拐点，此时应力释放率为 45.9%，而卸压程度为 54.1%，随工作面的持续推进卸压程度保持稳定；同理底板深度 16.5 m、22 m 及 36 m 在工作面分别推进至 117 m、103 m 及 75 m 时出现拐点，均随工作面的推进卸压程度相继保持稳定。因此在上保护层工作面开采后，底板深部岩层相比浅部岩层其应力恢复速率更快，所需的时间更短。

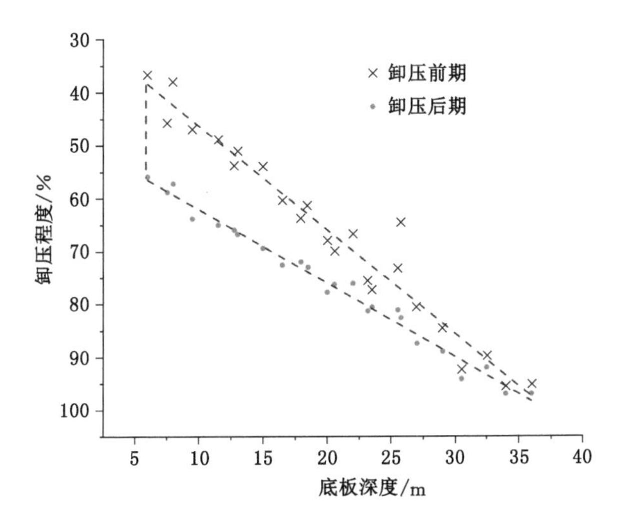

图 8-9 卸压效应与底板深度的变化规律

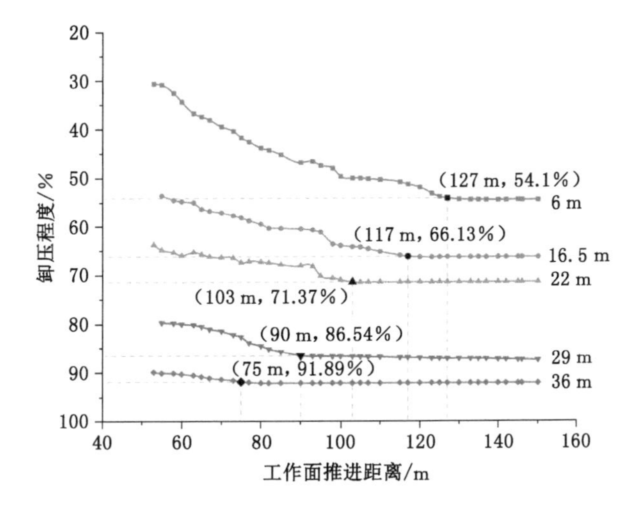

图 8-10 卸压效应与工作面推进距离的变化规律

第三节　保护层开采下伏煤岩卸压效应研究

一、下伏 $2^{-2中}$ 煤层采动应力分布

21104 工作面推进过程中 $2^{-2中}$ 煤层垂直应力变化曲线如图 8-11 所示，横坐标为工作面推进距离，纵坐标为煤层应力，即为原岩应力基础上的应力变化量。1#、2#、3# 钻孔的光纤光栅传感器测试的 $2^{-2中}$ 煤层应力变化如图 8-11(a)所示，工作面推进过程中 $2^{-2中}$ 煤层应力变化可划分为原岩应力、应力集中、应力释放和应力恢复 4 个阶段，其中第 3、4 阶段均出现了应力的降低，且有明显的峰值特征。第 1 阶段为原岩应力状态，应力没有发生变化。第 2 阶段为应力集中阶段，1# 钻孔当距离工作面前方 61 m 时，煤层开始受到上覆工作面的采动影响，距离工作面 11 m 时，煤层应力值为－0.32 MPa；2# 钻孔距离工作面前方 60 m 时煤层开始受到采动影响，距离工作面 13 m 时，应力值为－0.31 MPa；3# 钻孔距离工作面前方 65 m 时，煤层开始受到采动影响，至 20 m 时应力值为－0.29 MPa。第 3 阶段为应力释放阶段，1# 钻孔随着工作面开采及越过测点，应力逐渐减小，当工作面推过 67 m 时应力达到 4.84 MPa；2# 钻孔在工作面推过 58 m 时应力达到 2.60 MPa；3# 钻孔在工作面推过 60 m 时应力达到 4.50 MPa，这一阶段应力释放更具有线性的特性。第 4 阶段为应力恢复阶段，随着采空区逐渐压实，$2^{-2中}$ 煤应力达到峰值后逐渐恢复，1# 钻孔在 116 m 之后逐渐趋于稳定，应力值稳定在 3.05 MPa；2# 钻孔在 109 m 后逐渐趋于稳定，其值为 2.00 MPa；3# 钻孔在 98 m 后逐渐趋于稳定，其值为 3.06 MPa。

1# 和 2# 钻孔沿 21104 工作面倾向方向布置，其孔底位置分别处于工作面中部和一侧下方，由图 8-11(a)可知，2# 钻孔测得的趋于稳定的应力值小于 1# 钻孔，1# 和 3# 钻孔的值几乎一致。这是工作面回采后受煤柱和侧向支承压力的影响，导致 $2^{-2中}$ 煤靠近 21104 工作面两侧附近的应力释放受到限制，工作面中部的应力释放大于两侧的应力释放。

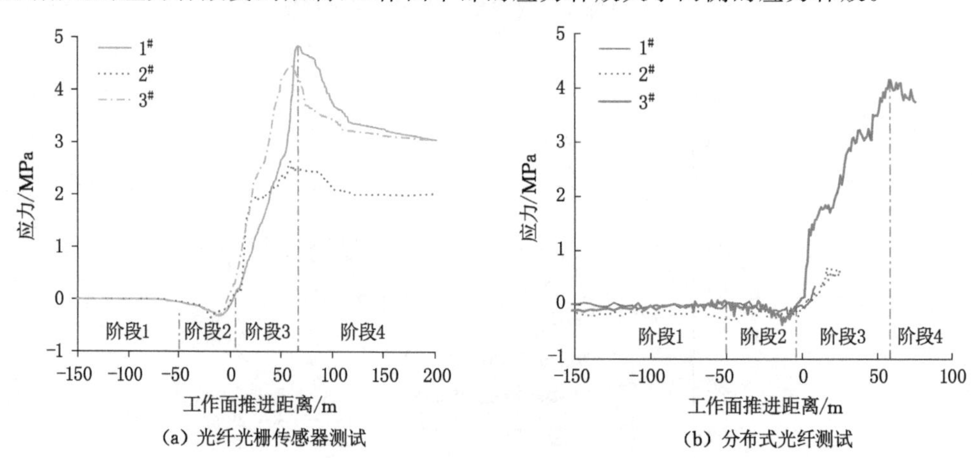

图 8-11　保护层开采 $2^{-2中}$ 煤层垂直应力变化曲线

图 8-11(b)为 1#、2#、3# 钻孔分布式光纤测试的 $2^{-2中}$ 煤层应力变化曲线。同光纤光栅测试结果，距离工作面位置较远时，分布式光纤测得的 $2^{-2中}$ 煤层应力值均没有变化；至－50 m 时煤层受采动影响，应力升高，进入应力集中阶段，工作面推进至－8 m 时，1# 钻孔

测得 $2^{-2中}$煤层应力值为－0.19 MPa；推进至－16 m 和－12 m 时，2# 钻孔和 3# 钻孔测得 $2^{-2中}$煤层应力值分别为－0.24 MPa 和－0.37 MPa。此后，$2^{-2中}$煤层应力开始减小。工作面推进至 10 m 时，1# 钻孔应力值为 0.34 MPa；2# 钻孔在工作面推进至 10 m 时，应力为 0.24 MPa，推进至 25 m 时，应力值为 0.66 MPa；3# 钻孔在工作面推进至10 m 时，应力值为 1.58 MPa，推进至 60 m 时，应力值为 4.19 MPa。3# 钻孔分布式光纤测试曲线出现峰值，之后应力逐渐恢复，峰值位置在工作面后方 60 m。受钻孔变形对光纤信号传输的影响，1#、2#、3# 钻孔分布式光纤未能获得如图 8-11(a)所示的 $2^{-2中}$煤层应力的全程变化曲线，3# 钻孔测试曲线相对要好，应力变化具有 4 个阶段。

二、底板采动应力分布

2^{-1}煤层底板岩层应力随保护层开采在时间上和空间上的应力变化曲线如图 8-12 所示，选取 3# 钻孔分布式光纤监测系统在 21104 工作面底板深度 17.31 m，24.26 m 和 36.91 m 处的岩层应力。由图可以看出，底板深度方向上同样可分为应力增高区和降低区，底板深度 17.31 m、24.26 m、36.91 m 处应力峰值分别为－0.71 MPa、－0.57 MPa、－0.45 MPa；工作面推进至 52～64 m 时，应力分别为 5.30 MPa、3.90 MPa、1.07 MPa。

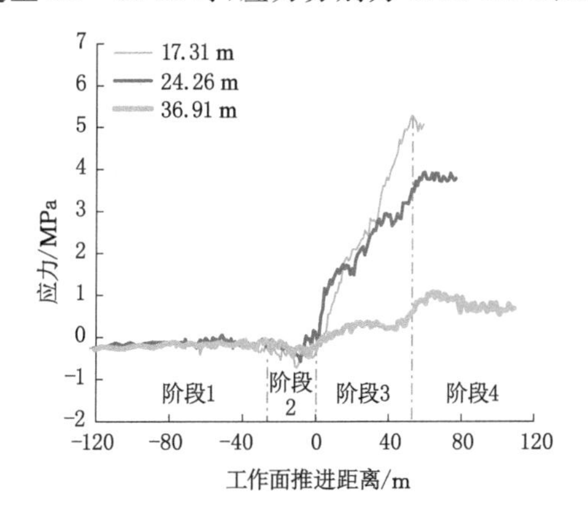

图 8-12　底板不同深度岩层应力变化曲线

随工作面推进和后方采空区破碎岩体的逐渐压实，底板不同深度岩层应力进入恢复阶段。在应力增高阶段，底板深度 17.31 m 处岩层应力增量约为 36.91 m 处的 1.6 倍；在应力恢复阶段，应力增量为 5.0 倍。上保护层开采底板应力在垂直方向上呈现出浅部岩层受影响大于深部岩层的特征，在时间上工作面推过 10 m 后底板应力逐渐减小，在工作面后方 52～64 m 处应力达到峰值。

三、下伏煤岩应力释放率变化规律

图 8-13 为工作面推进过程中 3 个钻孔的分布式光纤监测结果，得出不同深度岩层的应力释放率变化曲线(选取 7 个深度位置)。图 8-13(a)为工作面推进距离从－100 m 至 10 m，1# 钻孔的应力释放率，不同深度岩层应力释放率为－2.65%～9.9%。随着底板深度的增大，应力释放率减小，工作面推进至 10 m 时，应力释放率均小于 10%，说明被保护层还没有产生卸压。

图 8-13(b)显示工作面从－100 m 推进至 27 m 时，2# 钻孔的不同深度应力释放率为

−10.1%～22.9%，随着底板深度的增大，应力释放率减小。在工作面水平方向后方约10 m处且距煤层10 m的下部岩层应力释放率为7.8%；距煤层20 m的下部岩层应力释放率为5.4%；距煤层25 m的下部岩层应力释放率为2.9%。在工作面后方5～20 m以后，应力释放率大于10%。

图8-13(c)显示工作面从−100 m推进至100 m时，3# 钻孔的不同深度岩层应力释放率为−3.18%～24.50%。工作面推进至10 m时，底板深度10 m处应力释放率为13.1%，之后应力释放率逐渐增加达到20.9%；底板深度25 m处岩层应力释放率为20.32%。工作面推进至60.5 m时，距煤层25 m处下部岩层的应力释放率达到20.3%，之后逐渐减小为17.9%；距煤层30 m处下部岩层的应力释放率为3.7%，在推过62 m时达到最大值，之后逐渐减小至7.5%；距煤层30 m处下部岩层的应力释放率为2.5%，在推过61 m时达到6.3%，之后逐渐减小至4.1%。在工作面后方15～26 m以后，应力释放率大于10%。

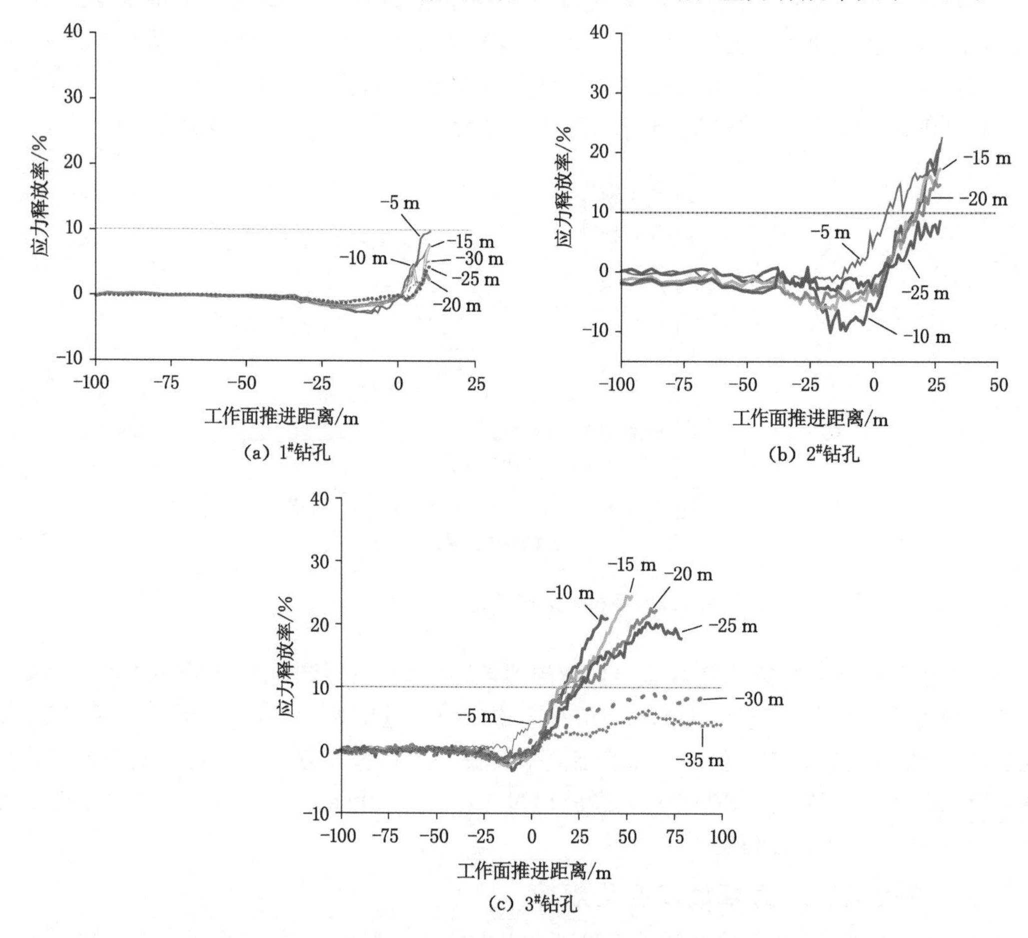

图8-13　分布式光纤监测的不同深度岩层的应力释放率曲线

图8-14为工作面推进过程中3个钻孔光纤光栅传感器监测不同深度岩层的应力释放率变化曲线，2# 钻孔有2处光栅安装时损坏，共计28个光栅的测试曲线。图8-14(a)为1# 钻孔应力释放率曲线，随工作面推进，底板不同深度岩层在工作面前方约60 m开始受应力扰动。应力释放率呈现先减小，后增大的变化规律。工作面推进至10～33 m时，应力释放

率达到 10%；推进至 54～66 m，应力释放率达到峰值；推进至 130～150 m 时应力释放率趋于稳定。

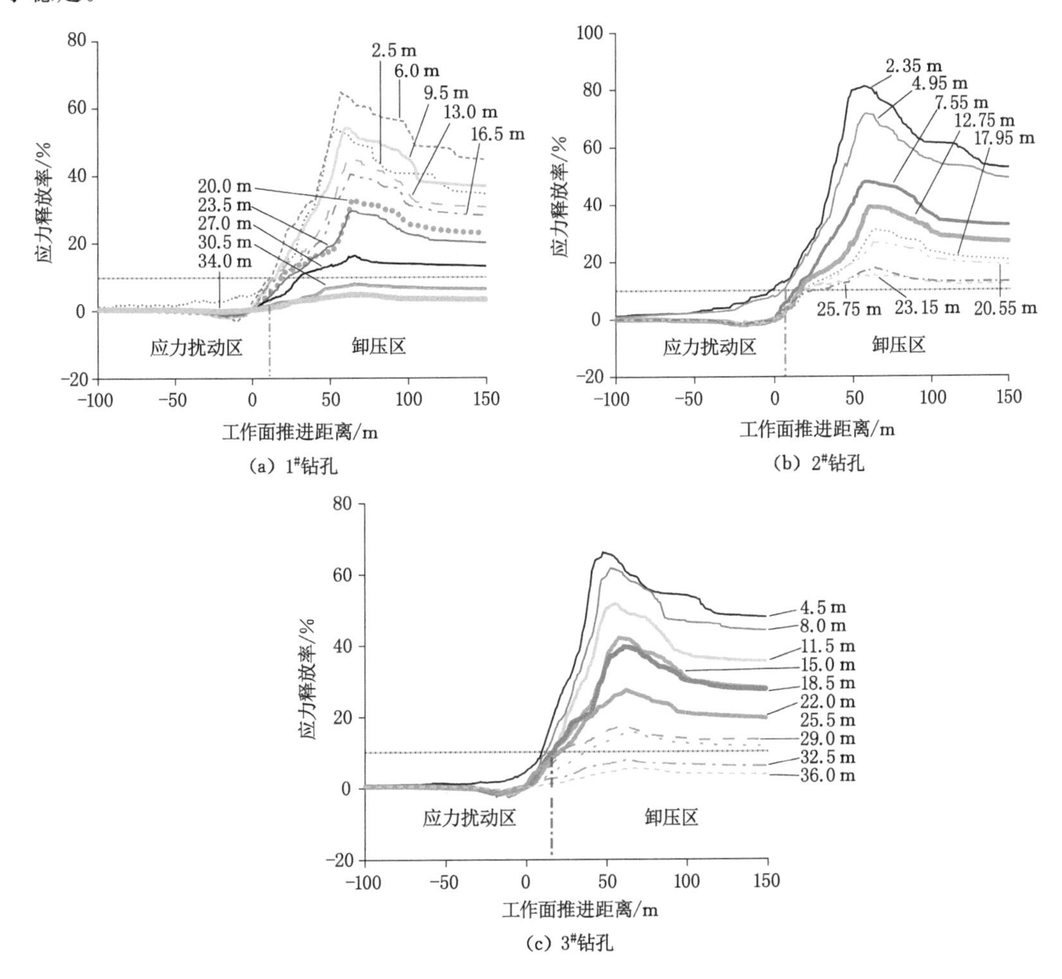

图 8-14　光纤光栅监测的不同深度岩层的应力释放率曲线

图 8-14(b)为 2# 钻孔应力释放率曲线，同图 8-14(a)，在工作面前方 58 m 底板开始受应力扰动，底板不同深度岩层应力释放率呈现先减小、后增大趋势。工作面推进至 8～21 m 时，应力释放率达到 10%；推进至 57～64 m 时，应力释放率达到峰值，底板埋深 2.35 m 处应力释放率达到 80%；推进至 110～130 m 处时应力释放率逐渐趋于稳定。图 8-14(c)中 3# 钻孔应力释放率变化曲线同样显示，在工作面前方 60 m 底板开始受应力扰动，工作面推进至 11～23 m 时应力释放率达到 10%，推进至 48～65 m 时应力释放率达到峰值 65%，推进至 100～130 m 时应力释放率逐渐稳定。

综上，以应力释放率 10%为临界值，应力变化的 4 个阶段中第 3、4 阶段均出现了应力的降低，但产生卸压在工作面后方 5～10 m 以后区域。3# 钻孔测得底板临界卸压深度为 29～32.5 m，1# 钻孔测得底板临界卸压深度为 27～30.5 m，平均值为 29.6 m。

四、应力释放率峰值及位置的变化规律

提取图 8-14 中 28 个光纤光栅传感器测试的应力释放率峰值及其对应的深度值，通过

非线性拟合，建立应力释放率峰值与底板深度之间的关系如图 8-15 所示。应力释放率峰值随着底板深度呈负对数关系，如式(8-1)所示，相关性系数为 0.92。

$$R = 6.1 - 1.4\ln(h + 48.8) \tag{8-1}$$

式中 R——应力释放率；

h——底板深度。

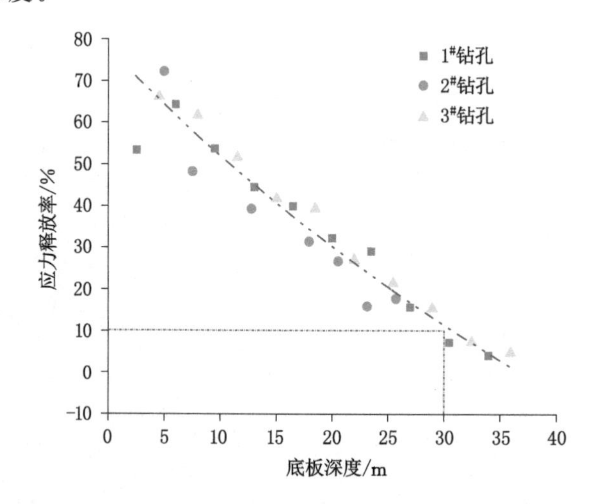

图 8-15 应力释放率峰值与底板深度关系

上式表明底板深度越大应力释放率峰值越小，在底板深度 30 m 处应力释放率约降至 10%。

同样，提取图 8-14 中 28 个光纤光栅传感器测试的应力释放率峰值滞后工作面的距离，建立 21104 工作面底板岩体应力释放率峰值位置与底板深度关系如图 8-16 所示。应力释放率峰值位置与底板深度之间呈对数关系，见式(8-2)，两者具有很好的相关性，相关性系数为 0.78。

$$L = 20.2 + 12\ln(h + 14.4) \tag{8-2}$$

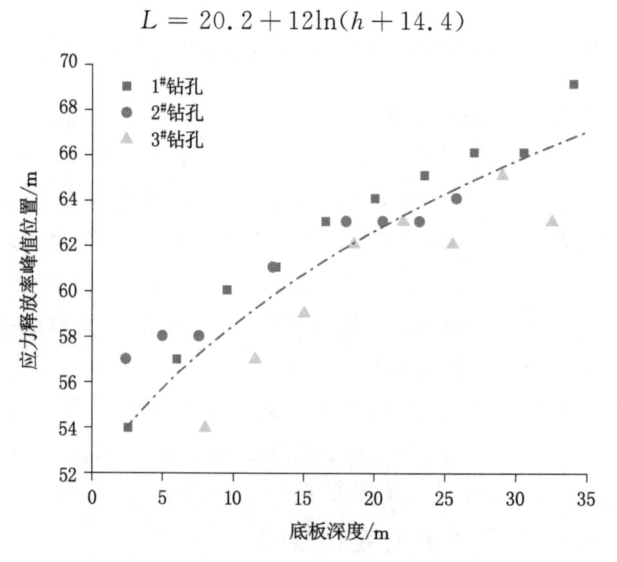

图 8-16 应力释放率峰值位置与底板深度关系

式中　L——应力释放率峰值位置。

底板深度越大，应力释放率峰值滞后工作面距离越远，应力释放率峰值位于工作面后方54～69 m之间，表明应力释放率在工作面推进方向上具有明显的滞后效应，可以作为判断最佳的卸压距离的依据。

提取图8-14中1#～3#钻孔在2^{-2}中煤层中的光纤光栅传感器测得的应力释放率峰值，建立2^{-2}中煤层应力释放沿工作面倾向的变化情况如图8-17所示，横坐标为距主运输巷的距离。在工作面倾向方向上，2^{-2}中煤层应力释放率峰值从工作面两侧至中部呈对数趋势增大，在工作面中部位置应力释放率峰值最大。

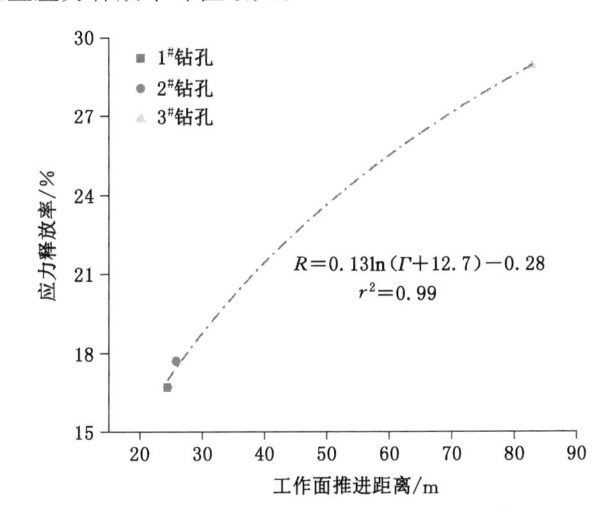

图8-17　2^{-2}中煤层应力释放率峰值沿工作面倾向变化规律

第四节　保护层开采卸压范围确定

通过3#钻孔在被保护层2^{-2}中煤内植入定点式光纤光栅传感器，以监测保护层采动过程中被保护层应变变化规律，定义工作面与光纤光栅在垂向同一位置时为零值，如图8-18所示。从图中可知，当保护层工作面距离光纤光栅传感器约为−36.5 m时，光纤光栅监测到被保护层受到压应变，说明被保护层受工作面采动超前支承压力影响，处于增压状态；当保护层工作面距离光纤光栅传感器约为−16.4 m时，光纤光栅监测到被保护层受到的压应变达到峰值约为−326 με，随着工作面继续推进，被保护层压应变值开始逐渐减小；当保护层工作面距离光纤光栅传感器约为4.3 m时，光纤光栅监测到被保护层开始由压应变转为拉应变，表明被保护层处于采空区下方，受采空区卸压影响，产生拉应变；当工作面距离光纤光栅传感器约为14.3 m时，光纤光栅传感器拉应变值达到了1 600 με，此时被保护层达到塑性变形临界值，即被保护层开始达到卸压临界点，由于被保护层与保护层层间距为23.5 m，则卸压角为58.7°；若将工作面开切眼宽度7.8 m计算在内，则保护层卸压滞后距离为22.1 m，则卸压角为46.8°；当工作面距离光纤光栅传感器约为63.4 m时，光纤光栅拉应变快速增大，达到最大拉应变峰值约为3 721 με，此后随着工作面继续推进，光纤光栅拉应变值开始逐渐减小，则被保护层卸压增长范围为63.4 m；随着继续推进，被保护层受采空区垮落矸石压应力影响，开始应变恢复，即光纤光栅拉应变值开始减小，但减小幅度对比增长幅度而言非常小，表明被保护层应力恢复需要较长时间，待保护层应力完全恢复至原岩应力或高于未卸压区域应力时，则超过卸压期限，此时间段即可认为是保护层卸压期限。

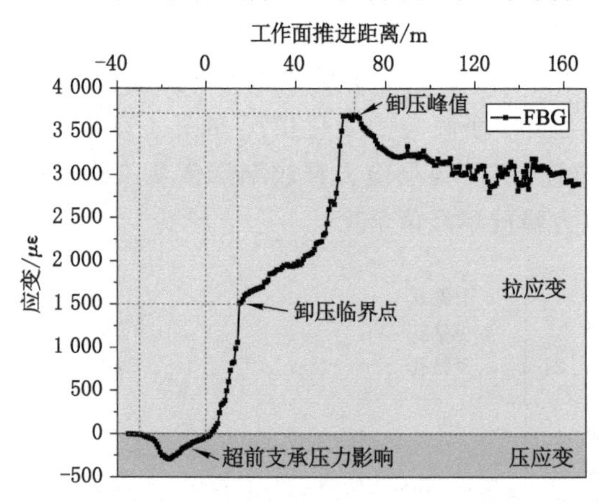

图 8-18　光栅监测被保护层应变变化曲线

根据第二章保护层开采下伏煤岩采动应力场解析解，绘制被保护层理论计算应力曲线，如图 8-19 所示。被保护煤层任意点应力随着工作面推进经历了应力升高、应力降低、应力恢复动态过程；将理论计算的应力值与光纤现场监测的应变值对比，可得两者具有较好的一一对应关系，随着被保护层应力升高，光纤监测到煤体处于压应变；待被保护层应力降低，光纤监测到煤体开始由压应变转为拉应变，且拉应变值不断增大；工作面继续推进，被保护层应力开始恢复，光纤监测到煤体的拉应变值开始减小；表明煤体应变变化规律可在一定程度反映出煤体应力的变化规律。

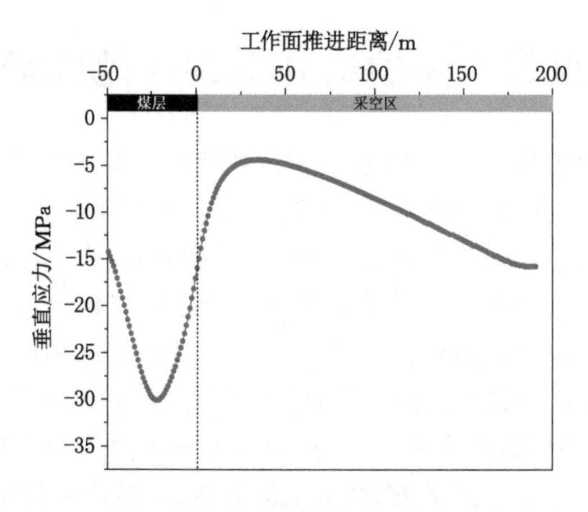

图 8-19　被保护层理论计算应力曲线

为了更加直观清楚地反映煤岩变形卸压活动剧烈程度引起的光纤应变响应，采取每推进 0.8 m 的光纤光栅传感数据作为基准数据，将相邻两次测量的光纤光栅传感器应变值做差值，以光纤光栅应变增量的波动幅度来表征煤岩变形剧烈程度和卸压效果。定义光纤光栅传感器开始监测到拉应变（应变为正值）为起点距，相邻光纤光栅传感器应变增量小于

100 με，这一阶段称为卸压开始阶段；应变增量为正值时卸压效果增大，且应变增量大于 100 με，为卸压活跃阶段；应变增量为负值时卸压效果减弱，为卸压衰退阶段。

图 8-20 为光栅监测被保护层应变增量变化曲线，当工作面距光栅－36.5 m 时，光栅应变增量开始明显变化，表明光栅开始受采动影响；随工作面推进应变增量先负后正，当工作面距光栅 4.3 m 时，应变增量突增至 143 με，表明卸压开始进入活跃阶段；随着工作面继续推进，光栅应变增量增长速率非常快，最大应变值增量达到 452 με，随后应变增量变小，处于一段稳定期，当工作面距光栅 38.5 m 和 69.2 m 时，光栅应变增量出现两次突增，这两次突增均是周期来压时发生的；当工作面距光栅 72.6 m 时，光栅应变增量开始出现负增长，此位置为卸压衰退起始点，即卸压活跃阶段终点，则卸压活跃阶段范围约为 68.3 m；随后工作面继续推进，光栅监测被保护层拉应变整体趋势是减小，但应变增量正负值均有，其中以负值为主，说明采空区覆岩破断结构与垮落矸石压实对被保护层起到卸压和卸压恢复的双重影响作用；随工作面继续推进，应变增量逐渐趋于零，表明保护层卸压作用达到卸压期限，被保护应力已恢复。

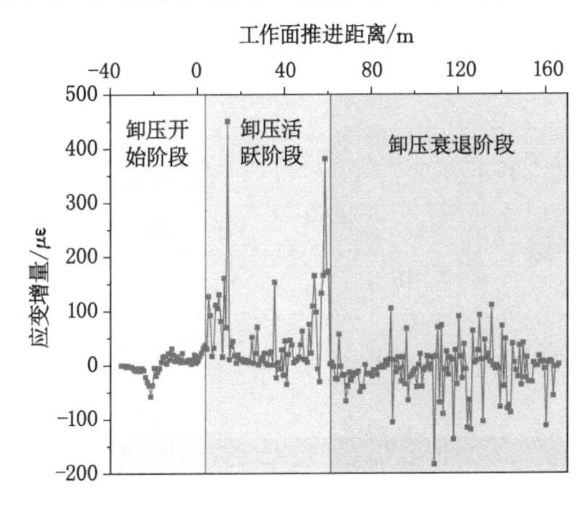

图 8-20 光栅监测被保护层应变增量变化曲线

1# 孔植入在 $2^{-2中}$ 煤中的光纤光栅传感器位置距离区段煤柱约 87.7 m，2# 孔植入 $2^{-2中}$ 煤的光纤光栅传感器位置距离区段煤柱约 23.5 m，2^{-1} 煤与 $2^{-2中}$ 煤层间距为 23.5 m。由于 $2^{-2中}$ 煤为近水平煤层，假设煤层在倾向方向的应变值变化为线性关系，则可根据两个 FBG 监测的煤体应变值和相对位置关系推断出卸压时最小应变值 1 594.5 με 所处煤层的具体位置，进而推断出被保护层临界卸压点位置。图 8-21 为 1# 孔和 2# 孔在 $2^{-2中}$ 煤中的光纤光栅监测煤体应变变化规律曲线，从图中可知，当工作面推进距光纤光栅 18.5 m 时，1# 孔在煤层内的光纤光栅应变值达到 1 594.5 με；当工作面推进距光纤光栅 64.2 m 时，1# 孔在煤层内的光纤光栅应变值达到 3 912 με；当工作面推进到 39.1 m 时，2# 孔在煤层内的光纤光栅应变值达到 1 594.5 με；当工作面推进到 43.8 m 时，2# 孔在煤层内的光纤光栅应变值达到 1 876 με；1# 孔和 2# 孔在煤层内的光纤光栅传感器的距离为 63.7 m；根据两个传感器的应变峰值可推断出 $2^{-2中}$ 煤在距离区段煤柱约 11.7 m 达到最小卸压极限值，由于两层煤间距为 23.5 m，则倾向方向卸压角度推断为 63.6°。

根据现场光纤传感技术监测保护层开采卸压结果，走向方向保护层卸压范围如图 8-22 所示。保护层开采卸压最大深度为 28.4 m，卸压最大深度位置距工作面平距为 39～40 m；卸压滞后距离为 14.3 m，保护层走向卸压角度为 58.7°；若考虑工作面宽度 7.8 m，则卸压

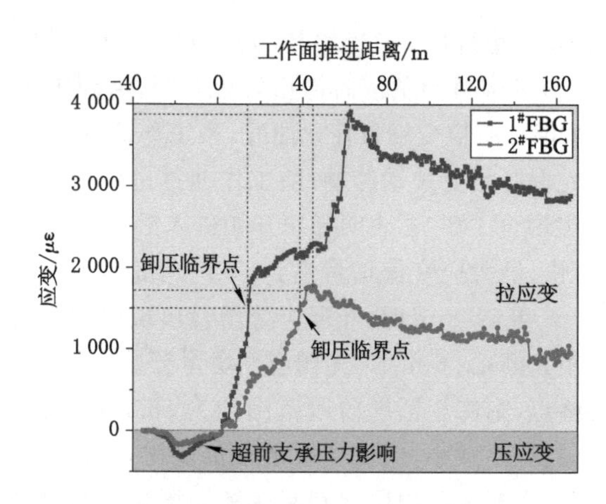

图 8-21 光栅监测被保护层应变增量变化曲线

最大深度位置距工作面煤壁平距为 46.8～47.8 m，卸压滞后距离为 22.1 m，保护层走向卸压角度为 46.8°。

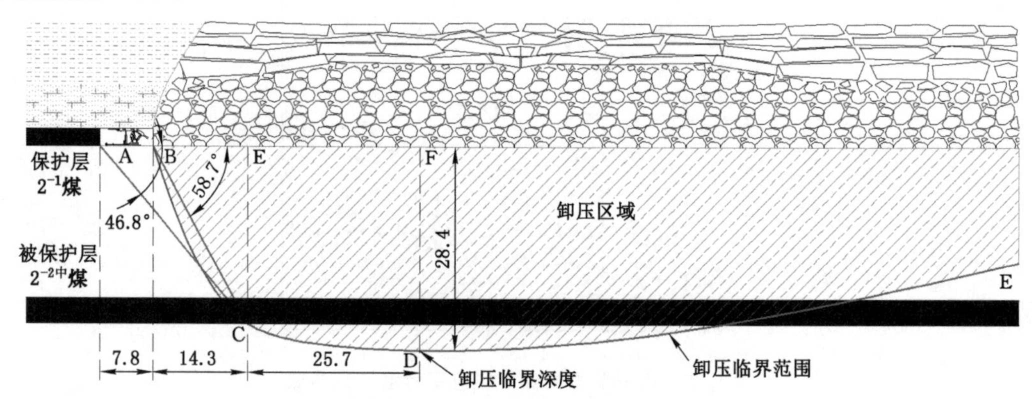

图 8-22 走向方向保护层卸压范围

倾向方向保护层卸压范围如图 8-23 所示。保护层开采卸压最大深度为 28.4 m，卸压滞后距离为 11.7 m，保护层倾向卸压角度为 63.6°。

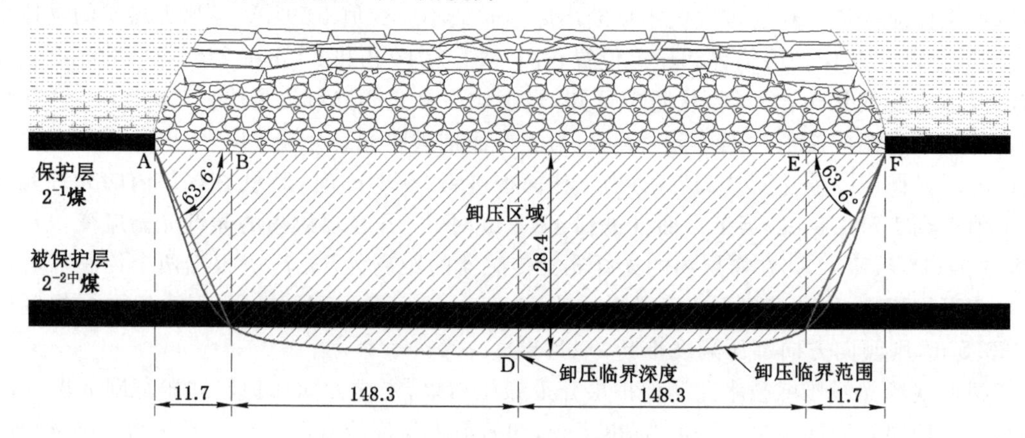

图 8-23 倾向方向保护层卸压范围

根据保护层开采光纤监测煤岩体应变变化规律，得到保护层开采走向卸压角、倾向卸压角、卸压滞后距离、卸压最大垂距等参数，详见表 8-1。

表 8-1　现场监测保护层卸压范围

类　别	参数	备注(考虑工作面宽度)
走向卸压角/(°)	58.7	46.8
倾向卸压角/(°)	63.6	
卸压滞后距离/m	14.3	22.1
卸压最大垂距/m	28.4	
卸压最大深度与工作面平距/m	39～40	

第五节　本章小结

(1) 通过监测数据分析，给出了工作面开采过程中回采巷道底鼓变化的 3 个阶段特征，验证了巷道底鼓的非协调挠曲变形机理、破碎和挤压膨胀变形机理，以及其应力-应变分布规律。

(2) 通过监测数据分析，划分出了工作面开采过程中下伏煤岩体应力变化的 4 个阶段，获得被保护层应力释放率及其分布规律，提出了煤层卸压的应力释放率判别临界值。

(3) 根据保护层开采光纤监测煤岩体应变变化规律，得到保护层开采走向卸压角为 58.7°，倾向卸压角为 63.6°，卸压滞后距离为 14.3 m，卸压最大垂距为 28.4 m。若考虑工作面开切眼宽度，则走向卸压角为 46.8°，卸压滞后距离为 22.1 m。

第九章 结 论

第一节 主要结论

本书以葫芦素煤矿近距离煤层群上保护层开采为研究背景，综合运用 MATLAB 理论解析计算、循环加卸载煤岩力学试验、煤岩应力-应变演化物理模型试验、保护层开采地质采矿因素数值分析和光纤传感技术现场监测卸压效应等多种研究手段，研究了近距离煤层群保护层开采下伏煤岩卸压防冲效应及机理，主要研究结论如下：

(1) 理论分析保护层开采过程中不同深度下伏煤岩应力分布规律和最大变形破坏深度影响因素。在倾向方向上，不同底板深度 5 m、10 m、20 m、40 m 的最小垂直应力分别降低至原岩应力的 18.24%、24.47%、36.71%、63.99%，垂直应力随深度增加而增大；垂直应力最小值位于采空区中部，向采空区两侧逐渐增大；水平应力在采空区下方为压应力，在区段煤柱下方为拉应力，随着深度增加均减小，与垂直应力变化趋势相反。在走向方向上，垂直应力分为增压区、卸压区、应力恢复区；水平应力在采空区侧距工作面越近压应力越大，随深度增加而减小。垂直应力降低幅度大于水平应力，在较低残余垂直应力下，高水平应力对下伏煤岩体形成较高的挤压作用，促进煤岩体变形破坏和高地应力的释放。下伏煤岩最大变形破坏深度随着保护层采深、采高、重力密度、应力集中系数的增加而增大，随着煤层底板岩体内摩擦角、内聚力的增加而减小的趋势。

(2) 建立不同循环加卸载条件下煤岩损伤变量、单轴抗压强度、冲击倾向性之间的内在关系，揭示了保护层开采过程中卸载煤岩体结构损伤和力学强度降低的卸压减冲机制。煤岩的损伤变量随加卸载次数、应力的增大而增大，随加卸载速率的增大而减小；煤岩单轴抗压强度随加卸载次数和应力的增大而减小，随着加卸载速率的增大而增大；循环加卸载次数增多，孔隙逐渐被压实闭合，残余变形逐渐减小；循环加卸载速率增大，煤岩变形趋于局部化，来不及充分开展弹性变形和塑性变形，应力-应变曲线越来越接近直线段，且直线段斜率增大。循环加卸载作用下煤岩的孔隙度由 3.22%扩展到 14.45%，煤岩孔隙高度发育。煤岩的损伤与单轴抗压强度、冲击倾向性成反比。煤岩冲击倾向性在循环加卸载下减弱，受加卸载应力影响作用一般，受加卸载次数和速率影响作用显著。

(3) 保护层开采卸压效果受地质采矿因素影响显著。随着采高的增加，底板临界卸压最大深度和被保护层卸压程度均增大，但采高超过 6 m 后卸压最大深度增幅逐渐减弱；随着层间距的增大，被保护层卸压程度减小，底板临界卸压最大深度先增大后减小再稳定不变，层间距 20～30 m 范围为拐点位置；随着工作面面长、层间岩性强度的增大，底板临界卸压最大深度和被保护层卸压程度均减小；保护层工作面区段煤柱越大，被保护层的卸压范围和卸压深度受影响越大。SPSS 软件对正交试验结果主体间效应检验结果表明，层间距离对卸压效果影响高度显著，采高对卸压效果影响显著，层间岩性和工作面面长对卸压效果有一定影响，影响权重顺序为：层间距离＞采高＞层间岩性＞工作面面长。

(4) 保护层开采降低了被保护层顶板断裂动载能量和高地应力环境。保护层 2^{-1} 煤开采过程中，采空区下方 $2^{-2中}$ 煤应力总处于应力集中、应力释放、应力恢复的动态过程，整体上采空区垂直应力降低，下伏煤岩裂隙发育和结构完整性破坏，弹性能量释放；被保护层采动垂直应力分布曲线整体呈"U"形，口宽底窄，开口位置出现应力集中，应力集中系数可达1.56，底部位置出现应力降低，围绕一定值波动，其最小应力为原岩应力的 0.15 倍。保护层开采时"上三带"和"下三带"的形成，弱化顶底板结构，被保护开采时顶板及关键厚砂岩层悬顶破断距离变小，来压步距和强度均降低。被保护层采动垂直应力变化可分为两种类型，距离开切眼相对较近区域和距离开切眼相对较远区域垂直应力分别经历"低应力集中区、卸压区、卸压未充分恢复区、卸压稳定区"和"高应力集中区、卸压区、卸压充分恢复区、卸压稳定区"。

(5) 数值模拟结果表明保护层开采后采空区内矸石垮落具有不均匀性，分为充分垮落区和非充分垮落区，引起采空区下伏煤岩应力恢复状态不同。被保护层 $2^{-2中}$ 煤应力恢复分布曲线呈动态变化过程，保护层开采范围较小时，被保护层垂直应力恢复分布曲线呈"U"形；保护层开采范围较大时，垂直应力恢复分布曲线由"U"形逐渐转为"W"形；保护层开采范围足够大时，垂直应力恢复分布曲线由"W"形转变为多个"W"形叠加分布。保护层开采应力恢复到原岩应力时初次卸压恢复步距为 140 m，周期性卸压恢复步距为 70 m；走向卸压角为 79.2°～80.1°，倾向卸压角为 59.6°～73.7°，采空区内走向卸压比例为 55.47％，倾向范围内卸压比例为 35.28％～46.22％。

(6) 光纤传感技术实现了保护层开采过程中下伏煤岩体(走向 95.37 m、倾向 128.47 m、垂向 36.94 m)卸压规律及卸压范围现场实时监测。光纤监测数据反映了保护层开采过程中下伏煤岩体应力增高压缩变形、应力降低膨胀变形、应力恢复拉变形降低的动态过程；基于光纤应变增量的波动幅度来表征卸压效果，将卸压过程分为三个阶段：卸压开始阶段、卸压活跃阶段、卸压衰退阶段。得到走向卸压角为 58.7°，倾向卸压角为 63.6°，卸压滞后距离为 14.2 m，卸压最大垂距为 28.4 m。为保护层开采卸压防冲的现场具体实施方案提供技术支持，也探索了基于光纤传感技术的保护层开采卸压效果监测的可靠性，为光纤传感技术在矿业工程领域推广应用奠定了基础。

第二节 创 新 点

(1) 提出保护层开采卸压防冲机理的四因素：地应力环境、煤岩损伤及力学强度、顶板断裂动载能量、能量损耗结构与释放空间。被保护层垂直应力经历了应力集中、释放、恢复的动态过程，垂直应力降低幅度大于水平应力，在较低残余垂直应力下，高水平应力对下伏煤岩体形成较高的挤压作用，促进煤岩体变形破坏和高地应力的释放。被保护层上方形成高度 22.5～93.0 m、走向 3 015 m、倾向 320 m 的采空区破碎矸石结构和空间范围，为动载能量损耗和释放提供了有利的条件和空间。

(2) 建立不同循环加卸载条件下煤岩损伤变量、单轴抗压强度、冲击倾向性之间的内在关系，揭示了保护层开采过程中卸载煤岩体结构损伤和力学强度降低的卸压减冲机制。煤岩的损伤变量随加卸载次数、应力的增大而增大，随加卸载速率的增大而减小；煤岩的单轴抗压强度随加卸载次数、应力增大而减小，随加卸载速率增大而增大；循环加卸载作用下煤岩损伤变量增大，单轴抗压强度降低；煤岩的损伤变量与单轴抗压强度、冲击倾向性成反比。煤岩冲击倾向性在循环加卸载下减弱，受加卸载应力水平影响作用一般，受加卸载次数和速率影响作用显著。

(3) 运用光纤传感技术实现了保护层开采下伏煤岩卸压区域的现场实时监测。光纤传感器钻孔植入方式，向下伏煤岩体布设 3 个光纤孔：1# 光纤孔（方位角 270°，倾角 15°，孔长 133.00 m），2# 光纤孔（方位角 270°，倾角 45°，孔长 37.00 m），3# 光纤孔（方位角 200°，倾角 20°，孔长 102.27 m），获得了保护层开采过程中走向 95.37 m、倾向 128.47 m、垂向 36.94 m 范围内下伏煤岩卸压效果及范围的实时监测数据。

(4) 基于光纤感测数据，给出了葫芦素煤矿 2^{-1} 煤层开采对 $2^{-2中}$ 煤的卸压范围及效果评价方法。保护层 2^{-1} 煤开采走向卸压角为 58.7°，倾向卸压角为 63.6°，卸压滞后距离为 14.2 m，卸压最大垂距为 28.4 m；若考虑工作面开切眼宽度，则走向卸压角为 46.8°，卸压滞后距离为 22.1 m。以应变增量评价指标，应变增量小于 100 $\mu\varepsilon$ 是卸压开始阶段，应变增量大于 100 $\mu\varepsilon$ 是卸压活跃阶段，应变增量为负值进入卸压衰退阶段。

第三节　展　　望

保护层开采卸压防冲效应及机理是一个较复杂的科学问题。本书在前人的基础上，针对葫芦素煤矿保护层开采下伏煤岩卸压防冲作用进行了部分补充和延伸工作，取得了一些成果，但限于能力和时间，仍存在一些缺陷或者不足的地方，今后将从以下方面开展工作：

(1) 开展加卸载煤体损伤对力学特性、冲击倾向性影响的力学机理研究。加卸载作用下煤体发生损伤，进而引发力学特性、弹性潜能、冲击倾向性等发生改变是一个复杂的力学问题，需要进一步对其内在的力学机理进行深入研究。

(2) 加强光纤传感技术在保护层开采卸压效应监测的推广和应用，研发适用于现场监测的光纤传感器，加强对保护层卸压范围、卸压时效性的监测工作，这对促进现场保护层开采卸压防冲技术措施制定的科学化、规范化具有重要意义。

参 考 文 献

[1] 夏义善. 当前国际能源形势和中国能源战略[J]. 和平与发展,2002(2):36-39,55.

[2] LI J J,TIAN Y J,YAN X H,et al. Approach and potential of replacing oil and natural gas with coal in China[J]. Frontiers in energy,2020,14(2):419-431.

[3] 张建民,李全生,张勇,等. 煤炭深部开采界定及采动响应分析[J]. 煤炭学报,2019,44(5):1314-1325.

[4] 谢和平,高峰,鞠杨,等. 深地煤炭资源流态化开采理论与技术构想[J]. 煤炭学报,2017,42(3): 547-556.

[5] YU Y,GENG D X,TONG L H,et al. Time fractal behavior of microseismic events for different intensities of immediate rock bursts [J]. International journal of geomechanics,2018,18(7):1943-5622.

[6] XU L M,LU K X,PAN Y S,et al. Study on rock burst characteristics of coal mine roadway in China[J]. Energy sources,part A:recovery,utilization,and environmental effects,2019,44(2):3016-3035.

[7] 姜耀东,赵毅鑫. 我国煤矿冲击地压的研究现状:机制、预警与控制[J]. 岩石力学与工程学报,2015,34(11):2188-2204.

[8] 齐庆新,李一哲,赵善坤,等. 我国煤矿冲击地压发展70年:理论与技术体系的建立与思考[J]. 煤炭科学技术,2019,47(9):1-40.

[9] 翁明月,王书文. 内蒙古呼吉尔特矿区新建矿井冲击地压治理模式探索[J]. 煤矿开采,2018,23(1): 60-64.

[10] 田坤云,孙文标,魏二剑. 上保护层开采保护范围确定及数值模拟[J]. 辽宁工程技术大学学报(自然科学版),2013,32(1):7-13.

[11] SHEN W,DOU L M,HE H,et al. Rock burst assessment in multi-seam mining:a case study[J]. Arabian journal of geosciences,2017,10(8):1-11.

[12] XIAO Z M,LIU J,GU S T,et al. A control method of rock burst for dynamic roadway floor in deep mining mine[J]. Shock and vibration,2019,2019:1-16.

[13] 刘洪永,程远平,赵长春,等. 保护层的分类及判定方法研究[J]. 采矿与安全工程学报,2010,27(4):468-474.

[14] 张磊. 保护层开采保护范围的确定及影响因素分析[J]. 煤矿安全,2019,50(7):205-210.

[15] 吴刚. 近距离煤层群上保护层开采卸压机理及瓦斯抽采技术研究[D]. 徐州:中国矿业大学,2015.

[16] 程志恒. 近距离煤层群保护层开采裂隙演化及渗流特征研究[D]. 北京:中国矿业大学

(北京),2015.
[17] CUNDALL P A. Explicit finite-difference methods in geomechanics[J]. Numerical methods in geomechanics,1976,1:132-150.
[18] BANERJEE B D. A new approach to the determination of methane content of coal seams[J]. International journal of mining and geological engineering,1987,5(4):369-376.
[19] BLAIR S C,COOK N G W. Analysis of compressive fracture in rock using statistical techniques:part II. Effect of microscale heterogeneity on macroscopic deformation [J]. International journal of rock mechanics and mining sciences, 1998, 35 (7): 849-861.
[20] KURLENYA M V, SERYAKOV V M, KOROTKIKH V I, et al. Geomechanical substantiation of pillar-and-room sequences of mining the protective layer[J]. Journal of mining science,1991,27(4):269-275.
[21] KOROTKIKH V I, TAPSIEV A P, RED'KIN V A, et al. Improvement of production schemes for constructing protective layers in mining gently sloping deposits[J]. Soviet mining,1990,26(3):277-281.
[22] 周世宁,孙辑正.煤层瓦斯流动理论及其应用[J].煤炭学报,1965,8(1):24-37.
[23] 蓝航,陈东科,毛德兵.我国煤矿深部开采现状及灾害防治分析[J].煤炭科学技术,2016,44(1):39-46.
[24] 潘一山,宋义敏,刘军.我国煤矿冲击地压防治的格局、变局和新局[J].岩石力学与工程学报, 2023, 42 (9): 2081-2095.
[25] 国家安全生产监督管理局,国家煤矿安全监察局.煤矿安全规程[M].北京:煤炭工业出版, 2005.
[26] 中国煤炭工业协会.冲击地压测定、监测与防治方法 第12部分:开采保护层防治方法:GB/T 25217.12—2019[S].北京:中国标准出版社,2019.
[27] 潘俊锋,毛德兵,蓝航,等.我国煤矿冲击地压防治技术研究现状及展望[J].煤炭科学技术,2013,41(6):21-25,41.
[28] 翟成.近距离煤层群采动裂隙场与瓦斯流动场耦合规律及防治技术研究[D].徐州:中国矿业大学,2008.
[29] 徐青伟.近距离上保护层开采保护范围测定与扩界技术研究[D].焦作:河南理工大学,2016.
[30] 胡国忠.急倾斜多煤层俯伪斜上保护层开采的关键问题研究[D].重庆:重庆大学,2009.
[31] 李洪生,李树清,谭玉林.煤层群保护层开采研究的现状与趋势[J].矿业工程研究,2015,30(3):45-49.
[32] 王志强,周立林,月煜程,等.无煤柱开采保护层实现倾向连续、充分卸压的实验研究[J].采矿与安全工程学报,2014,31(3):424-429.
[33] 王海锋.采场下伏煤岩体卸压作用原理及在被保护层卸压瓦斯抽采中的应用[D].徐州:中国矿业大学,2008.

[34] 刘宝安.下保护层开采上覆煤岩变形与卸压瓦斯抽采研究[D].淮南:安徽理工大学,2006.
[35] 刘洪永.远程采动煤岩体变形与卸压瓦斯流动气固耦合动力学模型及其应用研究[D].徐州:中国矿业大学,2010.
[36] 贾天让,江林华,姚军朋,等.近距离保护层开采技术在平煤五矿的实践[J].煤炭科学技术,2006,34(12):23-25.
[37] 王亮.巨厚火成岩下远程卸压煤岩体裂隙演化与渗流特征及在瓦斯抽采中的应用[D].徐州:中国矿业大学,2009.
[38] 刘海波,程远平,宋建成,等.极薄保护层钻采上覆煤层透气性变化及分布规律[J].煤炭学报,2010,35(3):411-416.
[39] 赵永青,郑军,董礼.大倾角薄煤层保护层综采面调斜旋转开采研究[J].煤炭工程,2013,45(10):51-53,56.
[40] 袁亮,薛俊华,张农,等.煤层气抽采和煤与瓦斯共采关键技术现状与展望[J].煤炭科学技术,2013,41(9):6-11,17.
[41] 王志亮,杨仁树,张跃兵.保护层开采效果测评指标及应用研究[J].中国安全科学学报,2011,21(10):58-63.
[42] 钱鸣高,石平五,许家林.矿山压力与岩层控制[M].2版.徐州:中国矿业大学出版社,2010.
[43] 曹承平.近距离上保护层开采的实践[J].煤炭科学技术,2006,34(4):33-35.
[44] SPIRIN Y L,SLESAREV V V. Mineral fiber-reinforcement for ceramic bodies[J]. Glass and ceramics,1974,31(2):118-119.
[45] COOK N G W. The failure of rock[J]. International journal of rock mechanics and mining sciences & geomechanics abstracts,1965,2(4):389-403.
[46] HOEK E,BIENIAWSKI Z T. Brittle fracture propagation in rock under compression [J]. International journal of fracture mechanics,1965,1(3):137-155.
[47] WHITTLES D N,LOWNDES I S,KINGMAN S W,et al. Influence of geotechnical factors on gas flow experienced in a UK longwall coal mine panel[J]. International journal of rock mechanics and mining sciences,2006,43(3):369-387.
[48] LIU Z,MYER L R,COOK N G W. Numerical simulation of the effect of heterogeneities on macro-behavior of granular materials [C]//SIRIWARDANE H J, ZAMAN M M. Proceedings of the International Conference on Computer Methods and Advances in Geomechanics. Botterdam:A. A. Balkema,1994:611-616.
[49] 刘天泉.大面积采场引起的采动影响及其时空分布规律[J].矿山测量,1981(1):70-77.
[50] 刘天泉.用垮落法上行开采的可能性[J].煤炭学报,1981(1):18-29.
[51] 刘天泉,申宝宏,张金才.长壁工作面顶底板应力和位移的实验研究[J].煤炭科学技术,1990(12):34-37.
[52] 张金才.煤层底板突水预测的理论与实践[J].煤田地质与勘探,1989(4):38-41,71.
[53] 李加祥,李白英.受承压水威胁的煤层底板"下三带"理论及其应用[J].中州煤炭,1990

(5):6-8.
[54] 刘宗才,于红."下三带"理论与底板突水机理[J].中国煤田地质,1991(2):42-45.
[55] 李白英.预防矿井底板突水的"下三带"理论及其发展与应用[J].山东矿业学院学报(自然科学版),1999(4):3-5.
[56] 施龙青.采场底板突水力学分析[J].煤田地质与勘探,1998(5):3-5.
[57] 施龙青,宋振骐.采场底板"四带"划分理论研究[J].焦作工学院学报(自然科学版),2000(4):241-245.
[58] 施龙青,韩进.开采煤层底板"四带"划分理论与实践[J].中国矿业大学学报,2005,34(1):16-23.
[59] 王作宇,刘鸿泉.煤层底板突水机制的研究[J].煤田地质与勘探,1989(1):36-39,71-72.
[60] 钱鸣高,缪协兴,许家林.岩层控制中的关键层理论研究[J].煤炭学报,1996(3):2-7.
[61] 钱鸣高,许家林.覆岩采动裂隙分布的"O"形圈特征研究[J].煤炭学报,1998(5):20-23.
[62] 屠锡根.试论上保护层开采的有效性[J].煤炭学报,1965(3):15-30.
[63] 马大勋.关于上保护层的试验研究与探讨[J].煤炭学报,1986(3):1-9.
[64] 沈荣喜,王恩元,刘贞堂,等.近距离下保护层开采防冲机理及技术研究[J].煤炭学报,2011,36(增刊1):63-67.
[65] 吴向前,窦林名,吕长国,等.上解放层开采对下煤层卸压作用研究[J].煤炭科学技术,2012,40(3):28-31,61.
[66] 吕长国,窦林名,徐长厚,等.上解放层开采解放作用机理数值模拟研究[J].煤矿开采,2011,16(2):12-15,82.
[67] 赵善坤,刘军,姜红兵,等.巨厚砾岩下薄保护层开采应力控制防冲机理[J].煤矿安全,2013,44(9):47-49,53.
[68] 刘征.急倾斜煤层上保护层开采保护范围物理相似模拟实验研究[D].重庆:重庆大学,2017.
[69] 李篷,陈延可,王列平,等.上保护层开采卸压范围的相似模拟试验[J].煤矿安全,2012,43(12):32-36.
[70] 关英斌,李海梅,范志平.煤层底板破坏规律的相似材料模拟[J].煤矿安全,2008,39(2):67-69.
[71] 弓培林,胡耀青,赵阳升,等.带压开采底板变形破坏规律的三维相似模拟研究[J].岩石力学与工程学报,2005,24(23):4396-4402.
[72] 邵太升.黄沙矿上保护层开采卸压释放作用研究[D].北京:中国矿业大学(北京),2011.
[73] 程详.深部强突出煤层软岩保护层开采采动卸压力学效应及应用[D].淮南:安徽理工大学,2019.
[74] 徐刚,王磊,金洪伟,等.上保护层开采对下部特厚煤层移动变形规律及保护效果考察研究[J].中国安全生产科学技术,2019,15(6):36-41.
[75] 陈思.上保护层开采卸压范围及保护效果研究[D].淮南:安徽理工大学,2013.

[76] 郭良经.火成岩下上保护层开采底板煤岩体卸压保护范围研究[D].淮南:安徽理工大学,2012.

[77] 庞龙龙,徐学锋,司亮,等.开采上保护层对巨厚砾岩诱发冲击矿压的减冲机制分析[J].岩土力学,2016,37(增刊2):120-128.

[78] 姜福兴,刘烨,刘军,等.冲击地压煤层局部保护层开采的减压机理研究[J].岩土工程学报,2019,41(2):368-375.

[79] 石必明,俞启香,周世宁.保护层开采远距离煤岩破裂变形数值模拟[J].中国矿业大学学报,2004,33(3):259-263.

[80] 洛锋,曹树刚,李国栋,等.近距离下行逐层开采底板应变时空差异特征[J].采矿与安全工程学报,2018,35(5):997-1004,1013.

[81] 季文博,齐庆新,李宏艳,等.近距离被保护卸压煤体透气性变化规律实测研究[J].煤炭学报,2015,40(4):830-835.

[82] 陈荣柱,涂庆毅,程远平,等.近距离上保护层开采下伏煤(岩)裂隙时空演化过程分析[J].西安科技大学学报,2018,38(1):71-78.

[83] 李波波.不同开采条件下煤岩损伤演化与煤层瓦斯渗透机理研究[D].重庆:重庆大学,2014.

[84] 王伟,郑志,王如宾,等.不同应力路径下花岗片麻岩渗透特性的试验研究[J].岩石力学与工程学报,2016,35(2):260-267.

[85] 代志旭,刘强.千米级深井上保护层开采下伏煤层卸压效果研究[J].煤矿安全,2019,50(4): 6-9.

[86] 谢和平,周宏伟,刘建锋,等.不同开采条件下采动力学行为研究[J].煤炭学报,2011,36(7):1067-1074.

[87] 谢和平,高峰,鞠杨,等.深部开采的定量界定与分析[J].煤炭学报,2015,40(1):1-10.

[88] 谢和平,张泽天,高峰,等.不同开采方式下煤岩应力场-裂隙场-渗流场行为研究[J].煤炭学报,2016,41(10):2405-2417.

[89] XIE H P,ZHAO X P,LIU J F,et al. Influence of different mining layouts on the mechanical properties of coal[J]. International journal of mining science and technology,2012,22(6):749-755.

[90] 刘超,黄滚,赵宏刚,等.复杂应力路径下原煤力学与渗透特性试验[J].岩土力学,2018,39(1):191-198.

[91] 张磊,阚梓豪,薛俊华,等.循环加卸载作用下完整和裂隙煤体渗透性演变规律研究[J].岩石力学与工程学报,2021,40(12):2487-2499.

[92] 黄梦牵.循环加卸载煤样裂隙结构表征及其对渗流特性的影响[D].徐州:中国矿业大学,2020.

[93] ZHANG L,HUANG M Q,LI M X,et al. Experimental study on evolution of fracture network and permeability characteristics of bituminous coal under repeated mining effect[J]. Natural resources research,2022,31(1):463-486.

[94] KAN Z H,ZHANG L,LI M X,et al. Investigation of seepage law in broken coal and rock mass under different loading and unloading cycles[J]. Geofluids, 2021,

2021:8127250.

[95] 阚梓豪.上保护层开采下被保护层煤体应力-裂隙-渗流规律研究[D].徐州:中国矿业大学,2022.

[96] HOBBS D W. The strength and the stress-strain characteristics of coal in triaxial compression[J]. The journal of geology,1964,72(2):214-231.

[97] HIRT A M,SHAKOOR A. Determination of unconfined compressive strength of coal for pillar design[J]. Mining engineering,1992(8):1037-1041.

[98] BIENIAWSKI Z T. The effect of specimen size on compressive strength of coal[J]. International journal of rock mechanics and mining sciences & geomechanics abstracts,1968,5(4):325-335.

[99] KUMAR H, YADAV U S, KUMAR S, et al. Comparative study of coal rocks compressive behaviors and failure criteria[J]. Arabian journal of geosciences,2019,12(23):710.

[100] 王家臣,邵太升,赵洪宝.瓦斯对突出煤力学特性影响试验研究[J].采矿与安全工程学报,2011,28(3):391-394,400.

[101] 徐超.岩浆岩床下伏含瓦斯煤体损伤渗透演化特性及致灾机制研究[D].徐州:中国矿业大学,2015.

[102] 程详,赵光明.远程下保护层开采煤岩卸压效应研究[J].煤炭科学技术,2011,39(9):41-45.

[103] 左建平,刘连峰,周宏伟,等.不同开采条件下岩石的变形破坏特征及对比分析[J].煤炭学报,2013,38(8):1319-1324.

[104] 殷伟,高焱,陈家瑞,等.上保护层开采下伏煤岩体应力卸压规律力学分析[J].煤矿安全,2019,50(9):197-202.

[105] 万芳芳.上保护层双工作面卸压开采数值模拟与瓦斯治理技术研究[D].湘潭:湖南科技大学,2019.

[106] 申晋豪.蒲溪井上保护层开采卸压影响规律数值模拟及现场考察[D].湘潭:湖南科技大学,2019.

[107] 王立.三软煤层上保护层煤与瓦斯共采时空协同防突技术研究[D].青岛:青岛理工大学,2019.

[108] 徐超.松软低透性煤层保护层开采相似模拟试验[J].内蒙古煤炭经济,2020(5):38,40.

[109] 周银波,黄继磊,王思琪,等.下伏被保护层双重采动影响下覆岩瓦斯富集规律[J].工矿自动化,2020,46(4):23-27,33.

[110] 刘宜平,朱恒忠,殷帅峰.煤柱影响下被保护层开采应力演化特征数值模拟研究[J].煤炭工程,2020,52(9):99-105.

[111] 王文林,马赛.保护层开采条件下被保护层煤体变化规律研究[J].山东煤炭科技,2020(9):179-181.

[112] 张垒,孔祥国,周雨璇,等.上保护层开采时被保护层顶底板应力及变形规律研究[J].煤炭技术,2020,39(10):14-17.

[113] LIU H B,CHENG Y P. The elimination of coal and gas outburst disasters by long distance lower protective seam mining combined with stress-relief gas extraction in the Huaibei coal mine area[J]. Journal of natural gas science and engineering,2015,27:346-353.

[114] XUE Y, GAO F, GAO Y N, et al. Quantitative evaluation of stress-relief and permeability-increasing effects of overlying coal seams for coal mine methane drainage in Wulan coal mine[J]. Journal of natural gas science and engineering,2016,32:122-137.

[115] ZHANG C L,YU L,FENG R M,et al. A numerical study of stress distribution and fracture development above a protective coal seam in longwall mining[J]. Processes,2018,6(9):146.

[116] YUAN B Q, ZHANG Y J, CAO J J, et al. Study on pressure relief scope of underlying coal rock with upper protective layer mining[J]. Advanced materials research,2013,734/735/736/737:661-665.

[117] 王恩元,徐文全,何学秋,等.煤岩体应力动态监测系统开发及应用[J].岩石力学与工程学报,2017,36(增刊2):3935-3942.

[118] 彭信山.急倾斜近距离下保护层开采岩层移动及卸压瓦斯抽采研究[D].焦作:河南理工大学,2015.

[119] 熊祖强,陶广美,袁广玉.近水平远距离下保护层开采卸压范围[J].西安科技大学学报,2014,34(2):147-151.

[120] 朱月明,张玉林,潘一山.急倾斜煤层冲击地压防治的可行性研究[J].辽宁工程技术大学学报,2003,22(3):332-333.

[121] 李希勇,陈尚本,张修峰.保护层开采防治冲击地压的应用研究[J].煤矿开采,1997(2):18-20,33,38.

[122] 张蕊,姜振泉,李秀晗,等.大采深厚煤层底板采动破坏深度[J].煤炭学报,2013,38(1):67-72.

[123] 舒才.深部不同倾角煤层群上保护层开采保护范围变化规律与工程应用[D].重庆:重庆大学,2017.

[124] 王洛锋,姜福兴,于正兴.深部强冲击厚煤层开采上、下解放层卸压效果相似模拟试验研究[J].岩土工程学报,2009,31(3):442-446.

[125] 王洛锋.深部大倾角强冲击厚煤层开采解放层卸压效果研究[D].北京:北京科技大学,2008.

[126] 申宝宏,张金才.用相似模型实验研究煤层采动影响规律[C]//中国岩石力学与工程学会.岩石力学在工程中的应用:第二次全国岩石力学与工程学术会议论文集.北京:知识出版社,1989:189-194.

[127] 王永辉,王培强.上保护层开采的相似材料模拟试验研究[J].煤矿现代化,2011(5):38-39.

[128] 张平松,吴基文,刘盛东.煤层采动底板破坏规律动态观测研究[J].岩石力学与工程学报,2006,25(增刊1):3009-3013.

[129] 王家臣，许延春，徐高明，等. 采动过程中煤层底板破坏特征及破坏深度分析[J]. 煤炭科学技术，2010，38(1)：97-100.
[130] 徐智敏，孙亚军，巩思园，等. 高承压水上采煤底板突水通道形成的监测与数值模拟[J]. 岩石力学与工程学报，2012，31(8)：1698-1704.
[131] 朱术云，曹丁涛，周海洋，等. 采动底板岩性及组合结构对破坏深度的制约作用[J]. 采矿与安全工程学报，2014，31(1)：90-96.
[132] 徐青伟. 近距离上保护层开采保护范围测定与扩界技术研究[D]. 焦作：河南理工大学，2016.
[133] 张磊. 保护层开采保护范围的确定及影响因素分析[J]. 煤矿安全，2019，50(7)：205-210.
[134] 郭克举. 羊东矿保护层开采卸压范围研究与试验[D]. 阜新：辽宁工程技术大学，2017.
[135] 关杰，孙可明，朱月明. 急倾斜煤层开采解放层防治冲击地压数值模拟[J]. 辽宁工程技术大学学报(自然科学版)，2002，21(4)：411-413.
[136] 涂敏，黄乃斌，刘宝安. 远距离下保护层开采上覆煤岩体卸压效应研究[J]. 采矿与安全工程学报，2007，24(4)：418-421，426.
[137] 赵云峰. 下保护层保护效果关键影响因素评价[D]. 重庆：重庆大学，2016.
[138] 施峰，王宏图，舒才. 间距对上保护层开采保护效果影响的相似模拟实验研究[J]. 中国安全生产科学技术，2017，13(12)：138-144.
[139] 刘洪永，程远平，陈海栋，等. 含瓦斯煤岩体采动致裂特性及其对卸压变形的影响[J]. 煤炭学报，2011，36(12)：2074-2079.
[140] 欧聪，李日富，谢向东，等. 被保护层保护效果的影响因素研究[J]. 矿业安全与环保，2008，35(4)：8-10，13.
[141] 秦子晗，蓝航. 开采上下保护层卸压效果的数值模拟分析[J]. 煤矿开采，2012，17(2)：86-89.
[142] 霍多特. 煤与瓦斯突出[M]. 宋士钊，等译. 北京：中国工业出版社，1966.
[143] 潘一山，章梦涛. 冲击地压失稳理论的解析分析[J]. 岩石力学与工程学报，1996，15(增刊1)：504-510.
[144] 卢守青，程远平，王海锋，等. 红菱煤矿上保护层最小开采厚度的数值模拟[J]. 煤炭学报，2012，37(增刊1)：43-47.
[145] 惠功领，宋锦虎. 深部保护层开采煤岩体动力学演化的参数计算分析[J]. 煤矿安全，2013，44(6)：168-171.
[146] 陈彦龙，吴豪帅，张明伟，等. 煤层厚度与层间岩性对上保护层开采效果的影响研究[J]. 采矿与安全工程学报，2016，33(4)：578-584.
[147] 于不凡. 开采解放层的认识与实践[M]. 北京：煤炭工业出版社，1986.
[148] 王金安，彭苏萍，孟召平. 承压水体上对拉面开采底板岩层破坏规律[J]. 北京科技大学学报，2002，24(3)：243-247.
[149] 段宏飞. 煤矿底板采动变形及带压开采突水评判方法研究[D]. 徐州：中国矿业大学，2012.
[150] 何满潮，谢和平，彭苏萍，等. 深部开采岩体力学研究[J]. 岩石力学与工程学报，2005，

24(16):2803-2813.

[151] DRIAD-LEBEAU L,LOKMANE N,SEMBLAT J F,et al. Local amplification of deep mining induced vibrations Part 1:experimental evidence for site effects in a coal basin[J]. Soil dynamics and earthquake engineering,2009,29(1):39-50.

[152] 胡社荣,戚春前,赵胜利,等. 我国深部矿井分类及其临界深度探讨[J]. 煤炭科学技术,2010,38(7):10-13,43.

[153] 金灼. 真三轴采动条件下不同倾角煤层应力分布特征与煤岩破裂规律研究[D]. 重庆:重庆大学,2019.

[154] LI C C. Study on the temporal and spatial effect of the relief pressure of upper protective layer mining[J]. MATEC web of conferences,2017,100:03038.

[155] 王浩. 地下工程监测中的数据分析和信息管理、预测预报系统[D]. 武汉:中国科学院研究生院(武汉岩土力学研究所),2007.

[156] HUANG M, JIANG L, LIAW P K, et al. Using acoustic emission in fatigue and fracture materials research[J]. JOM, 1998, 50(11):1-14.

[157] 程详,赵光明,李英明,等. 软岩保护层开采覆岩采动裂隙带演化及卸压瓦斯抽采研究[J]. 采矿与安全工程学报,2020,37(3):533-542.

[158] 潘辛. 下保护层回采对上覆煤层瓦斯压力动态监测工程实践[J]. 中国矿业,2020,29(增刊1):445-448.

[159] 彭府华,李庶林,李小强,等. 金川二矿区大体积充填体变形机制与变形监测研究[J]. 岩石力学与工程学报,2015,34(1):104-113.

[160] 程关文,王悦,马天辉,等. 煤矿顶板岩体微震分布规律研究及其在顶板分带中的应用:以董家河煤矿微震监测为例[J]. 岩石力学与工程学报,2017,36(增刊2):4036-4046.

[161] 伍佑伦,许梦国,王永清,等. 自然崩落法向无底柱分段崩落法过渡中底柱破坏的力学模型[J]. 工业安全与环保,2002,28(7):32-33.

[162] 付东波,徐刚. 煤矿顶板与冲击地压综合监测系统应用实例分析[J]. 煤炭科学技术,2013,41(增刊2):14-16.

[163] 何学秋,聂百胜,王恩元,等. 矿井煤岩动力灾害电磁辐射预警技术[J]. 煤炭学报,2007,32(1):56-59.

[164] 齐庆新,李宏艳,潘俊锋,等. 冲击矿压防治的应力控制理论与实践[J]. 煤矿开采,2011,16(3):114-118.

[165] 左建平,裴建良,刘建锋,等. 煤岩体破裂过程中声发射行为及时空演化机制[J]. 岩石力学与工程学报,2011,30(8):1564-1570.

[166] 巩思园,窦林名,曹安业,等. 煤矿微震监测台网优化布设研究[J]. 地球物理学报,2010,53(2):457-465.

[167] 姜福兴,叶根喜,王存文,等. 高精度微震监测技术在煤矿突水监测中的应用[J]. 岩石力学与工程学报,2008,27(9):1932-1938.

[168] 蔡美峰,任奋华,来兴平. 灵新煤矿西天河下安全开采技术综合分析[J]. 北京科技大学学报,2004,26(6):572-574.

[169] 杨化超,邓喀中,郭广礼.相似材料模型变形测量中的数字近景摄影测量监测技术[J].煤炭学报,2006,31(3):292-295.

[170] 陈智强,张永兴,周检英.基于数字散斑技术的深埋隧道围岩岩爆倾向相似材料试验研究[J].岩土力学,2011,32(增刊1):141-148.

[171] 李宏男,李东升,赵柏东.光纤健康监测方法在土木工程中的研究与应用进展[J].地震工程与工程振动,2002,22(6):76-83.

[172] 姜德生,陈大雄,梁磊.光纤光栅传感器在建筑结构加固检测中的应用研究[J].土木工程学报,2004,37(5):50-53.

[173] 饶云江,吴敏,冉曾令,等.基于准分布式 FBG 传感器的光纤入侵报警系统[J].传感技术学报,2007,20(5):998-1002.

[174] 董建华,谢和平,张林,等.光纤光栅传感器在重力坝结构模型试验中的应用[J].四川大学学报(工程科学版),2009,41(1):41-46.

[175] 周智,何建平,吴源华,等.土木结构的光纤光栅与布里渊共线测试技术[J].土木工程学报,2010,43(3):111-118.

[176] 朱鸿鹄,殷建华,靳伟,等.基于光纤光栅传感技术的地基基础健康监测研究[J].土木工程学报,2010,43(6):109-115.

[177] HORIGUCHI T,TATEDA M. BOTDA-nondestructive measurement of single-mode optical fiber attenuation characteristics using Brillouin interaction: theory [J]. Journal of lightwave technology,1989,7(8):1170-1176.

[178] KWON I B,KIM C Y,CHOI M Y. Distributed strain and temperature measurement of a beam using fiber optic BOTDA sensor[C]//SPIE Proceedings:Smart Structures and Materials 2003: Smart Systems and Nondestructive Evaluation for Civil Infrastructures. San Diego:SPIE,2003:1-12.

[179] NISHIO M, MIZUTANI T, TAKEDA N. Structural shape identification using distributed strain data from PPP-BOTDA[C]//SPIE Proceedings:Sensor Systems and Networks: Phenomena, Technology, and Applications for NDE and Health Monitoring 2007. San Diego:SPIE,2007:1-9.

[180] KLAR A,LINKER R. Feasibility study of automated detection of tunnel excavation by Brillouin optical time domain reflectometry[J]. Tunnelling and underground space technology,2010,25(5):575-586.

[181] 丁勇,施斌,孙宇,等.基于 BOTDR 的白泥井 3 号隧道拱圈变形监测[J].工程地质学报,2006,14(5):649-653.

[182] 钱振东,黄卫,关永胜,等.BOTDA 在沥青混凝土铺装层裂缝监测中的应用[J].东南大学学报(自然科学版),2008,38(5):799-803.

[183] 卢毅,施斌,席均,等.基于 BOTDR 的地裂缝分布式光纤监测技术研究[J].工程地质学报,2014,22(1):8-13.

[184] 俞政,徐景田.光纤传感技术在边坡监测中的应用[J].工程地球物理学报,2012,9(5):628-633.

[185] 柴敬,杜文刚,雷武林,等.浅埋煤层隔水关键层失稳光纤传感检测试验研究[J].采矿

与安全工程学报,2020,37(4):731-740.

[186] CHAI J,LEI W L,DU W G,et al. Experimental study on distributed optical fiber sensing monitoring for ground surface deformation in extra-thick coal seam mining under ultra-thick conglomerate[J]. Optical fiber technology,2019,53:102006.

[187] 柴敬,雷武林,杜文刚,等.分布式光纤监测的采场巨厚复合关键层变形试验研究[J].煤炭学报,2020,45(1):44-53.

[188] CHAI J,LIU Q,LIU J X,et al. Optical fiber sensors based on novel polyimide for humidity monitoring of building materials[J]. Optical fiber technology,2018,41:40-47.

[189] CHAI J,DU W G,YUAN Q,et al. Analysis of test method for physical model test of mining based on optical fiber sensing technology detection[J]. Optical fiber technology,2019,48:84-94.

[190] 张丹,张平松,施斌,等.采场覆岩变形与破坏的分布式光纤监测与分析[J].岩土工程学报,2015,37(5):952-957.

[191] 李云鹏,张宏伟,韩军,等.基于分布式光纤传感技术的卸压钻孔时间效应研究[J].煤炭学报,2017,42(11):2834-2841.

[192] 朴春德,施斌,魏广庆,等.采动覆岩变形 BOTDA 分布式测量及离层分析[J].采矿与安全工程学报,2015,32(3):376-381.

[193] 张平松,孙斌杨,许时昂.基于 BOTDR 的煤层底板突水温度场监测模拟研究[J].重庆交通大学学报(自然科学版),2016,35(5):28-31,49.

[194] 刘增辉,高谦,郭慧高,等.金川二矿区 14 行风井稳定性评价及监测系统[J].采矿与安全工程学报,2012,29(3):444-450.

[195] 梁敏富.煤矿开采多参量光纤光栅智能感知理论及关键技术[D].徐州:中国矿业大学,2019.

[196] 魏广庆,施斌,胡盛,等.FBG 在隧道施工监测中的应用及关键问题探讨[J].岩土工程学报,2009,31(4):571-576.

[197] LIANG M F,FANG X Q,WU G,et al. A fiber Bragg grating pressure sensor with temperature compensation based on diaphragm-cantilever structure[J]. Optik,2017,145:503-512.

[198] YUAN Q,CHAI J,REN Y W,et al. The characterization pattern of overburden deformation with distributed optical fiber sensing: an analogue model test and extensional analysis[J]. Sensors,2020,20(24):7215.

[199] CHAI J,MA Z,ZHANG D D,et al. Experimental study on PPP-BOTDA distributed measurement and analysis of mining overburden key movement characteristics[J]. Optical fiber technology,2020,56:102175.

[200] YIN G Z,LI M H,WANG J G,et al. Mechanical behavior and permeability evolution of gas infiltrated coals during protective layer mining[J]. International journal of rock mechanics and mining sciences,2015,80:292-301.

[201] 吴向前.保护层的降压减震吸能效应及其应用研究[D].徐州:中国矿业大学,2012.

[202] HAST N. The state of stress in the upper part of the earth' s crust [J]. Tectonophysics,1969,8(3):169-211.
[203] 蔡美峰.岩石力学与工程[M].2版.北京:科学出版社,2013.
[204] 张凤达.深部煤层底板变形破坏机理及突水评价方法研究[D].北京:中国矿业大学(北京),2016.
[205] LEMAITRE J L. A course on damage mechanics[M]. Berlin: Springer-Verlag,1992.
[206] 齐庆新,窦林名.冲击地压理论与技术[M].徐州:中国矿业大学出版社,2008.
[207] 马雷舍夫,艾鲁尼,胡金,等.煤与瓦斯突出预测方法和防治措施[M].魏风清,张建国,译.北京:煤炭工业出版社,2003.
[208] 路凯旋,徐连满.我国矿井冲击地压临界深度研究[J].煤炭技术,2020,39(5):31-33.
[209] 涂敏,袁亮,缪协兴,等.保护层卸压开采煤层变形与增透效应研究[J].煤炭科学技术,2013,41(1):40-43,47.
[210] 吴仁伦.煤层群开采瓦斯卸压抽采"三带"范围的理论研究[D].徐州:中国矿业大学,2011.
[211] 郑志远.芦岭煤矿Ⅲ11岩石综采工作面水文地质条件分析与防治水方案研究[D].合肥:合肥工业大学,2017.
[212] 李宁,杨敏,李国锋.再论岩土工程有限元方法的应用问题[J].岩土力学,2019,40(3):1140-1148,1157.
[213] LEI W L, CHAI J, ZHANG D D, et al. Experimental study on overburden deformation evolution under mining effect based on fiber Bragg grating sensing technology[J]. Journal of sensors,2020,2020:8850547.
[214] ZHANG C C, ZHU H H, SHI B. Role of the interface between distributed fibre optic strain sensor and soil in ground deformation measurement [J]. Scientific reports,2016,6:36469.
[215] ANDERSSON J C, MARTIN C D, STILLE H. The Äspö pillar stability experiment: part Ⅱ: rock mass response to coupled excavation-induced and thermal-induced stresses[J]. International journal of rock mechanics and mining sciences, 2009,46(5):879-895.